"十二五"职业教育国家规划教材

经全国职业教育教材审定委员会审定

21世纪高职高专规划教材

计算机应用系列

Access
数据库实用教程
（第2版）

唐小毅　金鑫　赵平　编著

U0318583

清华大学出版社

北京

内 容 简 介

本书从一个 Access 数据库应用系统实例——销售管理系统入手,系统地介绍数据库的基本原理与 Access 各种主要功能的使用方法,主要包括数据库的基本原理和相关概念,关系数据库的基本设计方法,数据库的建立、数据表、查询、窗体、报表、宏,数据库的安全和管理等。

本书内容全面,结构完整,深入浅出,图文并茂,通俗易懂,可读性、可操作性强,可作为各类高职高专学校的学生学习数据库基础及应用的教材,也可作为相关领域技术人员的参考用书或培训教材。

图书在版编目(CIP)数据

Access 数据库实用教程/唐小毅,金鑫,赵平编著.--2 版.--北京:清华大学出版社,2015
21 世纪高职高专规划教材.计算机应用系列
ISBN 978-7-302-40488-0

Ⅰ. ①A… Ⅱ. ①唐… ②金… ③赵… Ⅲ. ①关系数据库系统-高等职业教育-教材
Ⅳ. ①TP311.138

中国版本图书馆 CIP 数据核字(2015)第 136834 号

责任编辑:孟毅新
封面设计:常雪影
责任校对:袁 芳
责任印制:李红英

出版发行:清华大学出版社
    网 址:http://www.tup.com.cn,http://www.wqbook.com
    地 址:北京清华大学学研大厦 A 座 邮 编:100084
    社 总 机:010-62770175   邮 购:010-62786544
    投稿与读者服务:010-62776969,c-service@tup.tsinghua.edu.cn
    质 量 反 馈:010-62772015,zhiliang@tup.tsinghua.edu.cn
    课 件 下 载:http://www.tup.com.cn,010-62795764
印 装 者:北京国马印刷厂
经 销:全国新华书店
开 本:185mm×260mm 印 张:17.75 字 数:405 千字
版 次:2006 年 10 月第 1 版 2015 年 12 月第 2 版 印 次:2015 年 12 月第 1 次印刷
印 数:1~3000
定 价:39.00 元

产品编号:059530-01

第 2 版前言

多年来,数据库技术的教学和科研实践告诉我们:从事数据库管理工作,需要了解一些数据库原理知识,并通过应用一种数据库管理软件创建数据库、进行表操作、创建满足各种需求的查询,最终利用这些数据源实现一个综合的数据库应用软件的开发。

本书力求做到与实际教学紧密结合,内容的组织符合能力培养的教学规律,其中突出的特点是以学生认知规律为组织内容的主线索。首先介绍数据库的相关知识和基本原理,再手把手引导学生进行 Access 操作;从数据表开始,完成数据库基础数据的组织和建立;再利用数据查询,对数据库中的数据进行有效、快捷地查找;通过窗体对数据进行友好地访问;利用报表将数据进行输出;利用宏对数据库中的各对象进行访问。帮助学生了解数据库的安全和管理知识;最后以实训的方式,带领学生进行一个完整的小型数据库系统的开发。

本书内容以一个销售管理系统为例,贯穿整个 Access 2010 数据库操作,使学生在课程学习过程中,充分了解数据库的组织和开发过程,使他们能够掌握数据库应用系统开发的基本技能,能够独立开发一个小型的应用系统,解决实际问题。

本书的习题部分以教学管理系统为例,以学生熟悉的学习和生活环境为基础,从数据库设计到数据库实现,与教学进度同步,帮助学生边学习边独立操作,最终完成一个完整的系统,以确保学生能够真正理解数据库的开发过程,并具有开发小型应用系统的能力。

为了综合提升 Access 数据库管理软件的开发能力,本书在最后一章给出了一个完整的数据库管理系统开发实例。在这一章中,重点是将软件开发的过程规范化,并作为本课程实训环节的指导性内容。相信通过循序渐进的任务驱动教学过程,并结合应用开发的实训教学,能使学生成为具备数据库应用开发能力的专业人才。

本书在编写过程中,遵循第 1 版的"师生互动""精讲多练""边学边做"的核心思路,对教材的写作方法做了进一步改进:减少操作过程的文字描述,增加操作过程的图解说明,"手把手"地带领学生完成操作,使学习和理解变得更加直观和容易。

本书的编写遵循由浅入深、循序渐进的原则,弱化数据库原理的理论知识的描述,增强案例讲解,强调学生的动手能力和解决问题的能力,使学生在学习过程中理解数据库知识,通过典型案例的学习,让学生在学习中体会数据库管理的理论,以培养学生能够理论与实践相结合和提高实际动手能力,使教学和自学达到一个理想的效果。

我们的愿望是否达到,有待于读者的评判;书中不妥之处,也望读者予以指正。

在写本书过程中,参考了一些文献,在此向这些文献的作者表示衷心的感谢!

编　者
2015 年 11 月

目　录

第 1 章

数据库基础

20 世纪 80 年代,美国信息资源管理学家霍顿(F. W. Horton)和马钱德(D. A. Marchand)等人指出:信息资源(Information Resources)与人力、物力、财力和自然资源一样,都是企业的重要资源,因此,应该像管理其他资源那样管理信息资源。

数据是信息时代的重要资源之一。商业的自动化和智能化,使得企业收集到了大量的数据,积累下来重要资源。人们需要对大量的数据进行管理,从数据中获取信息和知识,从而帮助人们进行决策,于是就有了数据库蓬勃发展的今天。数据库技术是计算机科学中一门重要的技术,数据库技术在政府、企业等机构得到广泛的应用。特别是 Internet 技术的发展,为数据库技术开辟了更广泛的应用舞台。

本章的知识体系:
- 数据库系统
- 数据库设计的基本步骤
- 实体—联系模型
- 关系数据库
- E-R 模型转换为关系模型
- 关系数据库操作基础

学习目标:
- 了解数据库的基本概念
- 了解数据库系统设计的基本步骤
- 掌握关系数据库相关概念
- 掌握 E-R 模型向关系模型的转换
- 掌握关系数据库操作基础

1.1 数据库系统

首先,通过几个事例,介绍为什么需要数据库。

A 公司的业务之一是销售一种科技含量较高的日常生活用品,为适应不同客户群的需求,这种商品有多个型号;产品通过分布在全市的 3000 多个各种类型的零售商销售

(如各类超市、便利店等);同时,公司在全国各主要城市都设有办事处,通过当地的代理商销售这种商品。

如果读者正在管理这家公司,需要什么信息?

A公司的管理层需要随时掌握各代理商和零售商的进货情况、销货情况和库存情况,需要掌握各销售渠道的销售情况,需要了解不同型号产品在不同地域的销售情况等,以便及时调整销售策略。A公司的工作人员定期对代理商和零售商进行回访,解决销售过程中的各种问题,并对自己的客户(代理商和零售商)进行维护。在此过程中,公司还需要对自己的市场部门工作业绩进行考核。这个例子,涉及了产品、客户、员工和订单。

随着市场范围的不断扩大,业务量迅速增长,A公司需要有效地管理自己的产品、客户和员工等数据。

这样大量的数据,靠人工管理已经不再可能,比较好的方法之一是用数据库系统来管理其数据。那么,应该如何去抽象数据、组织数据并能够有效地使用数据,从中得到有价值的信息呢? 这正是本书要介绍的内容。

解决上述问题的最佳方案之一就是使用数据库。产生数据库的动因和使用数据库的目的是及时地采集数据、合理地存储数据、有效地使用数据,从而保证数据的准确性、一致性和安全性,在需要的时间和地点获得有价值的信息。

数据库指的是以一定方式储存在一起、能为多个用户共享、具有尽可能小的冗余度、与应用程序彼此独立的数据集合。

1.1.1　数据库的基本概念

数据库所要解决的基本问题如下。

(1) 如何抽象现实世界中的对象,如何表达数据以及数据之间的联系。

(2) 如何方便、有效地维护和利用数据。

通常意义下,数据库是数据的集合。一个数据库系统的主要组成部分是数据、数据库、数据库管理系统、应用程序以及用户。数据存储在数据库中,用户和用户应用程序通过数据库管理系统对数据库中的数据进行管理和操作。

1. 数据

数据(Data)是对客观事物的抽象描述。数据是信息的具体表现形式,信息包含在数据之中。数据的形式或者说数据的载体是多种多样的,它们可以是数值、文字、图形、图像、声音等。例如,用会计分录描述企业的经济业务,会计分录反映了经济业务的来龙去脉。会计分录就是其所描述的经济业务的抽象,并且是以文字和数值的形式表现的。

数据的形式还不能完全表达数据的内容,数据是有含义的,即数据的语义或数据解释。所以数据和数据的解释是不可分的。例如,(103501011,张捷,女,1992,北京,信息学院)就仅仅是一组数据,如果没有数据解释,读者就无法知道这是一名学生还是一名教师的数据,1992应该是一个年份,但它是出生年份还是参加工作或入学的年份,就无法了解。

在关系数据库中,上述数据是一组属性值,属性是它们的语义。例如,这组数据描述的是学生,描述学生的属性包括学号、姓名、性别、出生日期、籍贯、所属学院,则上述数据就是这一组属性的值。

通过对数据进行加工和处理,从数据中获取信息。数据处理通常包括:数据采集、数据存储、数据加工、数据检索和数据传输/输出等环节。

数据的 3 个范畴分为:现实世界、信息世界和计算机世界。数据库设计的过程,就是将数据的表示从现实世界抽象到信息世界(概念模型),再从信息世界转换到计算机世界(数据世界)。

2. 数据库

数据库(DataBase,DB)是存储数据的容器。通常,数据库中存储的是一组逻辑相关的数据的集合,并且是企业或组织经过长期积累保存下来的数据集合,是组织的重要资源之一。数据库中的数据按一定的数据模型描述、组织和存储。人们从数据中提取有用信息,信息的积累成为知识,丰富的知识创造出智慧。

3. 数据库管理系统

数据库管理系统(DataBase Management System,DBMS)是一类系统软件,提供能够科学地组织和存储数据,高效地获取和维护数据的环境。其主要功能包括数据定义、数据查询、数据操纵、数据控制、数据库运行管理、数据库的建立和维护等。DBMS 一般由软件厂商提供,例如,Microsoft 的 SQL Server、Access 等。

4. 数据库系统

一个完整的数据库系统(DataBase System,DBS)由保存数据的数据库、数据库管理系统、用户应用程序和用户组成。DBMS 是数据库系统的核心,其关系如图 1.1 所示。用户以及应用程序都是通过数据库管理系统对数据库中的数据进行访问的。

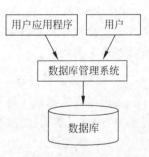

图 1.1 数据库系统的组成

通常一个数据库系统应该具备如下功能。

(1) 提供数据定义语言,允许使用者建立新的数据库并建立数据的逻辑结构(Logical Structure)。

(2) 提供数据查询语言。

(3) 提供数据操纵语言。

(4) 支持大量数据存储。

(5) 控制并发访问。

1.1.2 数据库系统的特点

数据库系统是进行数据存储和管理应用的系统,它的特点如下。

1. 数据结构化

数据库中的数据是结构化的。这种结构化就是数据库管理系统所支持的数据模型。使用数据模型描述数据时,不仅描述了数据本身,同时描述了数据之间的联系。关系数据库管理系统支持关系数据模型,关系模型的数据结构是关系满足一定条件的二维表格。

2. 数据高度共享、低冗余

数据的共享度直接关系到数据的冗余度。数据库系统从整体角度看待和描述数据，数据不再面向某个应用而是面向整个系统。因此，数据库中的数据可以高度共享。数据的高度共享本身就减少了数据的冗余，同时确保了数据的一致性，同一数据在系统中的多处引用是一致的。

3. 数据的独立

数据的独立性是指数据库系统中的数据与应用程序之间是互不依赖的。数据的独立性包括逻辑独立性（数据库的逻辑结构和应用程序相互独立）和物理独立性（数据物理结构的变化不影响数据的逻辑结构）。

4. 数据实现集中管理和控制

文件管理方式中，数据处于一种分散的状态，不同的用户或同一用户在不同处理中其文件之间毫无关系。利用数据库可对数据进行集中控制和管理，并通过数据模型表示各种数据的组织以及数据间的联系。

数据库管理系统的管理和控制功能主要包括以下几点。

(1) 安全性控制：防止数据丢失、错误更新和越权使用。

(2) 完整性控制：保证数据的正确性、有效性和相容性。

(3) 并发控制：在同一时间周期内，允许对数据实现多路存取，又能防止用户之间的不正常交互作用。

(4) 故障恢复：由数据库管理系统提供一套方法，可及时发现故障和修复故障，从而防止数据被破坏。数据库系统能尽快恢复其运行时出现的故障，这些故障可能是物理上或是逻辑上的错误。

5. 数据库发展过程

美国学者詹姆斯·马丁在其《信息工程与总体数据规划》一书中，将数据环境分为四种类型，阐述了数据管理即数据库的发展过程。

(1) 数据文件

在数据库管理系统出现之前，程序员根据应用的需要，用程序语言分散地设计应用所需要的各种数据文件。数据组织技术相对简单，但是随着应用程序的增加，数据文件的数量也在不断增加，最终会导致很高的维护成本。数据文件阶段，会为每一个应用程序建立各自的数据文件，数据是分离的、孤立的，并且随着应用的增加，数据被不断地重复，数据不能被应用程序所共享。

(2) 应用数据库

意识到数据文件带来的各种各样的问题，于是就有了数据库管理系统。但是各个应用系统的建立依然是"各自为政"，每个应用系统建立自己的数据库文件。随着应用系统的建立，孤立的数据库文件也在增加，"数据孤岛"产生，数据仍然在被不断地重复，数据不能共享，并且导致了数据的不一致和不准确。

(3) 主题数据库

主题数据库是面向业务主题的数据组织存储方式，即按照业务主题重组有关数据，而不是按照原来的各种登记表和统计报表来建立数据库；强调信息共享（不是信息私有或部门所有）。主题数据库是对各个应用系统"自建自用"数据库的彻底否定，强调各个应用系统"共建共用"的共享数据库；所有源数据一次一处输入系统（不是多次多处输入系统）。同一数据必须一次一处进入系统，保证其准确性、及时性和完整性，经由网络—计算机—数据库系统，可以多次、多处使用。主题数据库由基础表组成，基础表具有如下特性：原子性（表中的数据项是数据元素）、演绎性（可由表中的数据生成全部输出数据）和规范性（表中数据结构满足三范式要求）。

（4）数据仓库

数据仓库是将从多个数据源收集的信息进行存储，存放在一个一致的模式下。数据仓库通过数据清理、数据变换、数据集成、数据装入和定期数据刷新来构造。建立数据仓库的目的是进行数据挖掘。

数据挖掘是从海量数据中提取出知识。数据挖掘是以数据仓库中的数据为对象，以数据挖掘算法为手段，最终以获得的模式或规则为结果，并通过展示环节表示出来。

1.1.3　数据管理技术的发展

随着计算机应用范围的不断扩大，以及各领域对数据处理的需求不断增强，数据管理技术在不断地发展。

计算机数据管理随着计算机硬件、软件技术和计算机应用范围的发展而不断发展，经历了如下三个阶段：人工管理阶段、文件系统阶段、数据库技术阶段。对数据有效地管理，是为了对数据进行处理，数据处理的过程包括数据收集、存储、加工和检索等。

1. 人工管理

20 世纪 50 年代中期以前，计算机主要用于数值计算。从硬件系统看，当时的外存储设备只有纸带、卡片、磁带，没有直接存取设备；从软件系统看，没有操作系统以及管理数据的软件；从数据看，数据量小，数据无结构，由用户直接管理，且数据间缺乏逻辑组织，数据依赖于特定的应用程序，缺乏独立性。

人工管理数据阶段的特点如下。

（1）数据不保存：一个目标计算完成后，程序和数据都不被保留。

（2）应用程序管理数据：应用程序与所要处理的数据集是一一对应的，应用程序与数据之间缺少独立性。

（3）数据不能共享：数据是面向应用的，一组数据只能对应一个程序。

（4）数据不具有独立性：数据结构改变后，应用程序必须修改。

2. 文件系统阶段

20 世纪 50 年代后期到 60 年代中后期，计算机应用从科学计算发展到了科学计算和数据处理。1954 年出现了第一台用于商业数据处理的电子计算机 UNIVACI，标志着计算机开始应用于以加工数据为主的事务处理阶段。这种基于计算机的数据处理系统从此迅速发展起来。这个阶段，硬件系统出现了磁鼓、磁盘等直接存取数据的存储设备；软件系统有了文件系统，处理方式也从批处理发展到了联机实时处理。文件系统阶段的数据管理特点如下。

（1）数据可以长期保存。数据能够被保存在存储设备上，可以对数据进行各种数据处理操作，包括查询、修改、增加、删除等操作。

（2）由文件系统管理数据。数据以文件形式存储在存储设备上，有专门的文件系统软件对数据文件进行管理，应用程序按文件名访问数据文件，按记录进行存取，可以对数据文件进行数据操作。

（3）应用程序通过文件系统访问数据文件，使得程序与数据之间具有一定的独立性。

（4）数据共享差、数据冗余大。仍然是一个应用程序对应一个数据文件(集)，即便是多个应用程序需要处理部分相同的数据时，也必须访问各自的数据文件，由此造成数据的冗余，并可能导致数据不一致；数据不能共享。

（5）数据独立性不好。数据文件与应用程序一一对应，数据文件改变时，应用程序就需要改变；同样，应该程序改变时，数据文件也需要改变。

3. 数据库技术

20世纪70年代开始有了专门进行数据组织和管理的软件数据库管理系统，特别是在20世纪80年代后期到90年代，由于金融和商业的需求，使其得到了迅猛的发展。应用数据库管理系统管理数据具有如下特点。

（1）数据结构化。

（2）数据共享性高，冗余度低，易扩充。

（3）数据独立性高。

（4）数据由DBMS统一管理，完备的数据管理和控制功能。

1.2　数据库设计的基本步骤

数据是一个组织机构的重要资源之一，是组织积累的宝贵财富，通过对数据的分析，可以了解组织的过去，把握今天，预测未来。但这些数据通常是大量的，甚至是杂乱无章的，如何合理、有效地组织这些数据，是数据库设计的重要任务之一。

正如前面所述，数据库是企业或组织所积累的数据的聚集，除了每一个具体数据以外，这些数据是逻辑相关的，即数据之间是有联系的。数据库是组织和管理这些数据的常用工具。

数据库设计讨论的问题是：根据业务管理和决策的需要，应该在数据库中保存什么数据？这些数据之间有什么联系？如何将所需要的数据划分到表和列，并且建立起表之间的关系。数据的三个范畴为：现实世界、信息世界和计算机世界。数据库设计的过程，就是将数据的表示从现实世界抽象到信息世界(概念模型)，再从信息世界转换到计算机世界(数据世界)。

数据库设计的目的在于提供实际问题的计算机表示，在于获得支持高效存取数据的数据结构。数据库中用数据模型这个工具来抽象和描述现实世界中的对象(人或事物)。数据库设计分为四个步骤，如图1.2所示。

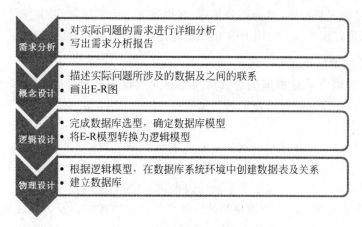

图 1.2 数据库设计的步骤

1. 数据库的需求分析

对需要使用数据库系统来进行管理的现实世界中对象(人或事物)的业务流程、业务规则和所涉及的数据进行调查、分析和研究,充分理解现实世界中的实际问题和需求。需求分析的策略一般有两种,自下向上的方法和自上向下的方法。

(1) 自下向上的方法

对事物进行了解,理解实际问题的业务规则和业务流程。在此基础上,归集出该事物处理过程中需要存放在数据库中的数据。

例如,一个产品销售数据库,需要保存客户的哪些数据? 可以做出一个二维表格,每一列是一个数据项,每一行是一个客户信息,可能包括:客户姓名、地址、邮政编码、手机号码等。

(2) 自上向下的方法

从为描述事物最终提供的各种报表和经常需要查询的信息着手,分析出应包含在数据库中的数据。

例如,上述产品销售数据库的客户信息,是否需要按客户性别进行统计分析? 如果需要,就应该增加一列"性别"数据项。

进行需求分析时,通常会同时使用上述两种方法。自下向上的方法反映了实际问题的信息需求,是对数据及其结构的需求,是一种静态需求;自上向下的方法侧重点在于对数据处理的需求,即实际问题的动态需求。

2. 数据库的概念设计

数据库的概念设计是在需求分析的基础上,建立数据的概念模型(Conceptual Data Model);用概念模型描述实际问题所涉及的数据以及数据之间的联系;这种描述的详细程度和描述的内容取决于期望得到的信息。一种较常用的概念模型是实体—联系模型(Entity-Relationship Model,E-R 模型)。E-R 模型是一种较高级的数据模型,它不需要使用者具有计算机知识。E-R 模型用实体和实体之间的联系来表达数据以及数据之间的联系。

例如,产品销售数据库,供应商是实体,客户是另一个实体,产品是实体,订单是实体,并且它们之间是有联系的;使用 E-R 模型描述这些实体以及它们之间的联系。

3. 数据库的逻辑设计

数据库的逻辑设计是根据概念数据模型建立逻辑数据模型(Logic Data Model),逻辑数据模型是一种面向数据库系统的数据模型,本书使用目前被广泛使用的关系数据模型来描述数据库逻辑设计:根据概念模型建立数据的关系模型(Relational Model);用关系模型描述实际问题在计算机中的表示;关系模型是一种数据模型,用表的聚集来表示数据以及数据之间的联系。数据库的逻辑设计实际是把 E-R 模型转换为关系模型的过程。

E-R 模型和关系模型分属两个不同的层次,概念模型更接近于用户,不需要计算机知识,属于现实世界范畴;而关系模型是从计算机的角度描述数据及数据之间的联系,需要使用的人具有一定的计算机知识,属于计算机范畴。

4. 数据库实现(数据库的物理设计)

依据关系模型,在数据库管理系统(如 Access)环境中建立数据库,Access 把数据组织到表格,表格由行和列组成。简单的数据库可能只包含一个表格,但是大多数数据库是包含多个表的,并且表之间有关系。

例如,产品销售数据库,就应该至少包含供应商表、客户表、产品表、订单表等,这些表通过主键建立联系。

1.3　实体—联系模型

数据库设计的过程就是利用数据模型来表达数据和数据之间联系的过程。数据模型是一种工具,用来描述数据(Data)、数据的语义(Data Semantics)、数据之间的联系(Relationship)以及数据的约束(Constraints)等。数据建模过程是一个抽象的过程,其目的是把一个现实世界中的实际问题用一种数据模型来表示,用计算机能够识别、存储和处理的数据形式进行描述。在本节中,将介绍一种用于数据库概念设计的数据模型:E-R模型。一般地讲,任何一种数据模型都是经过严格定义的。

理解实际问题的需求之后,需要用一种方法来表达这种需求,现实世界中使用概念数据模型来描述数据以及数据之间的联系,即数据库概念设计。概念模型的表示方法之一是用 E-R 模型表达实际问题的需求。E-R 模型具有足够的表达能力且简明易懂,不需要使用者具有计算机知识。E-R 模型以图形的方式表示模型中各元素以及它们之间的联系,所以又称 E-R 图(E-R Diagram)。E-R 图便于理解且易于交流,因此,E-R 模型得到了相当广泛的应用。

1.3.1　基本概念

下面介绍 E-R 模型中使用的基本元素。

1. 实体

实际问题中客观存在并可相互区别的事物称为实体(Entity)。实体是现实世界中的对象,实体可以是具体的人、事、物。例如,实体可以是一名学生、一位教师或图书馆中的一本书籍。

2. 属性

实体所具有的某一特性称为属性(Attribute)。在 E-R 模型中用属性来描述实体,例如,通常用"姓名""性别""出生日期"等属性来描述人,用"图书名称""出版商""出版日期"等属性描述书籍。一个实体可以由若干个属性来描述。例如,学生实体可以用学号、姓名、性别、出生日期等属性来描述。这些属性的集合(学号,姓名,性别,出生日期)表征了一个学生的部分特性。一个实体通常具有多种属性,应该使用哪些属性描述实体,取决于实际问题的需要或者说取决于最终期望得到哪些信息。例如,教务处会关心、描述学生各门功课的成绩,而学生处可能会更关心学生的各项基本情况,如学生来自哪里,监护人是谁,如何联系等问题。

确定属性的两条原则如下。

(1) 属性必须是不可分的最小数据项,属性中不能包含其他属性,不能再具有需要描述的性质。

(2) 属性不能与其他实体具有联系,E-R 图中所表示的联系是实体集之间的联系。

属性的取值范围称为该属性的域(Domain)。例如,"学号"域可以是由 9 位数字组成的字符串,"性别"域是"男"或"女","工资"的域是大于零的数值等。但域不是 E-R 模型中的概念,E-R 模型不需要描述属性的取值范围。

3. 实体集

具有相同属性的实体的集合称为实体集(Entity Set/Entity Class)。例如,全体学生就是一个实体集。实体属性的每一组取值代表一个具体的实体。例如,(103501011,张捷,女,1992 年 12 月)是学生实体集中的一个实体,而(113520200,李纲,男,1993 年 8 月)是另一个实体。在 E-R 模型中,一个实体集中的所有实体有相同的属性。

4. 键

在描述实体集的所有属性中,可以唯一地标识每个实体的属性称为键(Key,或标识Identifier)。首先,键是实体的属性;其次,这个属性可以唯一地标识实体集中每个实体。因此,作为键的属性取值必须唯一且不能"空置"。例如,在学生实体集中,用学号属性唯一地标识每个学生实体。在学生实体集中,学号属性取值唯一而且每一位学生一定有一个学号(不存在没有学号的学生)。因此,学号是学生实体集的键。

5. 实体型

具有相同的特征和性质的实体一定具有相同属性。用实体名及其属性名集合来抽象和描述同类实体,称为实体型(Entity Type)。表示实体型的格式是:

实体名(属性 1,属性 2,…,属性 n)

例如,学生(学号,姓名,性别,出生日期,所属院系,专业,入学时间)就是一个实体型,其中带有下划线的属性是键。

用图形表示这个实体集的方法,如图 1.3 所示。用矩形表示实体集,矩形框中写入实体集名称,用椭圆表示实体的属性。作为键的属性,用加下划线的方式表示。

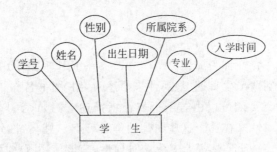

图 1.3   学生实体图形表示

在建立实体集时,应遵循的原则如下。

(1) 每个实体集只表现一个主题。例如,学生实体集中不能包含教师,它们所要描述的内容是有差异的,属性可能会有所不同。

(2) 每个实体集有一个键属性,其他属性只依赖键属性而存在。并且除键属性以外的其他属性之间没有相互依赖关系。例如,学生实体中,学号属性值决定了姓名、性别、出生日期等属性的取值(记为:学号→姓名   性别   出生日期),但反之不行。

6. 联系

世界上任何事物都不是孤立存在的,事物内部和事物之间是有联系(Relationship)的。实体集内部的联系体现在描述实体的属性之间的联系;实体集外部的联系是指实体集之间的联系,并且这种联系可以拥有属性。

实体集之间的联系通常有三种类型:一对一联系($1 : 1$)、一对多联系($1 : n$)和多对多联系($m : n$)。

1.3.2   实体集之间的联系

1. 一对一联系

对于实体集 A 中的每一个实体,实体集 B 中至多有一个实体与之联系,反之亦然,则称实体集 A 与实体集 B 具有一对一联系($1 : 1$)。记为 $1 : 1$。

【例 1.1】   某科技园要对入驻其中的公司及其总经理信息进行管理。如果给定的需求分析如下,建立此问题的概念模型。

(1) 需求分析

① 每个公司有一名总经理,每位总经理只在一个公司任职。

② 公司的数据包括:公司名称,地址,电话。

③ 总经理的数据包括:姓名,性别,出生日期,民族。

这个问题中有两个实体对象,即公司实体集和总经理实体集。描述公司实体集的属性是公司名称、地址和电话;描述总经理实体集的属性是姓名、性别、出生日期和民族。但两个实体集中没有适合作为键的属性,因此为每一个公司编号,使编号能唯一地标识每一个公司;为每一位总经理编号,使编号能唯一地标识每一个总经理。并且在两个实体集中增加"编号"属性作为实体的键。

(2) E-R 模型

① 实体型。

公司(<u>公司编号</u>,公司名称,地址,电话)

总经理(<u>经理编号</u>,姓名,性别,出生日期,民族)

② E-R 图,如图 1.4 所示。

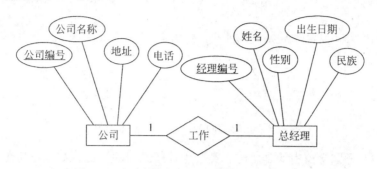

图 1.4 公司实体集与总经理实体集的 E-R 图

2. 一对多联系

对于实体集 A 中的每一个实体,实体集 B 中至多有 n 个实体($n \geqslant 0$)与之联系;反之,对于实体集 B 中的每一个实体,实体集 A 中至多只有一个实体与之联系,则称实体集 A 与实体集 B 具有一对多联系($1:n$)。记为 $1:n$。

【例 1.2】 一家企业需要用计算机来管理其分布在全国各地的仓库和员工信息。如果给定的需求信息如下,建立此问题的概念模型。

(1) 需求分析

① 某公司有数个仓库分布在全国各地,每个仓库中有若干位员工,每位员工只在一个仓库中工作。

② 需要管理的仓库信息包括:仓库名称、仓库地点、仓库面积。

③ 需要管理的仓库中员工信息包括:姓名、性别、出生日期和工资。

④ 此问题包含两个实体集:仓库和员工。仓库实体集与员工实体集之间的联系是一对多的联系。

⑤ 需要为每个仓库编号,用来唯一地标识每个仓库,因此仓库实体的键是属性仓库号。

⑥ 需要为每个员工编号,用来唯一地标识每位员工,因此员工实体的键是属性员工号。

(2) E-R 模型

① 实体型。

仓库(<u>仓库号</u>,仓库名,地点,面积)
员工(<u>员工号</u>,姓名,性别,出生日期,工资)

② E-R 图,如图 1.5 所示。

3. 多对多联系

如果对于实体集 A 中的每一个实体,实体集 B 中有 n 个实体($n \geqslant 0$)与之联系;反之,对于实体集 B 中的每一个实体,实体集 A 中也有 m 个实体($m \geqslant 0$)与之联系,则称实体集 A 与实体集 B 具有多对多联系($m:n$)。记为 $m:n$。

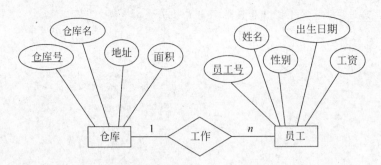

图 1.5   仓库实体集与员工实体集的 E-R 图

【例 1.3】   考虑学校中的学生与各类学生社团之间的情况。如果给定的需求分析如下,为管理其信息建立 E-R 模型。

（1）需求分析

① 每名学生可以参加多个社团,每个社团中有多名学生。

② 需要管理的社团信息包括社团名称、办公地点、电话。

③ 需要管理的学生信息包括学号、姓名、性别、出生日期和所属院系。

④ 需要为社团编号,用来唯一地标识每一个社团并作为社团实体集的键。

⑤ 学生实体集的键属性是学号,它可以唯一地标识每一名学生。

（2）E-R 模型

① 实体型。

社团(编号,名称,地点,电话)
学生(学号,姓名,性别,出生日期,所属院系)

② E-R 图,如图 1.6 所示。

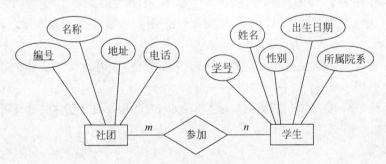

图 1.6   社团实体集与学生实体集多对多联系的 E-R 图

1.4   关系数据库

数据库概念模型用于信息世界的建模,是现实世界到信息世界的第一层抽象,是数据库设计人员进行数据库设计的有力工具,也是数据库设计人员和用户之间进行交流的语言。

1.4.1　数据模型

1970 年,美国 IBM 公司的研究员 E.F.Codd 首次提出了数据库系统的关系模型。在此之前,计算机中使用的数据模型有层次模型和网状模型,20 世纪 70 年代以后,关系模型逐渐地取代了这两种数据模型。

1. 层次数据模型

层次数据模型(Hierarchical Data Model)的基本结构是一种倒挂树状结构。这种树状结构司空见惯,例如,Windows 系统中的文件夹和文件结构、一个组织的结构等。层次结构模型如图 1.7 所示。

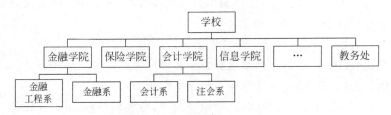

图 1.7　层次结构模型示例

层次数据模型的特点如下。

(1) 有且仅有一个结点无父结点,这个结点称之为根结点。

(2) 其他结点有且仅有一个父结点。

层次模型的主要优点:层次数据库模型本身比较简单,层次模型对具有一对多的层次关系的部门描述非常自然、直观,容易理解,层次数据库模型提供了良好的完整性支持。

层次模型的主要缺点:在现实世界中有很多的非层次性的联系,如多对多的联系,一个结点具有多个父结点等,层次模型表示这类联系的方法很笨拙,对于插入和删除操作的限制比较多,查询子结点必须经过父结点,由于结构严密,层次命令趋于程序化。

2. 网状数据模型

在现实世界中,事物之间的联系更多的是非层次关系的,用层次模型表示非树状结构是很不直接的,网状模型则可以克服这一弊端。取消层次数据模型的两个限制条件,每一个结点可以有多个父结点便形成网状数据模型(Network Data Model)。网状模型是一个网络。

网状模型的特点如下。

(1) 允许一个以上的结点无父结点。

(2) 一个结点可以有多于一个的父结点。从以上定义看出,网状模型构成了比层次结构复杂的网状结构。

3. 关系数据模型

关系数据模型是一个满足一定条件的二维表格,如表 1.1 所示。通俗地讲,满足关系模型的二维表格是个规则的二维表格,它的每一行是唯一的,每一列也是唯一的。在关系数据模型中,这样一个二维表格称为关系,表格的第一行是属性名,后续的每一行称为元组。每一列是一个属性,同一属性的取值范围相同。

关系模型的特点如下。

(1) 每一列中的分量是类型相同的数据。

(2) 列的顺序可以是任意的。

(3) 行的顺序可以是任意的。

(4) 表中的分量是不可再分割的最小数据项,即表中不允许有子表。

(5) 表中的任意两行不能完全相同。

1.4.2 关系模型的数据结构

一个关系模型的逻辑结构是一张二维表格,它由行和列组成,称为关系,即关系是一个二维表格。在关系数据模型中,实体集以及实体集间的各种联系均用关系表示。下面介绍关系模型中使用的一些基本概念。

(1) 关系。关系(Relation)是一个二维表格。

(2) 属性。表(关系)的每一列必须有一个名字称为属性(Attribute)。

(3) 元组。表(关系)的每一行称为一个元组(Tuple)。

(4) 域。表(关系)的每一属性有一个取值范围,称为域(Domain)。域是一组具有相同数据类型的值的集合。

(5) 关键字。关键字(Key)又称主属性,可以唯一地标识一个元组(一行)的一个属性或多个属性的组合。可以起到这样作用的关键字有两类:主关键字和候选关键字。

① 主关键字。把关系中的一个候选关键字定义为主关键字(Primary Key)。一个关系中只能有一个主关键字,用来唯一地标识元组,简称为关键字。

在 Access 数据库中,这个能唯一标识每个记录的字段称为表的主键,同时也是使用主键将多个表中的数据关联起来,从而将数据组合在一起。例如,学生表中的学号,客户表中的客户 ID、供应商 ID,等等。

② 候选关键字。一个关系中可以唯一地标识一个元组(一行)的一个属性或多个属性的组合。一个关系中可以有多个候选关键字(Candidate Key)。

有时候,关系中只有一个候选关键字,把这个候选关键字定义为主关键字后,关系中将没有候选关键字。

关系中不应该存在重复的元组(表中不能有重复的行),因此每个关系都至少有一个关键字。可能出现的一种极端情况是:关键字包含关系中的所有属性。

(6) 外部键。如果某个关系中的一个属性或属性组合不是所在关系的主关键字或候选关键字,但却是其他关系的主关键字,对这个关系而言,称其为外部关键字(Foreign Key)。

例如,为了建立供应商表和产品表之间的联系,将供应商表的主键供应商 ID 放入产品表,成为产品表的一列,在产品表中称为外部关键字,由此建立起了供应商表和产品表之间的联系(一对多联系)。

(7) 关系模式。关系模式(Relational Schema)是对关系数据结构的描述。简记为:

关系名(属性 1,属性 2,属性 3, … ,属性 n)

表 1.1 是一个关系,关系名是公司机构。此关系具有 5 个属性:机构编号、连锁机构

名称、区域、地址和机构属性。其关系模式是:

公司机构(<u>机构编号</u>,连锁机构名称,区域,地址,机构属性)

关系的关键字是机构编号,因此机构编号不能有重复值,同时不能为空。

表 1.1 "公司机构"关系

机构编号	连锁机构名称	区 域	地 址	机构属性
C1	飞翔总公司	北京	北京朝阳区	总部
C2	飞翔第一批发部	北京	北京丰台区	直属
C3	上海飞翔分公司	上海	上海闵行区	直属
C4	飞翔第二批发部	北京	北京海淀区	直属
C5	通达公司	西安	西安开元路	加盟
C6	杭州飞翔分公司	杭州	杭州钱塘江路	直属
C7	义达公司	大连	大连滨江大道	加盟

综上所述,可以得出如下结论。

(1)一个关系是一个二维表格。

(2)二维表格的每一列是一个属性。每一列有唯一的属性名。属性在表中的顺序无关紧要。

(3)二维表格的每一列数据的数据类型相同,数据来自同一个值域。不同列的数据也可以来自同一个值域。

(4)二维表格中每一行(除属性名行)是一个元组,表中不能有重复的元组(元组是唯一的),用关键字(主关键字和候选关键字)来保证元组的唯一性,元组在表中的顺序无关紧要。

以上结论可用表 1.2 直观地表示出来。

表 1.2 数据模型中概念之间的对应关系

概念模型	关系模型	DBMS	用 户
实体集	关系	数据库表	二维表格
实体	元组	记录	行
属性	属性	字段	列
键	关键字(主属性)	主关键字	
实体型	关系模式		

1.4.3 关系数据库规范化

实际上,设计任何一种数据库应用系统,不论是层次、网状或关系,都会遇到如何构造合适的数据模式即逻辑结构问题。由于关系模型有严格的数学理论基础,并且可以向其他数据模型转换,因此人们往往以关系模型为背景来讨论这一问题,形成了数据库逻辑设计的一个有力工具——关系数据库规范化理论。

按照关系数据模型建立的数据库称为关系数据库;关系数据库规范化原则是用来确保数据正确、有效的一组规则;使用规范化规则来确定数据库表结构设计是否正确。

1. 函数依赖及其对关系的影响

函数依赖是属性之间的一种联系,普遍存在于现实生活中。例如,银行通过客户的存款账号,可以查询到该账号的余额。又例如,表 1.3 是描述学生情况的关系(二维表格),用一种称为关系模式的形式表示为:

STUDENT1(学号,姓名,性别,出生日期,专业)

由于每个学生有唯一的学号,一个学号只对应一位学生,一个学生只就读于一个专业,因此当学号的值确定之后,姓名及其所就读专业的值也就被唯一地确定了。属性间的这种依赖关系类似于数学中的函数。因此称账号函数决定账户余额,或者称账户余额函数依赖于账号;学号函数决定姓名和专业,或者说姓名和专业函数依赖于学号,记作:学号→姓名,学号→专业;同样地有:学号→性别,学号→出生日期。

表 1.3　STUDENT1 关系

学　号	姓名	性别	出生日期	专业
010001	张红	F	01/01/82	会计
010002	李芳	F	04/11/83	注会
010003	王海	M	05/18/81	会计
010004	杨玉	F	09/12/82	会计

如果在关系 STUDENT1 的基础上增加一些信息,例如,学生的"学院"及"院长"信息,如表 1.4 所示,有可能设计出如下关系模式:

STUDENT2(学号,姓名,性别,出生日期,专业,学院,院长)

函数依赖关系是:学号→学院、学院→院长。

表 1.4　STUDENT2 关系

学　号	姓名	性别	出生日期	专业	学　院	院　长
010001	张红	F	01/01/82	会计	会计学院	张方
010002	李芳	F	04/11/83	注会	会计学院	张方
010003	王海	M	05/18/81	会计	会计学院	张方
010004	杨玉	F	09/12/82	会计	会计学院	张方
010005	刘昕	M	12/12/83	信管	信息学院	王向前
010006	王英	F	10/11/82	信管	信息学院	王向前

上述关系模式存在如下 4 个问题。

(1) 数据冗余太大。例如院长的姓名会重复出现,重复的次数与该学院学生的个数相同。因此,数据冗余的原因通常是数据在多个元组中不必要地重复。由于数据冗余,当更新数据库中数据时,系统要付出很大的代价来维护数据库的完整性;否则会面临数据不一致的危险,可能修改了一个元组中信息,但另一个元组中相同的信息却没有修改。

(2) 更新异常(Update Anomalies)。例如,某学院更换院长后,系统必须修改与该学院学生有关的每一个元组。

(3) 插入异常(Insertion Anomalies)。如果一个学院刚成立,尚无学生,则这个学院及其院长的信息就无法存入数据库。

(4) 删除异常(Deletion Anomalies)。如果某个学院的学生全部毕业了,在删除该学院在校学生信息的同时,也把这个学院的信息(学院名称和院长)全部删除了。如果删除一组属性,带来的副作用可能是丢失了一些其他信息。

一个关系之所以会产生上述问题,是由于关系中存在某些函数依赖引起的。通常,当企图把太多的信息放在一个关系里时,出现的诸如冗余之类的问题称为"异常"。

规范化是为了设计出"好的"关系模型。规范化理论正是用来改造关系模式,通过分解关系模式来消除其中不合适的数据依赖,以解决更新异常、插入异常、删除异常和数据冗余问题。

2. 规范化范式

每个规范化的关系只有一个主题。如果某个关系有两个或多个主题,就应该分解为多个关系,每个关系只能有一个主题。规范化的过程就是不断分解关系的过程。

人们每发现一种异常,就研究一种规则,防止异常出现。由此设计关系的准则得以不断改进。20 世纪 70 年代初期,研究人员系统地定义了第一范式(Fist Normal Form, 1NF)、第二范式(Second Normal Form, 2NF)和第三范式(Third Normal Form, 3NF)。之后,人们又定义了多种范式,如 BCNF、4NF、5NF 等,但大多数简单业务数据库设计中只需要考虑第一范式、第二范式和第三范式。每种范式自动包含其前面的范式,各种范式之间的关系是:$5NF \subset 4NF \subset BCNF \subset 3NF \subset 2NF \subset 1NF$。因此,符合第三范式的数据库自动符合第一、第二范式。

(1) 1NF。关系模式都满足第一范式,即符合关系定义的二维表格(关系)都满足第一范式。列的取值只能是原子数据;每一列的数据类型相同,每一列有唯一的列名(属性);列的先后顺序无关紧要,行的先后顺序无关紧要。

(2) 2NF。关系的每一个非关键字属性都完全依赖于关键字属性,则关系满足第二范式。

第二范式要求每个关系只包含一个实体集的信息,所有非关键字属性依赖关键字属性。每个以单个属性作为主键的关系自动满足第二范式。

(3) 3NF。关系的所有非关键字属性相互独立,任何属性其属性值的改变不应影响其他属性,则该关系满足第三范式。一个关系满足第二范式,同时没有传递依赖,则该关系满足第三范式。

由 1NF、2NF 和 3NF 可总结出规范化的规则如下。

(1) 每个关系只包含一个实体集,每个实体集只有一个主题。

(2) 每个关系有一个主键。

(3) 属性中只包含原子数据。

(4) 不能有重复属性。

每个规范化的关系只有一个主题。如果某个关系有两个或多个主题,就应该分解为多个关系。规范化的过程就是不断分解关系模式的过程。经过不断地总结,人们归纳出规范化的规则如下。

(1) 每个关系只包含一个实体集；每个实体集只有一个主题，一个实体集对应一个关系。

(2) 属性中只包含原子数据(即最小数据项)；每个属性具有数据类型并取值于同一个值域。

(3) 每个关系有一个主关键字，用来唯一地标识关系中的元组。

(4) 关系中不能有重复属性；所有属性完全依赖关键字(主关键字或候选关键字)；所有非关键字属性相互独立。

(5) 元组的顺序无关；属性的顺序无关。

3. 关系数据完整性规则

关系模型的完整性规则是对关系的某种约束条件。关系模型中的数据完整性规则包括：实体完整性规则、域完整性规则、参照完整性规则和用户定义完整性规则。

(1) 实体完整性规则是指保证关系中元组唯一的特性。通过关系的主关键字和候选关键字实现。

(2) 域完整性规则是指保证关系中属性取值正确、有效的特性。例如，定义属性的数据类型、设置属性的有效性规则等。

(3) 参照完整性与关系之间的联系有关，包括插入规则、删除规则和更新规则。

(4) 用户定义完整性规则是指为满足用户特定需要而设定的规则。

在关系数据完整性规则中，实体完整性和参照完整性是关系模型必须满足的完整性约束条件，被称为是关系的两个不变性，由关系系统自动支持。

1.5　E-R 模型向关系模型的转换

E-R 模型向关系模型转换要解决的问题是如何将实体以及实体之间的联系转换为关系模式，如何确定这些关系模式的属性和主关键字(这里所说的实体更确切地说是实体集)。注意，这里包含两个方面的内容，一是实体如何转换；二是实体之间的联系如何处理。

1.5.1　实体转换为关系模式

E-R 模型的表现形式是 E-R 图，由实体、实体的属性和实体之间的联系三个要素组成。从 E-R 图转换为关系模式的方法是：为每个实体定义一个关系，实体的名字就是关系的名字；实体的属性就是关系的属性；实体的键是关系的主关键字。用规范化准则检查每个关系，上述设计可能需要改变，也可能不需要要改变。依据关系规范化准则，在定义实体时就应遵循每个实体只有一个主题的原则。实体之间的联系转换为关系之间的联系，关系之间的联系是通过外部关键字来体现的。

1.5.2　实体之间联系的转换

前面讨论过实体之间的联系通常有三种类型：一对一联系($1:1$)、一对多联系($1:n$)和多对多联系($m:n$)。下面从实体之间联系类型的角度来讨论三种常用的转换策略。

1. 一对一联系的转换

两个实体之间的联系最简单的形式是一对一($1:1$)联系。$1:1$ 联系的 E-R 模型转换为关系模型时，每个实体用一个关系表示，然后将其中一个关系的关键字置于另一个关系中,使之成为另一个关系的外部关键字。关系模式中带有下画线的属性是关系的主关键字。

【例 1.4】　本例的需求分析和 E-R 模型见例 1.1。

根据转换规则,公司实体用一个关系表示;实体的名字就是关系的名字,因此关系名是"公司";实体的属性就是关系的属性,实体的键是关系的关键字,由此得到以下关系模式。

公司(<u>公司编号</u>,公司名称,地址,电话)

同样可以得到另一关系模式。

总经理(<u>经理编号</u>,姓名,性别,出生日期,民族)

为了表示这两个关系之间具有一对一联系,可以把"公司"关系的关键字"公司编号"放入"总经理"关系,使"公司编号"成为"总经理"关系的外部关键字;也可以把"总经理"关系的关键字"经理编号"放入"公司"关系,由此得到下面两种形式的关系模式。

关系模式 1:

公司(<u>公司编号</u>,公司名称,地址,电话)
总经理(<u>经理编号</u>,姓名,性别,出生日期,民族,*公司编号*)

关系模式 2:

公司(<u>公司编号</u>,公司名称,地址,电话,*经理编号*)
总经理(<u>经理编号</u>,姓名,性别,出生日期,民族)

其中斜体内容为外部关键字。

2. 一对多联系的转换

在一对多($1:n$)联系的 E-R 模型中,通常把"1"方(一方)实体称为"父"方,"n"方(多方)实体称为"子"方。$1:n$ 联系的表示简单而且直观。一个实体用一个关系表示,然后把父实体关系中的关键字置于子实体关系中,使其成为子实体关系中的外部关键字。

【例 1.5】　本例的需求分析和 E-R 模型见例 1.2。

在这个 E-R 模型中,仓库实体是"一方"父实体,员工实体是"多方"子实体。每个实体用一个关系表示,然后把仓库关系的主关键字"仓库号"放入员工关系中,使之成为员工关系的外部关键字。于是得到下面的关系模式。

仓库(<u>仓库号</u>,仓库名,地点,面积)
员工(<u>员工号</u>,姓名,性别,出生日期,工资,仓库号)

注意:$1:n$ 联系的 E-R 数据模型转换为关系数据模型时,一定是父实体关系中的关键字置于子实体关系中;反之不可。

3. 多对多联系的转换

多对多($m:n$)联系的 E-R 数据模型转换为关系数据模型的转换策略是把一个 $m:n$ 联系分解为两个 $1:n$ 联系,分解的方法是建立第三个关系(称为"纽带"关系)。原来的两个多对多实体分别对应两个父关系,新建立第三个关系,作为两个父关系的子关系,子关系中的必有属性是两个父关系的关键字。

【例 1.6】 本例的需求分析和 E-R 模型见例 1.3。

(1) 对应社团实体和学生实体分别建立社团关系和学生关系。

社团(编号,名称,地点,电话)
学生(学号,姓名,性别,出生日期,所属院系)

(2) 建立第三个关系表示社团关系与学生关系之间的 $m:n$ 联系。

为了表示社团关系和学生关系之间的联系是多对多联系,建立第三个关系"成员",把"社团"关系和"学生"关系的主关键字放入"成员"关系中,用关系"成员"表示"社团"关系与"学生"关系之间的多对多联系。"成员"关系的主关键字是"编号＋学号",同时编号和学号又是这个关系的外部关键字。

成员(编号,学号)

综上所述得到的关系模型的关系模式如下。

社团(编号,名称,地点,电话)
学生(学号,姓名,性别,出生日期,所属院系)
成员(编号,学号)

上述转换过程实际上是把一个多对多联系拆分为两个一对多联系。社团关系与成员关系是一个 $1:n$ 联系;学生关系与成员关系也是一个 $1:n$ 联系。成员关系有两个父关系:社团和学生,同样成员关系同时是学生和社团关系的子关系。子关系的关键字是父关系关键字的组合:编号＋学号;学号和编号又分别是子关系的两个外部关键字。

对 E-R 数据模型转换为关系数据模型的方法进行总结,如表 1.5 所示。

表 1.5   E-R 数据模型转换为关系数据模型的方法

联系类型	方 法
$1:1$	一个关系的主关键字置于另一个关系中
$1:n$	父关系(一方)的主关键字置于子关系(多方)中
$m:n$	分解成两个 $1:n$ 关系。建立"纽带关系",两个父关系的关键字置于纽带关系中,纽带关系是两个父关系的子关系

1.6   关系数据操作基础

关系是集合,关系中的元组可以看作集合的元素。因此,能在集合上执行的操作也能在关系上执行。

关系代数是一种抽象的查询语言,是关系数据操纵语言的一种传统表达方式,它是用对关系的运算来表达查询的。关系代数是封闭的,也就是说一个或多个关系操作的结果仍然是一个关系。关系运算分为传统的集合运算和专门的关系运算。

1.6.1   集合运算

传统的集合运算包括并、差、交、广义笛卡儿积四种运算。

设关系 A 和关系 B 都具有 n 个属性，且相应属性值取自同一个值域，则可以定义并、差、交和积运算如下。

1. 并运算

$$A \cup B = \{t \mid t \in A \vee t \in B\}$$

关系 A 和关系 B 的并是指把 A 的元组与 B 的元组加在一起构成新的关系 C。元组在 C 中出现的顺序无关紧要，但必须去掉重复的元组。即关系 A 和关系 B 并运算的结果关系 C 由属于 A 和属于 B 的元组构成，但不能有重复的元组，并且仍具有 n 个属性。关系 A 和关系 B 并运算记作 A∪B 或 A+B。

2. 差运算

$$A - B = \{t \mid t \in A \wedge t \notin B\}$$

关系 A 和关系 B 差运算的结果关系 C 仍为 n 目关系，由只属于 A 而不属于 B 的元组构成。关系 A 和关系 B 差运算记作 A−B。注意，A−B 与 B−A 的结果是不同的。

3. 交运算

$$A \cap B = \{t \mid t \in A \wedge t \in B\}$$

关系 A 和关系 B 交运算形成新的关系 C，关系 C 由既属于 A 同时又属于 B 的元组构成并仍为 n 个属性。关系 A 和关系 B 的交运算记作 A∩B。

【例 1.7】 设有关系 R1 和 R2。R1 中是 K 社团学生名单。R2 中是 L 社团学生名单。关于 R1，R2 分别如表 1.6、表 1.7 所示。

表 1.6　关系 R1

学号	姓名	性别
001	张红	F
008	王海	M
101	李芳	F
600	杨斌	M

表 1.7　关系 R2

学号	姓名	性别
001	张红	F
101	李芳	F
909	周云	M

（1）R1＋R2 的结果是 K 社团和 L 社团学生名单。具体如表 1.8 所示。

表 1.8　R1＋R2 的结果

学号	姓名	性别
001	张红	F
008	王海	M
101	李芳	F
600	杨斌	M
909	周云	M

（2）R1−R2 的结果是只参加 K 社团而没有参加 L 社团的学生名单，具体如表 1.9 所示。（比较 R2−R1）

表 1.9　R1－R2 的结果

学号	姓名	性别
008	王海	M
600	杨斌	M

（3）R1∩R2 的结果是同时参加了 K 社团和 L 社团的学生名单。具体如表 1.10 所示。

表 1.10　R1∩R2 的结果

学号	姓名	性别
001	张红	F
101	李芳	F

4. 积运算

如果关系 A 有 m 个元组，关系 B 有 n 个元组，关系 A 与关系 B 的积运算是指一个关系中的每个元组与另一个关系中的每个元组相连接形成新的关系 C。关系 C 中有 $m \times n$ 个元组。关系 A 和关系 B 积运算记作 A×B。

1.6.2　关系运算

专门的关系操作包括投影、选择和连接。

1. 投影

投影操作是指从一个或多个关系中选择若干个属性组成新的关系。投影操作取得垂直方向上关系的子集(列)，即投影是从关系中选择列。投影可用于变换一个关系中属性的顺序。

2. 选择

选择操作是指从关系中选择满足一定条件的元组。选择操作取得的是水平方向上关系的子集(行)。

【例 1.8】　student 关系如表 1.11 所示，在此关系上的投影操作和选择操作示例，如表 1.12 和表 1.13 所示。

表 1.11　student 关系

学　号	姓　名	性别	出生日期	党员否	出生地
993501438	刘昕	女	02/28/81	.T.	北京
993501437	颜俊	男	08/14/81	.F.	山西
993501433	王倩	女	01/05/80	.F.	黑龙江
993506122	李一	女	06/28/81	.F.	山东
993505235	张舞	男	09/21/79	.F.	北京
993501412	李竟	男	02/15/80	.F.	天津
993502112	王五	男	01/01/79	.T.	上海
993510228	赵子雨	男	06/23/81	.F.	河南

（1）从 student 关系中选择部分属性构成新的关系 st1 的操作称为投影，st1 关系如表 1.12 所示。

表 1.12　st1 关系

学　号	姓　名	出生日期	出生地
993501438	刘昕	02/28/81	北京
993501437	颜俊	08/14/81	山西
993501433	王倩	01/05/80	黑龙江
993506122	李一	06/28/81	山东
993505235	张舞	09/21/79	北京
993501412	李竟	02/15/80	天津
993502112	王五	01/01/79	上海
993510228	赵子雨	06/23/81	河南

（2）从 student 关系中选择部分元组构成新的关系 st2 的操作称为选择，st2 关系如表 1.13 所示。

表 1.13　st2 关系

学　号	姓　名	性别	出生日期	党员否	出生地
993501437	颜俊	男	08/14/81	.F.	山西
993505235	张舞	男	09/21/79	.F.	北京
993501412	李竟	男	02/15/80	.F.	天津
993502112	王五	男	01/01/79	.T.	上海
993510228	赵子雨	男	06/23/81	.F.	河南

3. 连接

选择操作和投影操作都是对单个关系进行的操作。有的时候，需要从两个关系中选择满足条件的元组数据，对两个关系在水平方向上进行合作。连接操作即是这样一种操作形式，它是两个关系的积、选择和投影的组合。连接操作是从两个关系的笛卡儿积中选择属性间满足一定条件的元组的运算。连接也称为 θ 连接，θ 表示连接的条件（比较运算），当 θ 比较运算为"＝"运算时，称为等值连接。

自然连接是一种特殊的等值连接，它是在两个关系在相同属性上进行比较关系（等值比较）运算的结果中，去除重复的属性而得到的结果。

等值连接和自然连接是连接操作中两种重要的连接操作。

关系 A 和关系 B 分别如表 1.14 和表 1.15 所示。

表 1.14　关系 A

A	D	F
E2	D2	6
E2	D3	8
E3	D4	10
E3	D5	16

表 1.15　关系 B

B	D
4	D1
7	D2
12	D2
2	D5
2	D6

【例 1.9】 关系 A 和关系 B 的等值连接结果如表 1.16 所示。

表 1.16　关系 A 与关系 B 的等值连接结果

A	A. D	F	B	B. D
E2	D2	6	7	D2
E2	D2	6	12	D2
E3	D5	16	2	D5

【例 1.10】 关系 A 和关系 B 的自然连接结果如表 1.17 所示。

表 1.17　关系 A 与关系 B 的自然连接结果

A	D	F	B
E2	D2	6	7
E2	D2	6	12
E3	D5	16	2

这种连接运算在关系数据库中为 SQL INNER JOIN 运算,称为内连接。

关系 A 和关系 B 进行自然连接时,连接的结果是由关系 A 和关系 B 公共属性(上述例题中为 D 属性)值相等的元组构成了新的关系,公共属性值不相等的那些元组不出现在结果中,被筛选掉了。如果在自然连接结果构成的新关系中,保留那些不满足条件的元组(公共属性值不相等的元组),在新增属性值填入 NULL,就构成了左外连接、右外连接和外连接。

(1) 左外连接。左外连接即以连接的左关系为基础关系,根据连接条件,连接结果中包含左边表的全部行(不管右边的表中是否存在与它们匹配的行),以及右边表中全部匹配的行。

连接结果中除了在连接条件上的内连接结果之外,还包括左边关系 A 在内连接操作中不相匹配的元组,而关系 B 中对应的属性赋空值。

【例 1.11】 关系 A 和关系 B 的左外连接,结果如表 1.18 所示。

表 1.18　关系 A 与关系 B 的左外连接结果

A	D	F	B
E2	D2	6	7
E2	D2	6	12
E2	D3	8	NULL
E3	D4	10	NULL
E3	D5	16	2

(2) 右外连接。右外连接即以连接的右关系为基础关系,根据连接条件,连接结果中包含右边表的全部行(不管左边的表中是否存在与它们匹配的行),以及左边表中全部匹配的行。

连接结果中除了在连接条件上的内连接结果之外,还包括右边关系 B 在内连接操作中不相匹配的元组,而关系 A 中对应的属性赋空值。

【例 1.12】　关系 A 和关系 B 的右外连接,结果如表 1.19 所示。

表 1.19　关系 A 与关系 B 的右外连接结果

A	F	B	D
NULL	NULL	4	D1
E2	6	7	D2
E2	6	12	D2
E3	16	2	D5
NULL	NULL	2	D6

(3)外连接。外连接是左外连接和右外连接的组合应用。连接结果中包含关系 A、关系 B 的所有元组,不匹配的属性均赋空值。

【例 1.13】　关系 A 和关系 B 的外连接,结果如表 1.20 所示。

表 1.20　关系 A 与关系 B 的外连接结果

A	D	F	B
NULL	D1	6	4
E2	D2	8	7
E2	D2	10	12
E2	D3	NULL	NULL
E3	D4	NULL	NULL
E3	D5	16	2
NULL	D6	NULL	2

习题

一、单选题

1. 数据库系统的核心是(　　)。

    A. 数据模型　　　　　　　　　　B. 数据库管理系统

    C. 数据库　　　　　　　　　　　D. 数据库管理员

2. 下列不是数据库系统特点的是(　　)。

    A. 较高的数据独立性　　　　　　B. 最低的冗余度

    C. 数据多样性　　　　　　　　　D. 较好的数据完整性

3. 常见的数据模型有 3 种,它们是(　　)。

    A. 网状、关系和语义　　　　　　B. 层次、关系和网状

    C. 环状、层次和关系　　　　　　D. 字段名、字段类型和记录

4. 一个关系对应一个(　　)。

    A. 二维表　　　　B. 关系模式　　　　C. 记录　　　　D. 属性

5. 唯一确定一条记录的某个属性组是(　　)。

    A. 关键字　　　　　　B. 关系模式　　　　C. 记录　　　　　　D. 属性

6. 属性的取值范围是(　　)。

    A. 值域　　　　　　　B. 关系模式　　　　C. 记录　　　　　　D. 属性

7. 在数据管理技术的发展过程中,经历了人工管理阶段、文件系统阶段和数据库系统阶段。在这几个阶段中,数据独立性最高的阶段是(　　)。

    A. 数据库系统　　　　B. 文件系统　　　　C. 人工管理　　　　D. 数据项管理

8. 数据库中,数据的物理独立性是指(　　)。

    A. 数据库与数据库管理系统的相互独立

    B. 用户程序与 DBMS 的相互独立

    C. 用户的应用程序与存储在磁盘上数据库中的数据是相互独立的

    D. 应用程序与数据库中数据的逻辑结构相互独立

9. 下述关于数据库系统的正确叙述是(　　)。

    A. 数据库系统减少了数据冗余

    B. 数据库系统避免了一切冗余

    C. 数据库系统中数据的一致性是指数据类型一致

    D. 数据库系统比文件系统能管理更多的数据

10. 数据库(DB)、数据库系统(DBS)和数据库管理系统(DBMS)三者之间的关系是(　　)。

    A. DBS 包括 DB 和 DBMS　　　　　　B. DDMS 包括 DB 和 DBS

    C. DB 包括 DBS 和 DBMS　　　　　　D. DBS 就是 DB,也就是 DBMS

11. 关系数据库管理系统应能实现的专门关系运算包括(　　)。

    A. 排序、索引、统计　　　　　　　　B. 选择、投影、连接

    C. 关联、更新、排序　　　　　　　　D. 显示、打印、制表

12. 关系模型中,一个关键字是(　　)。

    A. 可由多个任意属性组成

    B. 至多由一个属性组成

    C. 可由一个或多个其值能唯一标识该关系模式中任何元组的属性组成

    D. 以上都不是

13. 关系模式的任何属性(　　)。

    A. 不可再分　　　　　　　　　　　　B. 可再分

    C. 命名在该关系模式中可以不唯一　　D. 以上都不是

二、填空题

1. 数据管理技术经历了_____、_____和_____三个阶段。

2. 数据库是长期存储在计算机内、有_____的、可_____的数据集合。

3. 数据独立性又可分为_____独立性和_____独立性。

4. 数据模型是由_____、_____和_____ 3 部分组成的。

5. 数据库体系结构按照_____、_____和_____三级结构进行组织。

6. 实体之间的联系可抽象为 3 类,它们是_____、_____和_____。

7. 数据冗余可能导致的问题有_____和_____。

8. 关系代数运算中,传统的集合运算有_____、_____、_____和_____。

9. 关系代数运算中,专门的关系运算有_____、_____和_____。

10. 已知系(系编号,系名称,系主任,电话,地点)和学生(学号,姓名,性别,入学日期,专业,系编号)两个关系,系关系的主关键字是_____,系关系的外关键字是_____,学生关系的主关键字是_____,外关键字是_____。

三、设计题

设计一个教学管理系统。

假设教学管理规定:

(1)一个学生可选修多门课,一门课有若干学生选修。

(2)一个教师可讲授多门课。

(3)一个学生选修一门课,仅有一个成绩,不能重复选课。

要求:根据上述要求画出 E-R 图,要求在图中画出实体的属性并注明联系的类型。

第 2 章

学会创建数据库

随着计算机技术的蓬勃发展,计算机应用从科学计算、过程控制进入数据处理,计算机已从少数科学家手中的珍品变成为人们日常工作、生活中处理数据的得力助手和有力工具。当今世界,在计算机的三大主要应用(科学计算、过程控制和数据处理)领域中,数据处理迅速上升为计算机应用的主要方面。数据处理的中心问题是数据管理。数据库技术是数据管理技术发展的最新成果。

数据库系统是指引进数据库技术后的计算机系统,它能实现有组织地、动态地存储大量相关数据,能够提供数据处理和信息资源共享的便利手段。要实现一个数据库应用系统的开发,在了解数据库的基本概念后,需要了解 Access 数据库管理系统的使用方法,再接下来,使用 Access 数据库管理系统实现数据库的创建,最后,真正实现数据的存储。

本章的知识体系:
- 数据库的概念
- Access 数据库管理系统
- 创建数据库
- Access 帮助

学习目标:
- 了解数据库的概念
- 熟悉 Access 数据库管理系统的使用方法
- 掌握创建数据库的方法
- 学会使用 Access 帮助系统解决问题

2.1 初识 Access

Access 是一种关系型的桌面数据库管理系统,是 Microsoft Office 套件产品之一,是在 Windows 环境下开发的一种全新的关系数据库管理系统,是中小型数据库管理系统的良好选择。从 20 世纪 90 年代初期 Access V1.0 的诞生到本书所采用的 Access 2010,Access 经历了多次版本的升级换代,其功能越来越强大,而操作却越来越方便简捷。尤其是 Access 与 Office 的高度集成,熟悉且风格统一的操作界面使得许多初学者很容易掌握。

Access 不仅是数据库管理系统,而且还是一个功能强大的开发工具,一般情况下,它不需要进行许多复杂的编程,即可实现比较理想的管理系统的开发。同时,它极好地融合了 VBA 编程,使得系统的升级开发更加容易。

2.1.1 Access 的特点

Access 2010 不仅继承和发扬了前版本的功能强大、界面友好、易学易用等优点,且在前版本的基础上,有了巨大的变化,主要包括:智能特性、用户界面、创建 Web 网络数据功能、新的数据类型、宏的改进和增强、主题的改进、布局视图的改进以及生成器功能的增强等方面,使数据库应用系统的开发变得更简单、方便,同时,数据共享、网络交流更加便捷、安全。

1. 用一个文件来管理整个系统

面对信息管理,Access 的最大特点是采用一个文件来管理整个系统,即数据的保存和对数据库的各种操作,都是保存在同一个文件里的,文件的管理变得方便。同时,Access 提供很多可视化的界面和操作向导,使得不需要编程也可创建一个实用的数据库管理系统。

2. 真正的关系数据库管理系统

Access 提供的数据表的定义和主键的管理,表之间的关系建立和约束,保证了参照完整性约束的实施,使得数据的控制更加严格和方便。

3. 良好的开放性

Access 既能作为独立的数据库管理系统使用,又与 Word、Excel 等办公软件方便地实现数据交换和共享,还能通过开放式数据库互联(ODBC)与其他的数据库管理系统,如 SQL Server、Sybase 和 FoxPro 等数据库实现数据交换和共享。因此,用户可以通过 Access 直接与企业级数据库连接,提升了数据库的应用。

4. 拥有丰富的内置函数

Access 内置了丰富的函数,包括数据库函数、数学函数、文本函数、日期时间函数、财务函数等,利用这些函数可以方便地在各个对象中建立条件表达式,以实现相应的数据处理。

5. 更方便的宏设计

Access 提供了丰富的宏操作,同时提供了一个功能强大的宏设计器,可以更加高效地工作,减少编码错误,并轻松地组合更复杂的逻辑以创建功能强大的应用程序。重新设计并整合宏操作,通过操作目录窗口把宏分类组织,使得运行宏操作更加方便。

6. 强大的网络功能

Access Services 提供了创建可在 Web 上使用的数据库的平台。可以使用 Access 和 SharePoint 设计和发布 Web 数据库,用户可以在 Web 浏览器中使用 Web 数据库。加强了信息共享和协同工作的能力。

Access 提供了两种数据库类型的开发工具,一种是标准的桌面数据库类型,另一种是 Web 数据库类型,使得 Web 数据库可以轻松方便地开发出网络数据库。

7. 完善的帮助系统

Access 的帮助系统能够随时解答操作过程中的疑惑,同时还提供了操作示例,方便理解。

2.1.2　Access 2010 的新增功能

Access 2010 是在 Access 2007 的基础上升级的,它提供了更多的新增功和改进功能。

1. 完备的数据库窗口

Access 数据库窗口由 3 个部分组成:功能区、Backstage 视图和导航窗格。在功能区中,对相关功能的选项卡、功能按钮分门别类放置,用户触手可及;Backstage 视图,是功能区的"文件"选项卡上显示的命令集合,是基于文件操作的功能集合区;导航窗格,是组织归类数据库对象,并且是打开或更改数据库对象设计的区域,使 Access 的易用性得到增强。

2. 应用主题实现了专业设计

使用主题工具可以快速设置、修改数据库外观,以制作出美观的窗体界面、表格和报表。

3. 更高的安全性

它提供了经过改进的安全模型,该模型有助于简化将安全性应用于数据库以及打开已启用安全性的数据库的过程。其中包括新的加密技术和对第三方加密产品的支持。

4. 新的数据类型和控件

它新增了计算字段,可实现原来需要查询、控件、宏或 VBA 代码进行计算的值,方便了使用;多值字段,为每条记录存储多个值;添加了文件的附件字段,允许在数据库中轻松存储所有种类的文档和二进制文件,而不会使数据库大小发生不必要的增长;备注字段允许存储格式文本并支持修订历史记录;提供了用于选取日期的日历。

5. 强化的智能特性

Access 的智能特性表现在各个方面,其中表达式生成器表现更为突出,用户不需要花费时间来考虑有关的语法和参数问题,在输入时,表达式的智能特性为用户提供了所需要的所有信息。

6. 更方便的宏设计

Access 提供了一个全新的宏设计器,可以更加高效地工作,减少编码错误,并轻松地组合更复杂的逻辑以创建功能强大的应用程序。重新设计并整合宏操作,通过操作目录窗口把宏分类组织,使得运行宏操作更加方便。

7. 增强的故障排查功能

在 Access 中引入了 Microsoft Office 诊断功能,以取代之前版本的"检测并修复"以及"Microsoft Office 应用程序恢复"功能,使得故障检测变得更加的便捷。

2.2　Access 的基础知识

要利用 Access 来进行管理系统的设计,应该从了解它的结构和基本的工作环境开始。

2.2.1　Access 的启动与退出

1. 启动 Access

启动 Access 的方式与启动其他应用程序的方式相同,通常有以下 3 种方式。

(1) 通过"开始"菜单的"所有程序"| Microsoft Office | Microsoft Access 2010 命令启动。

(2) 使用桌面快捷方式启动。

(3) 双击已存在的 Access 数据库文件启动。

使用前两种方式启动 Access 打开了 Access 的 Backstage 视图,如图 2.1 所示。该窗口的左侧是"文件"选项卡,提供近期操作过的数据库,打开或新建数据库的操作选择。中间部分为数据库模板,上半部分为本机模板,包括:空数据库、空白 Web 数据库、最近打开的模板、样本模板和我的模板;下半部分模板即 Office.com 模板,主要包括:资产、联系人、问题 & 任务、非盈利和项目。

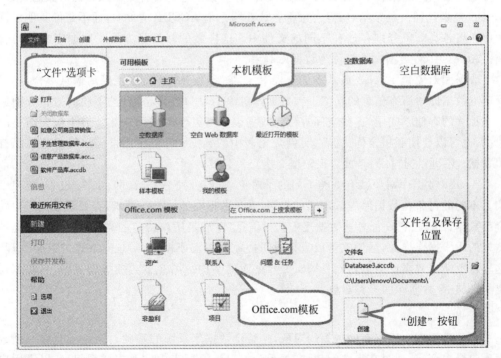

图 2.1　Access 的 Backstage 视图

注意:在本机模板中,空白 Web 数据库用于创建网络数据库;样本模板是 Office 安装时系统自带的模板,如罗斯文数据库、联系人 Web 数据库、慈善捐赠 Web 数据库、教职员、学生、销售渠道、任务等,使用这些模板,可创建一个具有完整数据库应用程序的文件,使数据库立即可用,因为模板已设计为完整的端到端数据库解决方案,所以使用它们可以节省时间和工作量并能够立即开始使用数据库;我的模板,即用来存放用户自己创建的数据库模板的。

Office.com 模板的使用,在保证计算机联网的情况下,单击需要下载的模板类型,系统连接到该模板位置,同时窗口右下角出现"下载"按钮,单击该按钮,即可下载该模板,同时会自动生成一个与该模板同名的数据库。

用第 3 种方法启动 Access 的同时也打开了该数据库文件,并进入数据库工作窗口,即可开始对数据库进行操作。

2. 关闭并退出 Access

单击标题栏右侧的"关闭"按钮 ⊠ 、选择"文件"|"退出"命令,或按 Alt+F4 键,都可以退出 Access 系统。

无论采用什么方法退出 Access,系统都将自动保存对数据的更改。如果在最近一次的"保存"操作之后,又更改了数据库对象的设计,则 Access 将在关闭之前询问是否保存这些更改。

2.2.2   Access 数据库的结构

现代数据库的结构,包含数据的集合以及针对数据进行各种基本操作的对象的集合。Access 正是这样一种结构,所有对象都存放在同一个 ACCDB 文件中,而不是像其他数据库那样将各类对象分别存放在不同的文件中。这样做的好处是方便了数据库文件的管理。Access 中将数据库文件称为数据库对象。

数据库对象是 Access 最基本的容器对象,它是关于某个特定主题的信息集合,具有管理本数据库中所有信息的功能。在数据库对象中,用户可以将自己不同的数据分别保存在独立的存储空间中,这些空间被称为数据表。可以使用查询从数据表中检索需要的数据,也可以使用联机窗体,查看、更新数据表中的数据;可以使用报表以特定的版面打印数据;还可以通过 Web 页实现数据交换。

Access 数据库对象共有 6 类不同的子对象,它们分别是表、查询、窗体、报表、宏和模块。不同的对象在数据库中起不同的作用,表是数据库的核心与基础,存放着数据库中的全部数据;报表、查询都是从数据表中获得信息,以满足用户特定的需求;窗体可以提供良好的用户操作界面,通过它可以直接或间接地调用宏或模块,实现对数据的综合处理,这里以罗斯文数据库为例,介绍 Access 数据库的结构。图 2.2 为数据库视图,其左侧列出了 Access 数据库的 6 类对象。

1. 表对象

表是数据库中用来存储数据的对象,是整个数据库系统的基础。Access 允许一个数据库包含多个表,通过在表之间建立"关系",可以将不同表中的数据联系起来,以供用户使用。

在表中,数据以行和列的形式保存。表中的列被称为字段,字段是 Access 信息最基本的载体,说明了一条信息在某一方面的属性。表中的行被称为记录,一条记录就是一条

图 2.2　数据库视图

完整的信息,如图 2.3 所示。

2. 查询对象

通过查询,可以按照一定的条件或准则从一个或多个表中筛选出需要的字段和记录,并将它们集中起来,形成动态数据集,这个动态数据集将显示在虚拟数据表中,以供用户浏览、打印和编辑。需注意的是,如果

图 2.3　"订单状态"表

用户对这个动态数据集中的数据进行了修改,Access 会自动将修改内容反映到相应的表中。

查询对象必须基于数据表对象而建立,虽然查询结果集是以二维表的形式显示,但它们不是基本表。查询本身并不包含任何数据,它只记录查询的筛选准则与操作方式。每执行一次查询操作,其结果集显示的总是查询那一时刻数据表的存储情况,也就是说,查询结果是动态的。图 2.4 所示为"销量居前十位的订单"查询。

销量居前十位的订单				
销售额	订单 ID	订单日期	公司名称	发货日期
¥13,800.00	41	2006/3/24	国皓	
¥13,800.00	38	2006/3/10	康浦	2006/3/11
¥4,200.00	47	2006/4/8	森通	2006/4/8
¥3,690.00	46	2006/4/5	祥通	2006/4/5
¥3,520.00	58	2006/4/22	国顶有限公司	2006/4/22
¥2,490.00	79	2006/6/23	森通	2006/6/23
¥2,250.00	77	2006/6/5	国银贸易	2006/6/5
¥1,930.00	36	2006/2/23	坦森行贸易	2006/2/25
¥1,674.75	44	2006/3/24	三川实业有限公司	
¥1,560.00	78	2006/6/5	东旗	2006/6/5

图 2.4　"销量居前十位的订单"查询

可以使用查询作为窗体、报表和数据访问页的记录源。

3. 窗体对象

窗体是用户和数据库联系的一种界面,它是 Access 数据库对象中最具灵活性的一个对象,其数据源可以是表或查询。可以将数据库中的表连接到窗体中,利用窗体作为输入记录的界面,或将表中的记录提取到窗体上供用户浏览和编辑处理;可以在窗体中使用宏,把 Access 的各个对象方便地联系起来;还可以在窗体中插入命令按钮,编制事件过程代码以实现对数据库应用的程序控制。图 2.5 所示为"运货商详细信息"窗体。

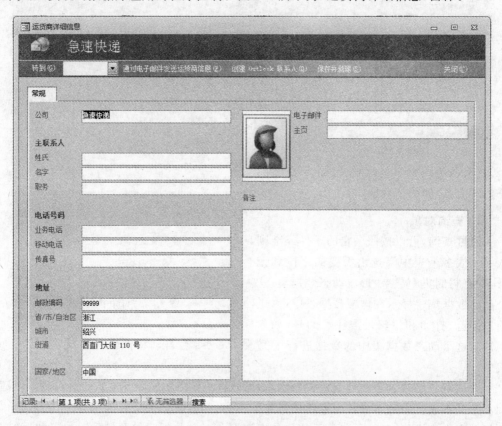

图 2.5　"运货商详细信息"窗体

窗体的类型比较多,概括来讲主要有以下 3 类。

(1) 数据型窗体:主要用于实现用户对数据库中相关数据的操作,也是数据库应用系统中使用最多的一类窗体。

(2) 控制型窗体:在窗体上设置菜单和命令按钮,用以完成各种控制功能的转移。

(3) 面板型窗体:显示文字、图片等信息,主要用于数据库应用系统的主界面。

4. 报表对象

报表是用打印格式展示数据的一种有效方式。在 Access 中,如果要打印输出数据或与数据相关的图表,可以使用报表对象。利用报表可以将需要的数据从数据库中提取出来,并在进行分析和计算的基础上,将数据以格式化的方式发送到打印机。

多数报表都被绑定到数据库中的一个或多个表和查询中。报表的记录源引用为基础表和查询中的字段,且报表无须包含每个基础表或查询中的所有字段,可以按照需要控制显示字段及其显示方式。利用报表不仅可以创建计算字段,而且还可以对记录进行分组,以便计算出各组数据的汇总值。除此以外,报表上所有内容的大小和外观都可以人为控制,使用起来非常灵活。图 2.6 所示为"月度销售报表"窗体。

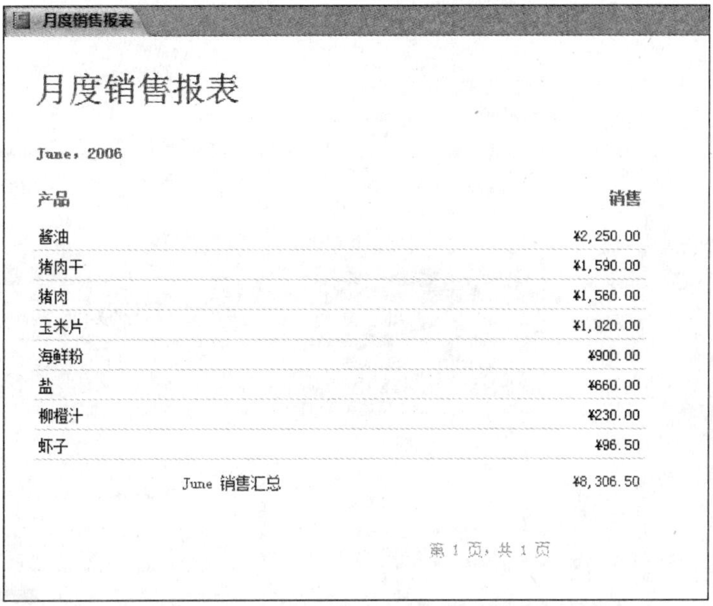

图 2.6 "月度销售报表"窗体

5. 宏对象

宏的意思是指一个或多个操作的集合,其中每个操作都可以实现特定的功能。宏可以使需要多个指令连续执行的任务能够通过一条指令自动完成,而这条指令就被称为宏。

宏可以是包含一个操作序列的宏,也可以是由若干个宏组成的宏组。Access 中,一个宏的执行与否还可以通过条件表达式予以控制,即可以根据给定的条件决定在哪些情况下运行宏。

利用宏可以简化操作,使大量重复性的操作得以自动完成,从而使管理和维护 Access 数据库更加方便和简单。

6. 模块对象

模块是将 VBA 的声明和过程作为一个单元进行保存的集合,即程序的集合。设置模块对象的过程也就是使用 VBA 编写程序的过程。尽管 Access 是面向对象的数据库管理系统,但其在针对对象进行程序设计时,必须使用结构化程序设计思想。每一个模块由若干个过程组成,而每一个过程都应该是一个子程序(Sub)过程或一个函数(Function)过程。

需要指出的是,尽管 Microsoft 在推出 Access 之初就将产品定位为不用编程的数据库管理系统,但实际上,只要用户试图在 Access 的基础上进行二次开发以实现一个数据库应用系统,用 VBA 编写适当的程序是必不可少的。换言之,开发 Access 数据库应用系统时,必然需要使用 VBA 模块对象。

2.2.3　Access 用户界面

Access 软件人机交互的主要界面都是通过不同的窗口或对话框来完成的。Access 2010 用户界面的 3 个主要组件是:功能区、Backstage 视图和导航窗格,它们提供了创建和使用数据库的环境,如图 2.7 所示。

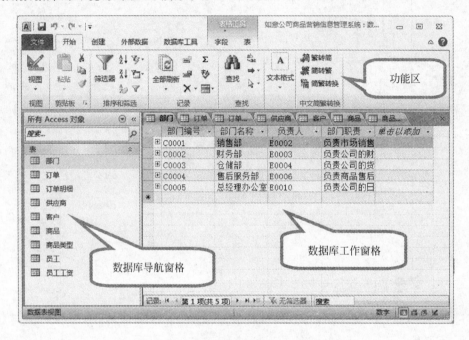

图 2.7　Access 数据库用户界面的组成

1. 功能区

功能区在窗口上方,是 Access 的主要命令界面,即功能区选项卡。在 Access 2010 中,主要的命令选项卡包括"文件""开始""创建""外部数据"和"数据库工具"。它在此处显示活动命令选项中的命令,同时会随着工作对象的变化自动切换到不同的功能选项卡,也有可能会打开新的功能选项卡。

2. Backstage 视图

Backstage 视图是 Access 2010 中的新功能,它包含应用于整个数据库的命令和信息(如"压缩和修复"),以及早期版本中"文件"菜单中的命令(如"打印"),是通过"文件"选项卡启动的。

3. 导航窗格

在窗口的左侧为数据库的导航窗格,是组织归类数据库对象,并且是打开或更改数据库对象设计的主要方式。在打开数据库或创建新数据库时,数据库对象的名称将显示在导航窗格中。数据库对象包括表、窗体、报表、页、宏和模块。

在 Access 工作窗口中,默认的对象管理方式是将选项卡式文档代替重叠窗口来显示数据库对象,可单击选项卡切换不同对象。

在窗口的最下方是状态栏,主要包括视图/窗口切换和缩放功能。可使用状态栏上的可用控件,在可用视图之间快速切换活动窗口。如果要查看支持可变缩放的对象,则可以使用状态栏上的滑块,调整缩放比例以放大或缩小对象。

2.2.4　Access 选项设置

Access 安装后,为系统的默认状态,如果需要对它进行一些个性化设置,可以通过"Access 选项"对话框进行设置。

(1) 默认文件格式的设置

Access 默认的文件格式是 ACCDB。默认的文件格式是 Access 2007,如果需要更改文件的默认格式,可以通过"Access 选项"对话框来进行设置。如果采用 Access 2003 及以前的版本的数据库,虽然能够在 Access 2010 环境中运行,但不能向所创建的文件中添加 Access 2010 新功能,如多值查阅字段、计算字段等。

执行"文件"|"选项"命令,打开"Access 选项"对话框,在"常规"选项卡的"创建数据库"栏中,既可以设置空白数据库的文件格式,同时还可设置数据库文件默认的保存位置,如图 2.8 所示。

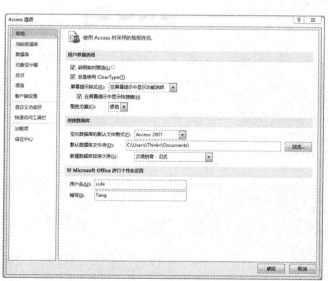

图 2.8　"Access 选项"对话框之"常规"选项卡

在此选项卡中,还可设置用户界面和配色方案等。

(2) 数据表外观定义

在"Access 选项"对话框的"数据表"选项卡中,可以定义数据表的外观效果,如网格线显示方式、单元格效果及默认字体等,如图 2.9 所示。

(3) 对象设计器定义

在"Access 选项"对话框的"对象设计器"选项卡中,可以更改用于设计数据库对象的默认设置。如表设计时的默认字段、文本字段和数字字段的大小等;查询设计时,是否显示表名称、是否自动连接、查询的字体等;窗体和报表等模板的使用等,如图 2.10 所示。

图 2.9　"Access 选项"对话框之"数据表"选项卡

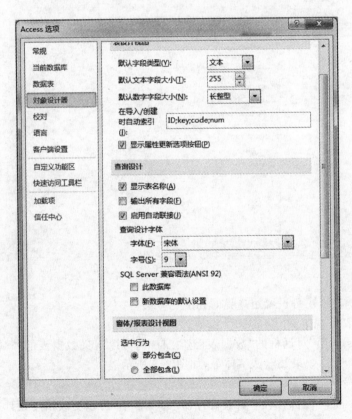

图 2.10　"Access 选项"对话框之"对象设计器"选项卡

在 Access 的选项设置中,还有如功能区的自定义、快速访问工具栏的定义等,与 Office 的其他应用程序的定义方式相同,这里不再赘述。

2.2.5　Access 的帮助系统

任何人在学习和使用 Access 2010 时都会碰到问题,善于使用帮助系统是解决问题的好方法。系统提供了两种帮助: Access 帮助和在线帮助(Office Online)。

在工作窗口的右上角,"关闭"按钮下方有一个"帮助"按钮 ❓,单击该按钮,或按 F1 键,即可打开"Access 帮助"窗口,如图 2.11 所示。

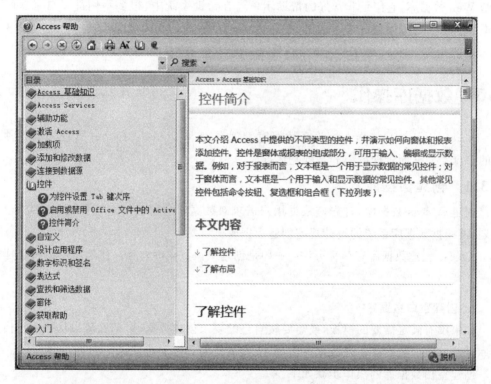

图 2.11　"Access 帮助"窗口

1. 帮助系统

打开帮助窗口,可以看到窗口由两个窗格组成。左侧是折叠式窗格,右侧是展开式窗格,在右侧窗格中展示信息。在窗格上方有一个搜索栏,在其中输入要查找的信息,或单击"搜索"按钮右侧的下拉按钮,在打开的列表中将显示搜索的历史信息。

2. 使用帮助

使用帮助的常用方法有以下三种。

(1)从目录中,选择帮助主题,逐步进入查看帮助内容。

(2)在帮助窗口的关键字搜索栏中输入要搜索的关键词,通过搜索找到相关的帮助信息。

(3)在某个对象窗口,选中要查看帮助的关键字,然后按 F1 键,打开帮助窗口,显示搜索的帮助信息。

3. 上下文帮助

上下文帮助主要出现在表的设计视图和宏的设计视图。在操作过程中,通常会在设计视图上显示当前状态的帮助信息。

4. 示例数据库

在 Access 2010 中,带有多个示例数据库,其中有代表性的有:罗斯文数据库和慈善捐赠 Web 数据库,它们是非常好的帮助示例。在帮助系统中,很多示例都来自于这两个数据库。初学者可以通过学习示例,掌握 Access 数据库的相关概念,通过模仿,可以掌握 Access 的相关操作方法。

2.3　数据库操作

Access 是一个功能强大的关系数据库管理系统,可以组织、存储并管理大量各种类型的信息。数据库管理系统的基础是数据库。

2.3.1　创建数据库

创建 Access 数据库,首先应根据用户需求对数据库应用系统进行分析和研究,全面规划,再根据数据库系统的设计规范创建数据库。

Access 创建数据库有两种方法:一种是创建空白数据库;另一种是使用模板创建数据库。

1. 创建空白数据库

如果没有满足需要的模板,或需要按自己的要求创建数据库,那么可以从创建空白数据库开始。空白数据库即是数据库的外壳,没有任何数据和对象。

创建空白数据库的操作步骤如下。

(1) 启动 Access,打开 Access 的 Backstage 视图窗口。

(2) 在"可用模板"栏中选择"空数据库",在右侧"文件名"下方的文本框中设置数据库文件名,单击文本框右侧的"浏览"按钮 📂 ,设置数据库文件的存放位置,单击"创建"按钮,在指定位置创建一个空白数据库。

2. 使用模板创建数据库

如果能找到接近需求的数据库模板,使用模板创建数据库,是快速实现数据库创建的捷径。除了 Access 提供的本地方法创建的数据库外,还可以利用如 Office.com 网站提供的模板,将模板下载到本地计算机中,即可创建所需的数据库。

利用模板创建数据库,是在 Access 启动窗口,通过单击"可用模板"中的"样本模板"按钮,在打开的可用模板中选择接近需要的模板,然后单击"创建"按钮,完成数据库的创建,具体操作步骤,如图 2.12 所示。

(1) 打开Access启动窗口。

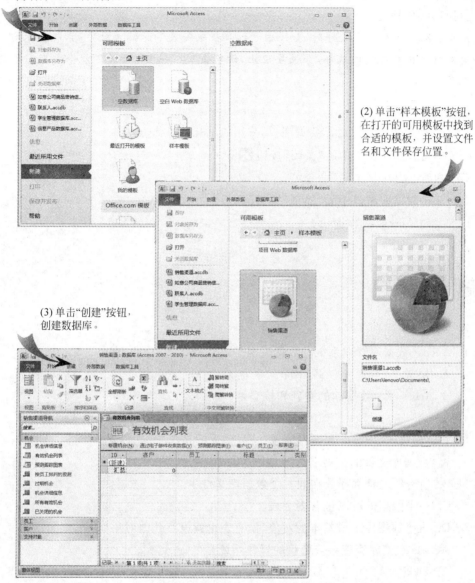

(2) 单击"样本模板"按钮，在打开的可用模板中找到合适的模板，并设置文件名和文件保存位置。

(3) 单击"创建"按钮，创建数据库。

图 2.12　利用模板创建数据库的操作过程

2.3.2　数据库的简单操作

1. 打开数据库

在对数据库进行操作前，通常需要打开数据库文件。在 Access 环境中打开数据库的操作方法有如下几种。

（1）双击要打开的数据库文件，打开数据库。

（2）在 Access 环境中，单击工具栏中的"打开"按钮，或执行"文件"|"打开"命令，在弹出的"打开"对话框中找到要打开的数据库文件，单击"打开"按钮，即可打开数据库。

（3）在 Access 环境中，在"开始工作"任务窗格的"打开"列表中，选择要打开的数据库，也可打开数据库。

注意：在打开数据库文件时，如果由于计算机中安装了防病毒软件，系统提示打开的文件会对计算机系统造成破坏，如果要阻止，请单击"否"按钮，否则可能会导致数据库非正常工作。

2. 关闭数据库

如果数据库使用完毕后需要关闭，可采用如下几种操作方法。

（1）单击数据库窗口中的"关闭"按钮 ✖ 。

（2）执行"文件"|"关闭"命令。

（3）双击数据库窗口中的"控制"按钮 ▣ 。

（4）关闭 Access 工作窗口。

（5）按 Alt＋F4 键。

习题

一、单选题

1. Access 数据库管理系统的数据模型是（　　）。

    A. 层次   B. 网状   C. 关系型   D. 树状

2. 在 Access 中，数据库的基础和核心是（　　）。

    A. 表   B. 查询   C. 窗体   D. 宏

3. 在下面关于 Access 数据库的说法中，错误的是（　　）。

    A. 数据库文件的扩展名为.accdb

    B. 所有的对象都存放在同一个数据库文件中

    C. 一个数据库可以包含多个表

    D. 表是数据库中最基本的对象，没有表也就没有其他对象

4. Access 数据库管理系统依赖的操作系统是（　　）。

    A. DOS   B. Windows   C. UNIX   D. UCDOS

5. 在以下叙述中，正确的是（　　）。

    A. Access 只能使用系统菜单创建数据库应用系统

    B. Access 不具备程序设计能力

    C. Access 只具备了模块化程序设计能力

    D. Access 具有面向对象的程序设计能力

6. 下列不属于 Access 对象的是（　　）。

    A. 表   B. 文件夹   C. 窗体   D. 查询

7. Access 中的窗体是（　　）。

    A. 数据库和用户的接口   B. 操作系统和数据库的接口

　　C. 用户和操作系统的接口　　　　　　　D. 人和计算机的接口

二、操作题

1. 利用模板创建罗斯文数据库，并了解数据库的各种对象。

2. 利用模板创建学生数据库，了解该数据库，并画出它的 E-R 图，分析它与第 1 章的设计题的 E-R 图有什么区别。

第 **3** 章

学会创建数据表

数据库的核心就是数据,数据表是数据库中用来存储数据的对象,是整个数据库系统的基础。数据库可以包含许多表,每个表用于存储有关不同主题的信息。每个表可以包含许多不同数据类型(例如文本、数字、日期和超链接)的字段。它们用于存放要管理对象的各种信息。

数据库通过在表之间建立关系,可以将不同表中的数据联系起来,使整个系统的数据能够相互融合,以满足信息管理的要求。

本章的知识体系:

- 数据表的结构与规范
- 数据表的创建
- 数据表的属性设置
- 数据录入
- 表关系

学习目标:

- 了解数据表的相关知识
- 熟悉数据表的创建方法
- 掌握数据表的属性设置
- 熟悉数据的录入方法
- 掌握数据库关系的建立和管理

3.1　基础知识

在 Access 数据库中,数据表包括两个部分:表结构和表内容。在创建数据表时,需要先创建表结构,然后再输入数据表内容。表结构包括了数据表由哪些字段构成,这些字段的数据类型和相关属性是怎样的等。

3.1.1　数据类型

在设计数据表结构时,需要定义表中字段所使用的数据类型。Access 常用的数据类型有:文本、备忘录、数字、日期/时间、货币、自动编号、是/否、OLE 对象、超链接、附件、计算、查阅向导等。

1. 文本

文本数据类型所使用的对象是文本、数字和其他可显示的符号及其组合。例如,地址、姓名;或是用于不需要计算的数字,如邮政编码、学号、身份证号等。

文本数据类型是 Access 系统的默认数据类型,默认的字段大小是 50,最多可以容纳 255 个字符。字段最多可容纳的字符数可以通过设置"字段大小"属性来进行设置。

注意:在数据表中不区分中西文符号,即一个西文字符或中文字符均占一个字符长度。同时,数据表在对文本字段的数据进行保存时,只保存已输入的符号,即非定长字段。

2. 备忘录

备忘录数据类型可以解决文本数据类型无法解决的问题,用于存储长文本和数字的组合或具有 RTF 格式的文本。例如注释或说明等。

备忘录数据类型字段最多可存储 65535 个字符;以编程方式输入数据时最大存储 2GB 的字符。

3. 数字

数字数据类型可以用来存储需要进行算术运算的数据类型。

数字数据类型可以通过"字段大小"属性来进行进一步的设置。系统默认的数字类型是长整型,但 Access 可以对多种数据类型进行设置。数字数据类型如表 3.1 所示。

表 3.1　数字数据类型表

数字类型	值　范　围	小数位数	字段长度/字节
字节	0~255	无	1
整型	−32768~32767	无	2
长整型	−2147483648~2147483647	无	4
单精度	$-3.4 \times 10^{38} \sim 3.4 \times 10^{38}$	7	4
双精度	$-1.79734 \times 10^{308} \sim 1.79734 \times 10^{308}$	15	8
小数	有效数值位为 18 位		8

4. 日期/时间

日期/时间型数据类型是用于存储日期、时间或日期时间组合的。日期/时间字段的长度为 8 字节。

日期/时间型数据可以在"格式"属性中根据不同的需要进行显示格式的设置。可设置的类型有常规日期、长日期、中日期、短日期、长时间、中时间和短时间等。

5. 货币

货币数据类型是用于存储货币值的。在数据输入时,不需要输入货币符号和千分位分隔符,Access 会自动显示相应的符号,并添加 2 位小数到货币型字段中。

货币型字段的长度为 8 字节。在计算期间禁止四舍五入。

6. 自动编号

自动编号数据类型是一种特殊的数据类型,用于在添加记录时自动插入的唯一顺序(每次递增 1)或随机编号。

自动编号型字段的长度为 4 字节,保存的是一个长整型数据。每个表中只能有一个自动编号型字段。

注意:自动编号数据类型一旦指定,就会永久地与记录连接。如果删除表中含有自动编号字段的一条记录,Access 不会对表中自动编号型字段进行重新编号,当添加一个新记录时,被删除的编号也不会被重新使用。用户不能修改自动编号字段的值。

自动编号字段默认的是以增量方式增加,但也可设置为随机分配。

7. 是/否

是/否数据类型是针对只包含两种不同取值的字段而设置的,如是/否(Yes/No)、真/假(True/False)、开/关(On/Off),又称为布尔型数据。

是/否型字段数据常用来表示逻辑判断的结果。字段长度为 1 位。

8. OLE 对象

OLE 对象数据类型是指字段允许链接或嵌入其他应用程序所创建的文档、图片文件等,例如,Word 文档、Excel 工作簿、图像、声音或其他二进制数据等。链接是指数据库中保存该链接对象的访问路径,而链接的对象依然保存在原文件中;嵌入是指将对象放置在数据库中。

OLE 对象字段最大长度为 1GB,但它受磁盘空间的限制;以编程方式输入数据时为 2GB 的字符存储。

9. 超链接

超链接数据类型用于存放超链接地址。超链接型字段包含作为超链接地址的文本或以文本形式存储的字符与数字的组合。

超链接地址可以是 UNC 路径(在局域网中的一个文件地址)、URL 和对象、文档、Web 页或其他目标路径等。

10. 附件

附件用于存放图片、图像、二进制文件、Office 文件等,是用于存放图像和任意类型的二进制文件的首选数据类型。

对于压缩的附件,最大容量为 2GB;未压缩的附件,最大容量约为 700KB。

11. 计算

计算字段用于显示计算结果,计算时必须引用本表里的其他字段。

可以使用表达式生成器来创建计算字段。计算字段的字段长度为 8 字节。

12. 查阅向导

查阅向导实际上不是一个数据类型,而是用于启动查阅的向导。它用于为用户提供一个字段内容列表,可以在组合框中选择所列内容作为字段内容。

查阅向导可以显示如下两种数据来源。

（1）从已有的表或查询中查阅数据列表，表或查询中的所有更新均会反映到数据列表中。

（2）存储一组不可更改的固定值列表。

查阅向导字段的数据类型和大小与提供的数据列表相关。

3.1.2　相关规范

在数据表创建时，还有许多相关规范需要遵循，如数据表的大小、允许的字段个数、字段名的命名规则等。

1. 表规范

在 Access 数据库中，除了需要了解表中允许的字段类型外，还需要了解表的一些规范，如表 3.2 所示。

表 3.2　表规范

属　　性	最大值	属　　性	最大值
表名的字符个数	64	表中的索引个数	32
字段名的字符个数	64	索引中的字段个数	10
表中字段个数	255	有效性消息的字符个数	255
打开表的个数	2048	有效性规则的字符个数	2048
表的大小	2GB 减去系统对象需要的空间	表或字段说明的字符个数	255
文本字段的字符个数	255	字段属性设置的字符个数	255

2. 字段名

每一个字段均具有唯一的名字，被称为"字段名称"。通常要根据存储数据的内容来设计"字段名称"，如存储人的姓名，就可以使用"姓名"作为字段名称。使用的字段名称必须满足 Access 的命名规则。

（1）由字母、汉字、数字、空格及其他非保留字符组成，不得以空格开头。保留字符包括：圆点（.）、惊叹号（!）、方括号（[]）、重音符号（`）和 ASCII 码值在 0～31 的控制字符。

（2）字段名长度不得超过 64 个字符。

（3）同一个数据表的字段名称不能相同。

（4）为字段指定的名称，应避免与内置的 Access 函数或者属性名称相冲突。

字段名的命名规则虽然允许使用空格和一些其他符号，但通常在定义数据表时，为了方便使用，字段名中不要使用空格。

当然，在创建数据库时，除了需要掌握数据表的规范规则外，还有一个很重要的就是合理组织数据，即将相关信息根据主题，划分到不同的表里进行组织，以保证数据的准确有效，同时要减少冗余。

3.2   创建新表

创建新表,即是指创建表的结构,确定表中的各个字段的字段名、字段类型和大小等。这里主要介绍如何创建一个新表。

在 Access 中,常用的创建数据表的操作方法有如下几种。

(1) 在表视图下创建空表。

(2) 使用设计视图创建表。

(3) 从其他数据源导入或链接到表。

(4) 根据 SharePoint 列表创建表。

3.2.1   利用数据表视图创建表

数据表视图是按行和列显示表中数据的视图,在该视图下,可以对字段进行编辑、添加、删除和数据查找等操作。它也是创建表常用的视图。

如果新建一个空白数据库,当数据库创建成功后,系统将自动进入数据表创建视图;如果在一个已创建的数据库中创建一个新的数据表,即可切换到"创建"选项卡,在"表格"组中单击"表"按钮,即可在数据表视图下创建一个新的数据表。

图 3.1 所示即为利用数据表视图创建"订单"表的操作方式。

注意:这里的 ID 字段是数据表中没有的字段,能通过"删除"按钮将它删除。但因为 Access 自动将 ID 字段设置为关键字段了,所以,应先将其主键属性取消后才能删除。

如果创建的表中有自动编号字段,则可选中 ID 字段,利用"字段"选项卡的"属性"功能组中的"名称和标题"命令,在打开的"输入字段属性"对话框中,对该字段名进行修改。

3.2.2   利用设计视图创建表

设计视图是显示表结构的常用视图,在该视图下,可以看到数据表的字段构成,同时还可查看各个字段的数据类型和相应的属性设置。设计视图是最常用也是最有效的表结构设计视图。

利用设计视图创建数据表的操作,可在"创建"选项卡的"表格"组中单击"表设计"按钮。在表设计视图下创建数据表,需要对表中每一个字段的名称、数据类型和它们各自的属性进行设置。这里在设计视图中创建"员工"表,具体的操作方法如图 3.2 所示。

在设计视图下,左侧的第一列按钮即为字段选定器,如需要对某一字段进行修改,均可单击字段选定器,使该字段成为当前字段,再进行修改。在表中设定主键时,先选定该字段为当前字段,再单击"工具"组的"主键"按钮即可完成。

3.2.3   通过导入创建表

数据共享是加快信息流通,提高工作效率的要求。Access 提供的导入和导出功能即是通过数据共享来实现的。在 Access 中,可能通过导入存储在其他位置的信息来创建表,如可以导入 Excel 工作表、ODBC 数据库、其他 Access 数据库、文本文件、XML 文件和其他类型的文件。

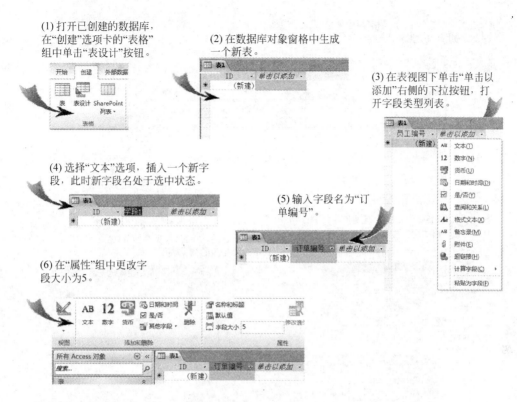

(1) 打开已创建的数据库, 在"创建"选项卡的"表格"组中单击"表设计"按钮。

(2) 在数据库对象窗格中生成一个新表。

(3) 在表视图下单击"单击以添加"右侧的下拉按钮, 打开字段类型列表。

(4) 选择"文本"选项, 插入一个新字段, 此时新字段名处于选中状态。

(5) 输入字段名为"订单编号"。

(6) 在"属性"组中更改字段大小为5。

(7) 按相同方式添加订单编号、客户编程、员工编号、订购日期、送货方式和付款方式等字段。

(8) 完成字段设置后, 单击快速访问工具栏中的"保存"按钮, 在弹出的对话框中为表命名。

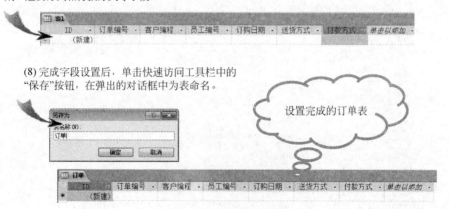

设置完成的订单表

图 3.1 利用数据表视图创建"订单"表

图 3.3 所示为将 Excel 工作簿中的"客户"表导入到数据库的操作过程。

Access 除了可将其他文件里的数据导入到数据库中成为数据表外, 还可通过链接的方式将其他位置存储的信息作为当前数据库中的表, 可链接的数据类型与导入表的数据类型是一致的。

导入信息后, 在当前数据库中创建一个新表, 而链接信息时, 是在当前数据库中创建一个链接表, 该表与原数据之间存在一个活动链接, 当链接表中数据发生更改时, 原数据也会更新, 当然, 原数据发生变化时, 链接表中的数据也会得到更新, 而导入表, 则与原数

(1) 在"创建"选项卡的"表格"组中单击"表设计"按钮，在设计视图中创建数据表。

(2) 在"字段名称"列中输入字段名，在下方的"字段属性"中修改字段大小为5。

(3) 系统默认的数据类型是"文本"，如果要求的数据类型与文不一致时，单击"数据类型"右侧的下拉按钮，在列表中选择相应的数据类型。

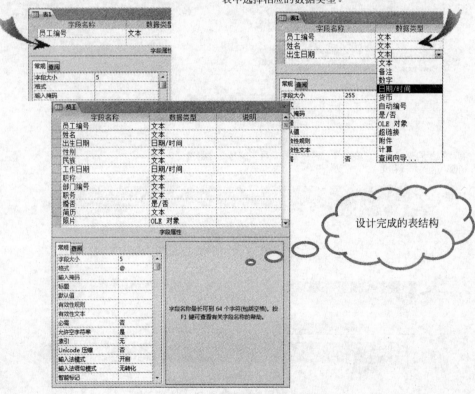

图 3.2　利用设计视图创建数据表

据脱离关系。链接的方式与导入的方式相同，这里不再赘述。

3.2.4　特殊字段

1. 查阅向导的使用

在创建数据表时，一些字段的输入值范围是固定的，为了统一数据关系，常常通过定义字段的输入数据列表的方式来保证数据的输入有效性，在 Access 中可采用"查阅向导"的方式来实现。

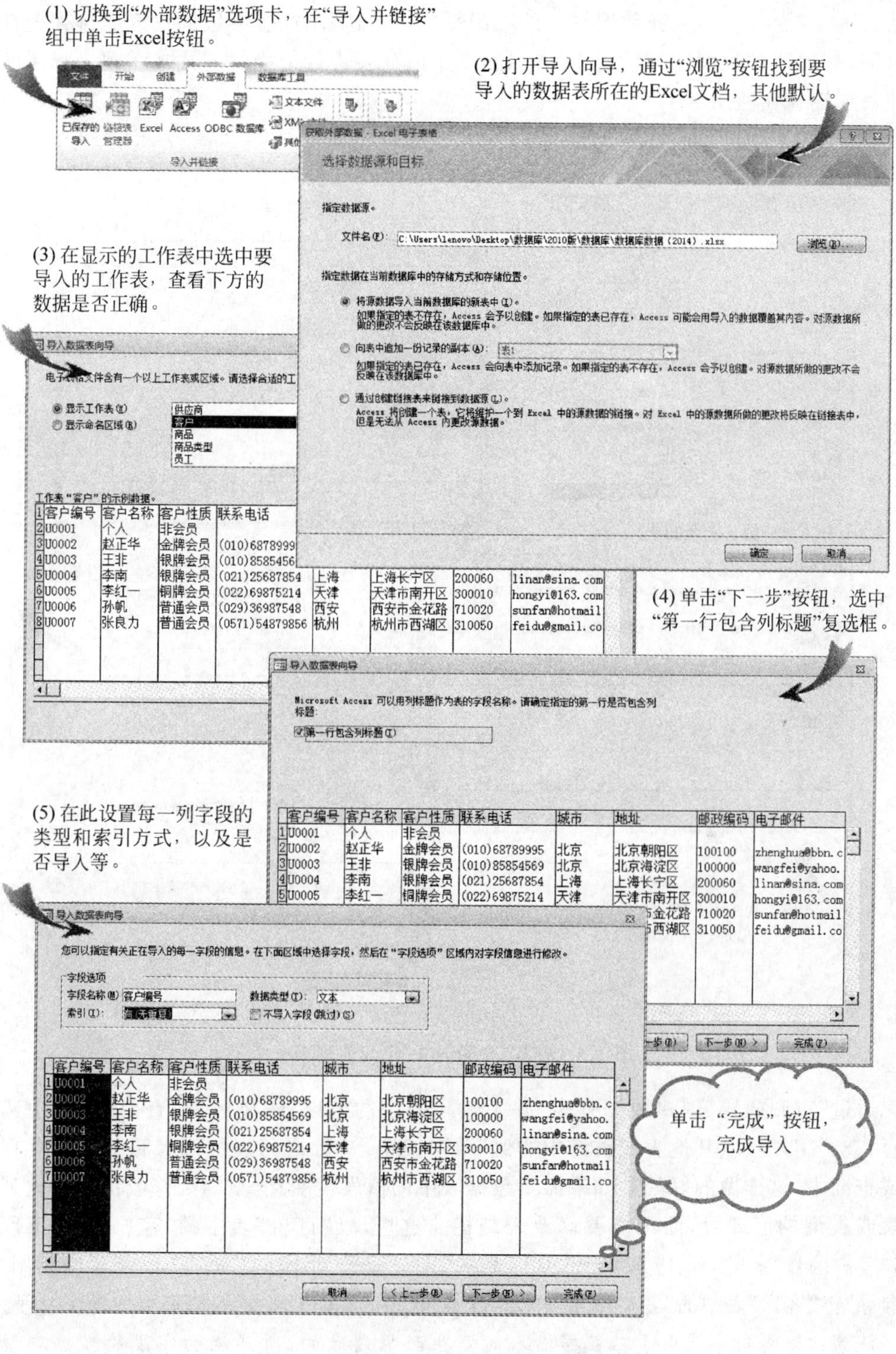

(1) 切换到"外部数据"选项卡，在"导入并链接"组中单击Excel按钮。

(2) 打开导入向导，通过"浏览"按钮找到要导入的数据表所在的Excel文档，其他默认。

(3) 在显示的工作表中选中要导入的工作表，查看下方的数据是否正确。

(4) 单击"下一步"按钮，选中"第一行包含列标题"复选框。

(5) 在此设置每一列字段的类型和索引方式，以及是否导入等。

单击"完成"按钮，完成导入

图 3.3　通过导入数据方式创建数据表

这里,以订单表为例进行说明,在订单表中,"送货方式"只有两种:送货上门和自行提货。为了减少输入,保证数据录入的准确性,希望"送货方式"字段的输入通过列表框选择来完成,可通过表设计时采用查阅向导,产生值列表进行选择的方式来实现。具体的操作步骤如图 3.4 所示。

(1) 在"数据类型"列表中选择"查阅向导"选项。

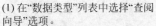

(2) 在打开的向导中选择"自行键入所需的值"单选按钮。

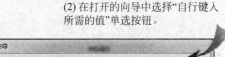
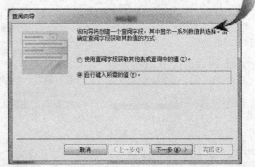

(3) 在列表中输入所有的值。

(4) 指定标签并设置值列表的使用范围,这里限定字段数据来源是列表。

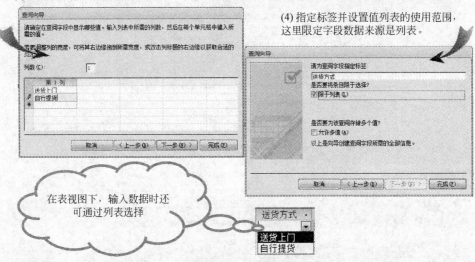

图 3.4　利用"查阅向导"创建值列表框

通过"查阅向导"创建数据列表,除了输入固定的值以外,还可在"查阅向导"中选中"使用查阅字段获取其他表或查询中的值"单选按钮,让数据列表的值来源于已经存在的表或查询中,这样做的好处是如果需要数据表中的值发生变化,只需要修改提供数据列表的表或查询的值即可,而不需要修改表结构。这里,以"订单"表中的"客户编号"字段为例,"客户编号"字段的值应来源于"客户"表的"客户编号"字段的值,图 3.5 所示为利用"查阅向导"将"客户"表中的"客户编号"作为"订单"表中的"客户编号"的值来源的操作过程。

注意:查阅向导是用于在数据输入时产生数据列表的,所产生的字段的数据类型与数据列表的类型有关。

值列表的产生,除了使用查阅向导产生外,还可在表设计视图中,在"字段属性"的"查

(1) 打开"订单"数据表，在"客户编号"字段的数据类型为"查阅向导"。

(3) 在打开的"查阅向导"对话框中选择"表：客户"选项。

(5) 单击"下一步"按钮。

(7) 单击"是"按钮，保存数据表。

(2) 打开"查阅向导"对话框，选中 "使用查阅字段获取其他表或查询中的值" 单选按钮，单击"下一步"按钮。

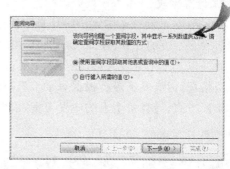

(4) 在可用字段列表中选中"客户编号"字段，单击">"按钮，将"客户编号"导入到"选定字段"列表，单击"下一步"按钮。

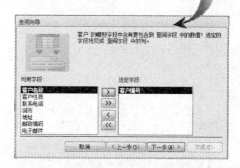

(6) 客户表中的"客户编号"数据出现在列表中，单击"完成"按钮。

切换到数据表视图，数据可从列表中选择

图 3.5　利用"查阅向导"创建来自数据表的列表

阅"选项卡的"显示控件"属性列表中选择"组合框"或"列表框"选项"查阅"选项卡的下方则会出现多个属性对本字段的列表进行设置,在"行来源类型"属性列表中选择"值列表"选项,在下方的"行来源"属性中输入相应的值列表,如订单表的"付款方式"字段,可输入值列表""现金";"支票";"银行卡""。注意,值列表用常量表示,值之间用西文的分号";"分隔。

2. 计算字段

Access 在早期版本中无法将计算字段的数据保存在数据表中,只能通过查询来实现数据表中多字段的计算,在 Access 2010 中,可以将计算字段保存在该类型的字段中。

此处以员工工资表为例,在员工工资表中,除了基本工资项外,还希望了解员工的应发工资情况,但应发工资是根据每个工资项计算而来的,不属于输入项,在这里,可以通过计算字段方式,计算每个人的应发工资,以备使用。具体的操作方式如图 3.6 所示。

(1) 在新字段处单击,数据类型为"计算"。

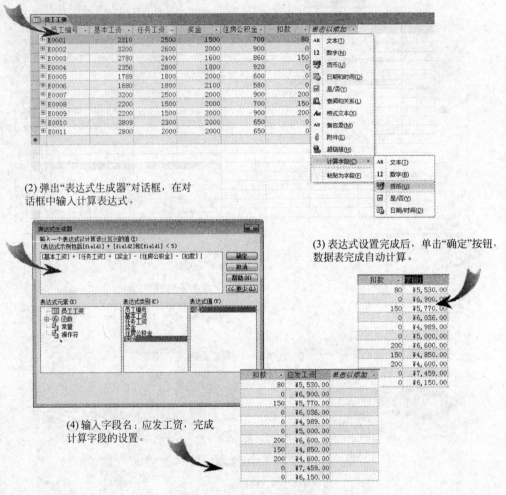

(2) 弹出"表达式生成器"对话框,在对话框中输入计算表达式。

(3) 表达式设置完成后,单击"确定"按钮,数据表完成自动计算。

(4) 输入字段名:应发工资,完成计算字段的设置。

图 3.6 计算字段的设置过程

这是在数据表视图下进行计算字段的设置,同样,也可在设计视图下实现计算字段的设置,即添加字段,选择数据类型为"计算",弹出"表达式生成器"对话框,在对话框中输入计算表达式,也可不在生成器中设置公式,而直接在字段属性的"表达式"栏中输入计算表达式。

注意：计算表达式的数据不是通过输入获得的，而是计算结果，因此，不能对它的值进行修改。

3.2.5　定义字段属性

创建了字段后，可以通过字段属性来控制定义字段的规范和外观等，如指定字段的取值范围、默认值等。

1. 字段大小

字段大小规定字段中最多存放的字符个数或数值范围，主要用于文本或数字型字段。

系统规定的文本型字段最多可放置 255 个字符。这里定义的字段大小是规定放置的最多个数，如果某条记录中该字段的个数没有达到最多时，系统只保存输入的字符，文本型字段是一个非定长字段。

对于数值型字段，字段的大小分为字节型、整型、长整型、单精度和双精度，它确定了数值型数据的存入大小和精度。

注意：字段大小设计好后，即可进行数据的输入。如果字段大小要进行修改，如文本型字段的大小要减小，就有可能会造成原来输入的数据发生丢失。因此，除非必要，一般不要将数据表中的文本型字段的长度减小。

2. 格式

格式规定数据的显示格式，格式设置仅影响显示和打印格式，不影响表中的实际存储的数据。

对于数字型、货币型、日期/时间型和是/否型字段，Access 提供了预定义的格式设置，可以选择合适的数据格式进行显示。字段预定义格式如表 3.3 所示。

表 3.3　字段预定义格式

字段数据类型	（预定义）格式	说　　明
数字型	常规数字	按照用户的输入显示。"小数位数"属性无效
	货币	显示货币符号，使用分节符，"小数位数"属性有效
	欧元	显示欧元货币符号，"小数位数"属性有效
	固定	显示数值不使用分节符，"小数位数"属性有效
	标准	显示数值使用分节符，"小数位数"属性有效
	百分比	数值使用百分数显示，"小数位数"属性有效
	科学记数	数值用科学计数法显示，"小数位数"属性有效
货币型	常规数字	按用户输入显示，如小数位数超过 4 位，只保留 4 位，第 5 位四舍五入，"小数位数"属性无效
	货币	显示货币符号，使用分节符，"小数位数"属性有效
	欧元	显示欧元货币符号，"小数位数"属性有效
	固定	不显示货币符号，显示数值不使用分节符，"小数位数"属性有效
	标准	不显示货币符号，显示数值使用分节符，"小数位数"属性有效
	百分比	不显示货币符号，数值使用百分数显示，"小数位数"属性有效
	科学记数	不显示货币符号，用科学计数法显示，"小数位数"属性有效

字段数据类型	(预定义)格式	说　明
日期/时间型	常规日期	显示：2014/01/14 16:22:20(显示日期、时间)
	长日期	显示：2014 年 1 月 14 日(显示日期)
	中日期	显示：14-01-14(显示日期)
	短日期	显示：2014-1-14(显示日期)
	长时间	显示：16:22:20(显示时间,24 小时制,显示秒)
	中时间	显示：4:22 下午(显示时间,12 小时制,不显示秒)
	短时间	显示：16:22(显示时间,24 小时制,不显示秒)
是/否型	是/否	"是"表示真值,显示 Yes；"否"表示假值,显示 No
	真/假	"真"表示真值,显示 True；"假"表示假值,显示 False
	开/关	"开"表示真值,显示 On；"关"表示假值,显示 Off

注意：假设日期/时间型数据的值为 2014-01-14 16:22:20。

在是/否型数据的显示格式,系统默认的数据表视图下显示的均为复选框,选中表示真,未选表示假。是/否型字段在数据表视图下的显示方式也可改为文本框方式,显示逻辑值。具体的操作如图 3.7 所示。对于逻辑型数据,如果字段"显示控件"是"文本框"方式时,不管显示格式是什么,在数据输入时逻辑真输入－1,逻辑假输入 0。若"显示控件"是"复选框"方式时,则单击选中即表示逻辑真,未选则表示逻辑假。

除了预定义格式外,系统不允许对台文本型、数值型和日期型等字段类型进行格式设置,通常称作自定义格式。

对于如文本型字段,系统没有给出预定义的格式,允许用户自定义格式。在自定义时可使用的格式符号如下。

(1) @：占位符,表示一个字符,若有字符则显示字符,若无字符则显示空格。

(2) &：若有字符则显示字符,若无字符则不显示。

(3) ＞：转换为大写字符。

(4) ＜：转换为小写字符。

(5) !：若无叹号,则@所代表的字符缺失时,在字符的左边填充空格,若有叹号,则在右边填充空格。

自定义格式的格式符比较丰富,这里不再赘述,有兴趣的读者可以通过查找帮助进行了解。

3. 字段标题

标题是字段的别名,在数据表视图中,它是字段列标题显示的内容,在窗体、报表中,是字段标签显示的内容。如果在字段属性中未设置标题,则字段标题即为字段名称；否则,则显示所设置的标题。

注意：字段标题通常是用来标明字段内容的,它只是在数据表视图下,列标题所显示的名称,并不是字段本身的名称。如果一个字段设置了标题,在其他对象中要访问该字段时,仍然要使用字段的名称,而不能使用它的标题；否则会导致字段不能访问。

(1) "婚否"是一个是/否型字段。

(2) 在数据表视图，显示为复选框，选中状态即为真。

(3) 在设计视图下，切换到"字段属性"的"查阅"选项卡，在"显示控件"下拉列表中选择"文本框"选项。

(4) 切换到数据视图，显示格式变成 "Yes"。

(5) 将"格式"设置为"是/否"。

(6) 切换到数据视图，显示格式变成 "True"。

图 3.7 是/否型字段的显示格式设置

4. 输入掩码

为了减少数据输入时的错误，Access 还提供了"输入掩码"属性，对输入的个数和字符进行控制。只有文本型、日期/时间型、数字型和货币型字段有"输入掩码"属性。字段的"输入掩码"属性可以通过"输入掩码向导"来进行设置。

掩码分为以下 3 个部分。

（1）第一部分是必需的。它包括掩码字符或字符串（字符系列）和字面数据（例如，括号、句点和连字符）。

（2）第二部分是可选的，是指嵌入式掩码字符和它们在字段中的存储方式。如果第二部分设置为 0，则这些字符与数据存储在一起；如果设置为 1，则仅显示而不存储这些字符。将第二部分设置为 1 可以节省数据库存储空间。

（3）输入掩码的第三部分也是可选的，指明用作占位符的单个字符或空格。默认情况下,Access 使用下画线(_)。如果希望使用其他字符,在掩码的第三部分中输入。

下面是美国格式的电话号码的输入掩码:(999) 000-000;0;-:

该掩码使用了两个占位符字符 9 和 0。9 指示可选位(选择性地输入区号),而 0 指示强制位;输入掩码的第二部分中的 0 指示掩码字符将与数据一起存储;输入掩码的第三部分指定连字符(-)而不是下画线(_)将用作占位符字符。

掩码字符及功能说明如表 3.4 所示。

表 3.4　掩码字符及功能说明

掩码字符	作　　用
0	必须输入一个数字(0~9)
9	可以输入一个数字(0~9)
#	可输入 0~9 的数字、空格、加号、减号。如果跳过,会输入一个空格
L	必须输入一个字母
?	可以输入一个字母
A	必须输入一个字母或数字
a	可以输入一个字母或数字
&.	必须输入一个字符或空格
C	可以输入字符或空格
<	将"<"符号右侧的所有字母转换为小写字母显示并保存
>	将">"符号右侧的所有字母转换为大写字母显示并保存
密码(PASSWORD)	输入字符时不显示输入的字符,显示"*",但输入的字符会保存在表中
\	逐字显示紧随其后的字符
" "	逐字显示括在双引号中的字符
.　,　:　-	小数分隔符、千位分隔符、日期分隔符和时间分隔符。这些符号原样显示

注意:

(1) 掩码字符的大小写作用不相同。

(2) 不要将"输入掩码"属性与"格式"属性相混淆。如出生日期字段,"输入掩码"属性设置为"0000-99-99;;*",将"格式"属性设置为"长日期",在光标进入该字段时,单元格中显示的是"** **-**-**",数据输入完毕(假如输入 19800506),光标离开后,单元格中显示"1980 年 5 月 6 日"。

(3) 如果计划在日期/时间字段上使用日期选取器,则不要为该字段设置输入掩码。

这里以创建一个密码表的密码字段为例,介绍采用输入掩码设置的过程。具体操作,如图 3.8 所示。

5. 小数位数

只有数字型、货币型字段有"小数位数"。若"小数位数"属性设置为"自动",默认保留两位小数。

对于数字型字段,当"格式"属性设置为"常规数字"时,"小数位数"属性无效。当"格式"属性设置为其他预定义格式时,"小数位数"属性有效。单精度类型的数据,整数和小数部分的有效数字最多 7 位,双精度时,有效数字位数最多 15 位。

(1) 创建一个数据表。

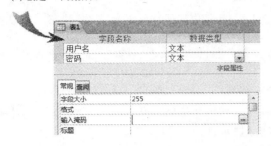

(2) 添加"密码"字段，将插入光标置于
"输入掩码"属性框中，单击右侧的"生
成器"按钮，弹出提示对话框。

(3) 单击"确定"按钮，保存数据表，
弹出"输入掩码向导"对话框，选择
类型为"密码"。

(4) 单击"下一步"按钮。

(5) 单击"完成"按钮，回到设计视图。

(6) 切换到表视图下，输入密码，
输入符号以"*"显示。

图 3.8　输入掩码的设置

　　对于货币型字段,当"格式"属性设置为"常规数字"时,"小数位数"属性无效。当"格式"属性设置为其他预定义格式时,小数位数可设置 0～15 位,但只要小数位数超过 4 位,只保留 4 位有效数字,其余位显示 0。

6. 默认值

　　字段的默认值即为在新增记录时尚未输入数据,就会出现在字段时的值。它通常会是表中大多数记录都使用的值。如果不需要该值,可以修改。

　　注意:默认值的数据类型必须与字段类型一致,同时,如果设置了有效性规则,则默认值必须符合有效性规则的要求。

7. 输入法模式

输入法模式可以设置为"随意""开启""关闭"和"其他特殊的输入法"状态。当设置为"开启"时,数据输入时切换到该字段时,系统会自动打开中文输入法。

8. 有效性规则和有效性文本

为了防止输入错误,可进行"字段有效性规则"属性的设置。有效性规则使用 Access 表达式来描述,有效性文本是用来配合有效性规则使用的。在设置有效性文本后,当输入的数据违反有效性规则时,就会给出明确的提示性信息。

有效性规则通常由关系表达式或逻辑表达式构成。有效性规则的设置可以直接在该属性后面的文本框中输入表达式来表示字段值的有效范围,同时也可将光标置于"有效性规则"文本框中,在文本框的右侧将出现一个"生成器"按钮 ..., 在弹出的对话框中设置有效性规则即可。

例如,在性别字段的"有效性规则"属性中设置 ""男" Or "女"",在输入数据时,如果输入的数据不是男或女,则系统拒绝接受数据,光标不能移出该字段,并提示出错信息。具体操作如图 3.9 所示。

(1) 在"性别"字段的字段属性中分别设置"有效性规则"和"有效性文本"。

(2) 在输入数据时,如果数据符合规则,正常输入;如果输入的数据不符合规则,则弹出提示对话框。

图 3.9　有效性规则及有效性文本的设置及使用

9. 必填字段

在数据表中,对于所设置的字段,如果要求某些字段的信息是必须要获取的,则可将该字段的"是否必填字段"属性设置为"是",这样在输入数据时,系统要求必须输入字段的值,否则不能进入后面的操作。这样就保证了该字段的数据不会被漏填。

10. 索引

创建索引,可以提高记录的查找和排序的速度。用于对数据表中的数据按照字段的值排序记录,方便数据的查找。

字段的索引属性有三类:"无""有(有重复)"和"有(无重复)"。

11. Unicode 压缩

当属性值为"是"时,表示字段中数据可以存储和显示多种语言的文本,使用 Unicode

压缩,还可以自动压缩字段中的数据,使得数据库文件变小。

3.3 修改表结构

在创建数据表时,由于各种原因,会有结构不合理的地方,在使用过程中,会对表的结构进行修改,如增、删字段等。

表结构的修改通常可以在"设计视图"和"数据表视图"两种视图中完成。

1. 更改字段名

当数据表设置好后,如果希望修改字段名,可以在以下两种状态下实现。

(1) 数据表视图

在数据表视图下,将鼠标指针指向字段列标题位置双击,就可选中字段名,输入新的字段名保存即可。也可将鼠标指针指向要修改字段的列标题处,右击打开快捷菜单,在快捷菜单中执行"重命名字段"命令,选中列标题名即可进行修改。

注意:在同一张表中不能出现两个相同的字段名。当字段名修改后,如果要撤销当前的修改,一定要在保存操作之前,一旦执行了保存操作,修改操作就不能被撤销。撤销操作可用 Ctrl+Z 键或单击快速访问工具栏中的"撤销"按钮 。

(2) 表设计视图

在表设计视图下,将插入光标置于要修改的字段处,即可进行修改。修改后单击保存按钮将所做的修改保存在数据库中。

2. 增加或删除字段

在表设计视图或数据表视图下,均可增加或删除数据表字段。

(1) 在设计视图状态

① 增加字段:如果表需要增加的字段是放在所有字段之后,则只要将光标置于最后字段的下一行,即可输入新字段。如果要增加的字段要放置在已有字段的中间,则右击要插入字段的位置,在快捷菜单中执行"插入行"命令,或单击"工具"选项卡中的"插入行"按钮 ,在指定位置插入一个空行,即可输入新字段。

② 删除字段:要删除哪个字段,则单击该字段的行任意位置,使之成为当前行,然后,在快捷菜单中执行"删除行"命令或在"工具"选项卡中单击"删除行"按钮 ,将弹出的对话框询问"是否永久地删除所选定的字段和相应的数据",如果单击"是"按钮,即可删除指定的字段;单击"否"按钮,则放弃字段的删除操作。

(2) 在数据表视图状态

增加字段:要在表中插入新字段,即可在表视图状态下,在表的最后一个列标题后单击"单击以添加"按钮,选择字段类型,再修改字段名即可;但如果要在某个字段前插入新字段,将光标置于该字段列,右击,在弹出的快捷菜单中,执行"插入字段"命令,即在光标所在列的左侧插入一个新列,字段名为"字段 1",字段数据类型为文本型。双击列标题,可修改字段名,如果需要修改数据类型,可切换到设计视图进行修改。要修改字段名,也可在该列上右击,在快捷菜单中执行"重命名列"命令,选中列名,输入新的字段名即可。

删除字段：将插入光标置于要删除的字段的字段名处,右击,在弹出的快捷菜单执行"删除字段"命令,在弹出的对话框中根据提示选择是否要删除,选择"是"即可删除。

3. 修改字段类型

表设计好后如果发现字段的类型不合适,可进行修改。字段类型的修改必须在表设计视图下实现,即在设计视图下,将插入光标置于要修改类型的字段行的"数据类型"框中,单击下拉按钮,在打开的列表中选择正确的数据类型,即可保存数据表。

注意：在数据类型修改时,有可能会造成由于数据类型的变化而使表中的数据丢失。

3.4　输入数据

数据表设计好后,就需要往表里添加数据,数据的录入有两种方式：一种是在"数据表视图"状态下直接输入数据；另一种是批量导入数据。

1. 直接输入数据

在建立了数据表结构后,即可进行数据的输入操作。数据的输入操作是在数据表视图状态下进行的。数据的录入顺序是按行录入,即输入一条记录后再输入下一条记录。

打开数据表有两种方法：一种是在对象导航栏中双击要录入数据的表名,即在右侧的对象窗格中打开该表；另一种是在表名上右击,在快捷菜单中执行"打开"命令。

数据的录入是从第一个空记录的第一个字段开始分别输入相应的数据,每输入完一个字段值,按 Enter 键或 Tab 键转到下一个字段,也可利用鼠标,单击进入下一个字段。当一条记录的最后一个字段输入完成后,按 Enter 键或 Tab 键转到下一条记录。

在输入数据时,当开始输入一条新记录时,在表的下方均会自动添加一条新的空记录,且记录选择器上会显示一个星号 ✳ ,表示该记录为一条新记录；当前准备输入的记录选择器则会呈黄色,并使当前行为浅蓝色背景,表示此记录为当前记录；在输入数据时,该条记录左侧的记录选择器上会有一个笔状符号 ∥ ,表示该记录为正在输入或修改的记录。

对于是/否型字段,如果字段在数据表中显示的是复选框形式,则选中该复选框,即逻辑真(True),不选中该复选框表示逻辑假(False)。

数据表中的 OLE 对象的数据录入需要通过插入对象的方式来实现。插入对象有两种方式：新建和由文件创建。如果选择"新建"方式,则右侧的"对象类型"列表框中列有Access 允许插入的所有对象类型的应用程序列表,选中应用程序,单击"确定"按钮,即可新建相关对象。若选择"由文件创建"方式,则需要单击"浏览"按钮,打开"浏览"对话框,在对话框中定位需要插入的 OLE 对象文件,具体的操作方式如图 3.10 所示。

注意：在数据表中插入 OLE 对象时,如果该对象是新建的,则新建的对象一定是嵌入在数据表中的；如果对象是由已存在的文件创建的,则该文件可以嵌入到数据库中,也可采用超链接的方式,对象文件仍然保存在原来的位置,而数据库中只保存该文件的访问路径。此方式的优点是如果要插入的对象文件太多太大,嵌入方式会使数据库文件变得很大,而超链接就不会有太大的影响,但如果对象文件是超链接的方式,则必须保证对象文件的位置不变,否则再打开数据表时会造成数据的错误,使相关对象访问不到。

(1) 在OLE对象字段上右击,在弹出的
快捷菜单中执行"插入对象"命令。

(2) 打开对话框,选中"由文件
创建"单选按钮。

(3) 单击"浏览"按钮,打开"浏览"对话框,
选中要插入的图片文件。

(4) 单击"确定"按钮,回
到插入对象的对话框,
再单击"确定"按钮,即
将该图片插入到当前记
录中。

图 3.10　插入对象的操作过程

　　数据表中的附件字段的数据添加,是通过添加附件的过程来实现的。这里以订单表的"合同"字段为例,介绍如何将附件文件添加到数据表中。具体操作如图 3.11 所示。

　　注意:如果没有添加附件文件,则显示 ⓪(0)　,如果添加了一个附件文件,则括号里的数字为 1,添加了两个,即数字为 2,也就是说括号里的数字代表的是附件文件的个数。附件文件添加后也可删除,或多次添加。

2. 修改数据

数据表中数据的修改必须在数据表视图下完成。

（1）增加记录

新记录只能在原有记录的尾部添加。将光标移至记录的新记录行,或在任意记录的行选择按钮上右击,在快捷菜单中执行"新记录"命令,插入光标自动转到新记录的第一个字段处,即可开始新记录的输入。

　　注意:在增加记录时,如果表中存在关键字段,则关键字段不能为空或出现重复值,否则系统不允许增加新记录。如果发生此种情况,则必须仔细查看相关的数据,以保证关

(1) 双击要插入附件的字段。

(2) 打开"附件"对话框，单击"添加"按钮。

(3) 打开"选择文件"对话框，找到要添加的文件，单击"打开"按钮。

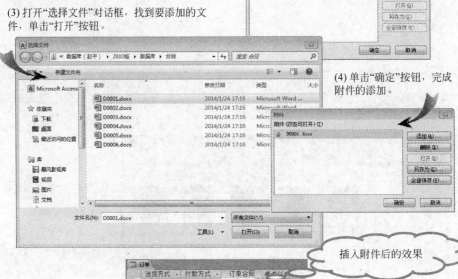

(4) 单击"确定"按钮，完成附件的添加。

插入附件后的效果

图 3.11　添加附件的操作过程

键字段的值符合要求。另外，如果在关系中创建参照完整性，则主表和子表的数据的输入和删除均会受到参照完整性的约束，输入的数据符合参照完整性规则的要求。

（2）删除记录

选定要删除的一条或多条记录，在选中区域上右击，在弹出的快捷菜单中执行"删除记录"命令，屏幕出现提示信息要求确认删除操作时，单击"确定"按钮，即可删除选中的记录；单击"取消"按钮，则取消删除操作。

（3）修改单元格中的数据

要修改某个单元格中的数据，将鼠标指针指向该单元格边框，鼠标指针为空心十字形状时，选中该单元格，输入新的数据，则原有数据被新数据覆盖。

要修改单元格中数据的部分内容，将鼠标指针指向要修改内容的单元格，鼠标指针显示为空心箭头时，单击该单元格，将插入光标置于要修改的位置，即可开始进行内容的修改。

注意：当状态栏右侧显示 OVR 时，表示当前状态为"改写"状态，插入光标显示为一个小黑块，此时输入内容时会自动覆盖原单元格中的内容；按 Insert 键，则 OVR 消失，当前状态为插入状态，插入光标显示为竖线，此时输入的内容将插入到光标位置。

当修改数据后，如果要撤销所做的修改，可有如下几种情况。

① 如果修改数据后，插入光标尚未移到其他单元格，则按 Esc 键，单击快速访问工具

栏中的"撤销"按钮 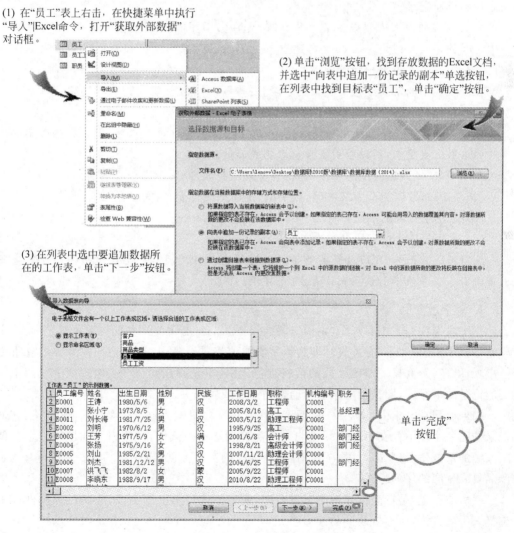，可撤销对当前单元格的修改。

② 若对当前记录的字段值（一个或多个）修改后，光标已经移出同一记录的其他字段，但尚未修改，也可采用"撤销"命令来撤销修改操作。如果修改了多个字段的值，可通过多次撤销操作来取消修改。

③ 若对当前记录修改后已经保存了数据表，但尚未对其他记录进行修改，也可利用撤销操作来取消修改。但如果又对其他记录进行了修改或编辑，则前一条记录的修改就不能被撤销。

3. 获取外部数据

Access 在输入数据时，可以从其他已存在的数据文件中获取数据，操作方式与利用外部数据创建表的方式是相同的，只是在"选择数据源和目标"时，选择"向表中追加一份记录的副本"选项，并选中目标表，即可完成数据的导入操作。具体操作如图 3.12 所示。

(1) 在"员工"表上右击，在快捷菜单中执行"导入"|Excel命令，打开"获取外部数据"对话框。

(2) 单击"浏览"按钮，找到存放数据的Excel文档，并选中"向表中追加一份记录的副本"单选按钮，在列表中找到目标表"员工"，单击"确定"按钮。

(3) 在列表中选中要追加数据所在的工作表，单击"下一步"按钮。

单击"完成"按钮

图 3.12 向数据表中导入数据的操作过程

注意：在向数据表中导入数据时，Access 接受多种数据类型的导入，但导入过程中，需要导入的数据的列标题与数据表中的字段名相同，否则数据不能正常导入。

同样，数据表能够从多种类型的文档中获取数据，同样，也可将数据表中的数据导出到其他文档中进行应用，操作方式和数据导入相似，这里不再赘述。

3.5   索引与关系

通常，一个数据库系统中含有多个表，为了把不同表的数据之间建立联系，必须建立表间的关系。在建立表间关系时，首先要对表间联系的字段建立索引和关键字。

3.5.1   创建索引

索引是按索引字段或索引字段集的值使表中的记录有序排列的技术。索引有助于快速查找和排序记录。

Access 在数据表中要查找某个数据时，先在索引中找到该数据的位置，即可在数据表中访问到相应的记录。Access 可建立单个字段索引或多个字段索引。多字段索引能够区分开第一个字段值相同的记录。

在数据表中通常对经常要搜索的字段、要排序的字段或要在查询中连接到其他表中字段的字段(外键)建立索引。

注意：索引可以提高数据查询的速度，但在数据表中记录更新时，由于已建立索引的字段的索引需要更新，所以索引会降低数据更新的速度。

对于 Access 数据表中的字段，如符合下列所有条件，可以考虑建索引。

(1) 字段的数据类型为文本型、数字型、货币型或日期/时间型。

(2) 常用于查询的字段。

(3) 常用于排序的字段。

注意：数据表中 OLE 对象类型字段不能创建索引，同样，也无法对附件或计算字段进行索引。多字段索引最多允许有 10 个字段。

1. 单字段索引

在字段属性列表中有一个"索引"属性，设置为"有(有重复)"和"有(无重复)"，则该字段就设置了索引。"有(有重复)"即为该字段的值将进行索引，允许在同一个表中有重复值出现；"有(无重复)"即该字段的值将进行索引，不允许在同一个表出现两个或两个以上的记录的值相同，即是唯一索引。通常是主键或候选关键字才会设置该索引方式。

如果创建唯一索引，则 Access 不允许用户在字段中输入这样的新值：该值已在其他记录的同一字段中存在。Access 会自动为主键创建唯一索引，但用户可能也想禁止其他字段中的重复值。例如，可以在一个存储序列号的字段上创建唯一索引，以便不会有两个产品具有相同的序列号。

索引的创建，是在表设计视图下进行的，选中要设置索引的字段，在"索引"属性框中选择索引的方式，保存修改后的表即可。

如果表中有数据，又要对某字段创建"有(无重复)"型索引，如果保存不成功，那一定是因为该字段的值有重复或空值。解决方案是先将索引设置为"无",再回到表视图下去检查数据,把数据处理后再进行设置。

2. 多字段索引

如果经常需要同时搜索或排序两个或更多字段,可以为该字段组合创建索引。在使用多字段索引排序表时,Access 将首先使用定义在索引中的第一个字段进行排序。如果在第一个字段中出现有重复值的记录,则会用索引中定义的第二个字段进行排序,依此类推。

多字段索引的操作方式是在表设计视图中,单击"设计"功能卡的"显示/隐藏"组的"索引"按钮 ,打开"索引"对话框,如图 3.13 所示。在"索引"对话框中既可设置多字段的索引,也可设置单字段索引。在对话框中可对索引的"排序次序"进行设置,可选择"升序"和"降序"两种方式。

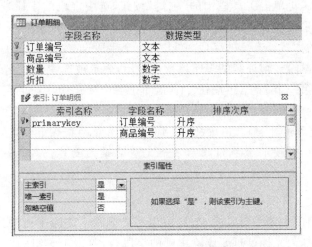

图 3.13　"索引"对话框

为订单明细表创建一个组合索引,名叫 primarykey,如图 3.13 所示。

注意:在表设计器视图下,通过字段属性设置单字段索引时,不能对索引的次序进行设置,只能是默认的"升序"。

3.5.2　主键

在数据表中能够唯一确定每个记录的一个字段或字段集,被称为表的主键。主键可以保证关系的实体完整性。

1. 创建主键

一个数据表中只能有一个主键。

Access 中可以定义 3 种主键。

(1)"自动编号"主键

当向表中添加每一条记录时,可将"自动编号"字段设置为自动输入连续数字的编号。如果在保存新建的表之前未设置主键,则 Access 会询问是否要创建主键。如果回答为"是",将创建"自动编号"主键。

（2）单字段主键

如果字段中包含的都是唯一的值，例如员工号或部件号码，则可以将该字段指定为主键。只要某字段包含数据，且不包含重复值或 Null 值，就可以将该字段指定为主键。

单字段主键的设置可在"表设计器"视图下，将要设置为主键的字段选中，单击"设计"选项卡"工具"组的"主键"按钮 ，字段选择器上出现 标识，则该字段被设置为主键。

（3）多字段主键

在不能保证任何单字段包含唯一值时，可以将两个或更多的字段指定为主键。在多字段主键中，字段的顺序非常重要。多字段主键中字段的次序按照它们在表"设计"视图中的顺序排列。如果需要改变顺序，可以在"索引"对话框中更改主键字段的顺序。

多字段主键的设置可在"索引"对话框中进行设置，也可在表的设计视图中，选中要成为主键的所有字段，再单击工具栏中的"主键"按钮，选中字段的字段选择器上将出现 标识时，则多字段主键设置完成。

多字段选择的方式：连续的字段，单击第一个字段选择器，再按住 Shift 键单击最后一个字段的记录选择器，则连续的多字段反白显示，表示被选中；如果要选择不连续的多个字段，则先选中第一个字段，再按住 Ctrl 键单击各个要选中字段的字段选择器，当要选中字段均反白显示时，即表示字段被选中。

注意：在创建主键时，如果不成功，则可能是因为该数据表中主键对应的值列表中出现重复数据或空值，需要将数据清理后才能完成主键的创建。Access 在创建主键的同时，会自动为该主键创建索引。

2. 删除主键

如果某个表中的主键不再是主键，则可以将之删除。删除主键的操作方式是：在表的设计视图下，让插入光标处理要删除主键的字段行，单击工具组的"主键"按钮，则该字段的主键即被删除，同时字段的行选择按钮上的 也自动消失。

注意：删除主键的同时，系统会自动删除该主键的索引。如果主键删除不成功，即有可能是该表通过该主键与数据库中的其他表之间建立了联系，则需要先将与它相关的关系删除，才能删除主键。

3.5.3　建立表之间的关系

在 Access 中，要想管理和使用好表中的数据，就应建立表与表之间的关系，这样才能将不同的数据表相关联起来，为后面的数据查询、窗体和报表等建立数据基础。

1. 数据表间关系

在 Access 中，创建的数据表是相互独立的，每一个表都有一个主题，是针对对象的不同特点和主题而设计的，它们同时又存在关联性。例如，营销信息管理系统中，在不同的表中有相同的字段名存在，如员工表中有"员工编号"字段，在订单表中也存在"员工编号"字段，通过这个字段，可以将员工表与订单表联系起来，从而找到需要的相关数据。

在 Access 中，表和表之间的关系主要有两种：一对一和一对多。如果在两个表中建立联系的字段均不是主键，此时创建的关系的类型将显示为未定。

在实际使用时，常将多对多的表拆分成两个或多个一对多的关系，以方便数据的查询和使用。

2. 建立表之间的关系

关系是参照两个表之间的公共字段建立起来的。在"关系"面板中创建的关系是永久关系。通常情况下，如果一个表的主关键字与另一个表的外键之间建立联系，就构成了这两个表之间的一对多的联系。如果建立联系的两个表的公共字段均为两个表的主关键字段，则这两个表之间的联系则为一对一的联系。在建立表之间的关系时，存在主表与相关表两种情况。一对多的联系通常是一端为主表，多端为相关表，如员工表和订单表通过"员工编号"字段建立一对多的联系，员工表为主表，订单表为相关表；一对一的联系，通常会以主体表作为主表，派生表为辅助表。如员工表和工资表，这两个表的主关键字均为"员工编号"，建立一对一的联系，应以员工表为主表，订单表为相关表。

建立数据表之间的关系是在数据库的"关系"面板中实现的。其操作分为如下几个步骤。

（1）建立主关键字，对要建立关系的数据表建立设定主关键字。

（2）将要建立关系的数据表添加到"关系"窗口中，即单击"数据库工具"选项卡的"关系"功能组"关系"按钮 🔡 ，打开"关系"窗口。如果数据库中尚未定义过关系，则会自动弹出"显示表"对话框，在"表"选项卡中会显示本数据库中存在的所有数据表，将需要建立关系的数据表选中，再单击"添加"按钮添加到"关系"窗口中，也可在"显示表"窗口中双击要添加的数据表，即可将该表添加到"关系"窗口中。

如果数据库中曾经打开过"关系"窗口进行关系设置，则系统不会自动弹出"显示表"对话框，此时，在"关系"窗口中右击，在快捷菜单中执行"显示表"命令，也可打开"显示表"对话框。如果不小心将一个表多次添加到"关系"窗口，该表会在窗口中多次显示，同时在表名后自动产生"1，2，…"序号。要删除多选的表，可在窗口中选中该表，按 Delete 键即可删除。

（3）创建关系。将鼠标指针置于主表的联系字段，按下鼠标左键，将该联系字段拖动到相关表的对应字段上，松开鼠标左键，将弹出"编辑关系"对话框，在对话框中将显示建立关系的两个表的联系字段，同时在下方显示这两个表的关系类型。如果正确无误，单击"创建"按钮，即"关系"窗口中两个表之间出现一条连线。

具体操作步骤如图 3.14 所示。

注意：在建立关系时，一定要从主表的关键字段拖到相关表的对应字段。即创建关系时，要求从主表拖动连接字段到相关表。

关系创建完成后，需要保存并关闭"关系"窗口，此时已经建立好的关系会保存在数据库中。

当两个表建立了关系后，打开"数据表"窗口，在每条记录的"记录选定器"右侧都可以看到"＋"符号，单击"＋"会变成"－"，同时展开子数据表，子数据表中显示的是与当前表的当前记录相匹配的记录。因为"订单"与"订单明细"是一对多的关系，因此，在子表中可以看到多条记录相匹配，如图 3.15 所示。

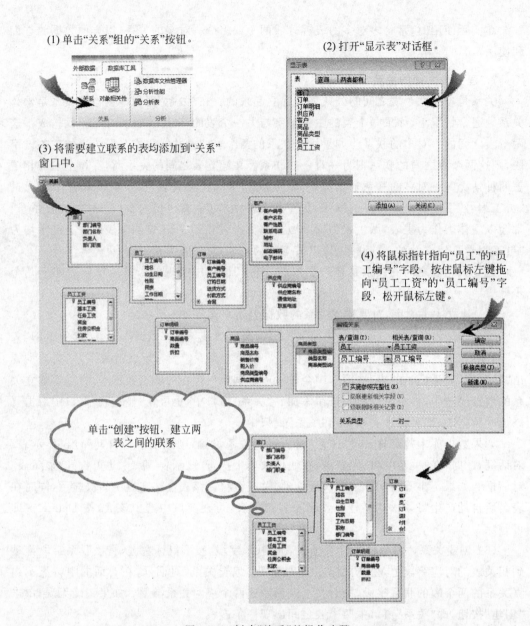

图 3.14　创建"关系"的操作步骤

单击"－",子数据表被关闭。如果选中多条记录,单击"＋",则显示所有选定记录的子数据表。

3. 修改或删除关系

（1）修改关系

当关系创建完成后,发现关系设定错误或未实施参照完整性,可以对已经设定好的关系进行修改。在修改前需要先关闭数据表,然后将鼠标指针指向关系连线并双击,即可弹出"编辑关系"对话框,在对话框中对关系进行修改,修改完成后单击"确定"按钮。

图 3.15　建立联系的数据表

（2）删除关系

当关系建立好以后发现错误时，可选中该关系连线，即单击连线，当连线变粗时表示选中，按 Delete 键即可删除关系，在删除时系统会弹出提示对话框："确实要从数据库中永久删除选定的关系吗？"单击"确定"按钮，即可删除关系。此时，关系窗口中的连线也就自动消失。

4. 参照完整性与相关规则

数据表的关系建立以后，如果希望数据表之间存在一定的约束关系，以保证数据库中数据的有效性。在 Access 中可以建立参照完整性来建立主表与相关表在增、删、改记录时相关字段数据的正确性。

数据表之间的约束性规则包括如下 3 种情况。

（1）建立关系后未实施参照完整性。在主表中增加、删除、修改关联字段的值时不受限制；同样，相关表中进行相同的操作时也不受影响。

（2）建立参照完整性但未实施级联更新和级联删除规则。在主表中增加记录不受限制；修改记录时，若该记录在表中有匹配记录，则不允许修改；删除记录时，若该记录在表中有匹配记录，则不允许删除。

在相关表中，增加或修改记录时，关联字段的值必须在主表中存在；删除记录时不受影响。

（3）建立参照完整性并实施了级联更新和级联删除规则。在主表中增加记录不受限制；修改记录时，若该记录在相关表中有匹配记录，若修改关联字段的值，则匹配记录的关联字段的值自动修改；删除记录时，若该记录在相关表中有匹配记录，则匹配记录同时被删除。

在相关表中，增加或修改记录时，关联字段的值必须在主表中存在；删除记录时不受影响。

关系的参照完整性的设置方法是，在"编辑关系"对话框中，选中"实施参照完整性"复选框，需要实施相关规则，则可选中相应的规则，不需要实施规则，可单击"创建"按钮即可创建关系。当表与表之间创建了关系并实施了参照完整性后，则数据表之间的连线的两头会显示关系的方式,1 表示是一方,∞表示多方。如果未实施参照完整性,则连线的两头不会有 1 或∞出现。图 3.16 所示为营销信息管理系统数据库的关系图。

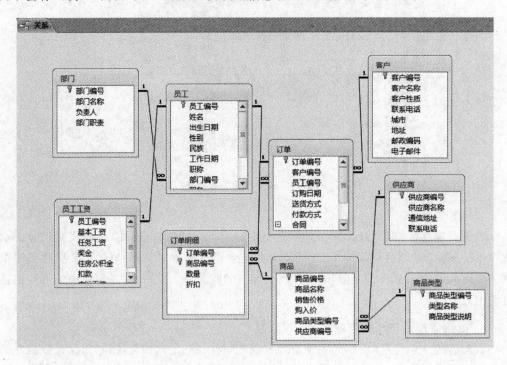

图 3.16　营销信息管理系统数据库关系图

注意:在创建关系时,如果连接的两个表的关联字段均不是主关键字或唯一索引,则在"编辑关系"对话框中显示的关系类型就是"未定",这种情况下是不能实施参照完整性的;参照完整性不能实施还有一种情况,即当相关表中的关联字段的值在主表中找不到对应的记录与之相匹配时,参照完整性也不能实现。此时,必须查看是数据错误还是主表与相关表弄反了。

习题

一、单选题

1. 在下面关于 Access 数据类型的说法中,错误的是(　　　)。

    A. 自动编号型字段的宽度为 4 个字节

    B. 是/否型字段的宽度为 1 个二进制位

    C. OLE 对象的长度是不固定的

    D. 文本型字段的长度为 255 个字符

2. 以下关于 Access 表的叙述中,正确的是(　　　)。

    A. 表一般包含一到两个主题的信息

    B. 表的数据表视图只用于显示数据

C. 表设计视图的主要工作是设计表的结构

D. 在表的数据表视图中,不能修改字段名称

3. 以下关于空值的叙述中,错误的是(　　)。

    A. 空值表示字段还没有确定值　　　　　B. Access 使用 Null 来表示空值

    C. 空值等同于空字符串　　　　　　　　D. 空值不等于数值 0

4. 使用表设计器定义表中字段时,不是必须设置的内容是(　　)。

    A. 字段名称　　　　B. 数据类型　　　　C. 说明　　　　D. 字段属性

5. Access 自动创建的主键数据的数据类型是(　　)。

    A. 自动编号　　　　B. 文本　　　　C. 整型　　　　D. 备注

6. Access 中,如下说法正确的是(　　)。

    A. 允许在主键字段中输入 Null 值

    B. 主键字段中的数据可以包含重复值

    C. 只有字段数据都不重复的字段才能组合定义为主键

    D. 定义多字段为主键的目的是为了保证主键数据的唯一性

7. 在 Access 中,如果一个字段中要保存长度多于 255 个字符的文本和数字的组合数据,选择的数据类型是(　　)。

    A. 文本　　　　B. 数字　　　　C. 备注　　　　D. 字符

8. 可以设置"字段大小"属性的数据类型是(　　)。

    A. 备注　　　　B. 日期/时间　　　　C. 文本　　　　D. 上述皆可

9. 如果一个字段在多数情况下取一个固定的值,可以将这个值设置成字段的(　　)。

    A. 关键字　　　　B. 默认值　　　　C. 有效性文本　　　　D. 输入掩码

10. 在表的设计视图,不能完成的操作是(　　)。

    A. 修改字段的名称　　　　　　　　B. 删除一个字段

    C. 修改字段的属性　　　　　　　　D. 删除一条记录

二、填空题

1. _____是为了实现一定的目的按某种规则组织起来的数据的集合。

2. 如果一张数据表中含有"照片"字段,那么"照片"字段的数据类型应定义为_____。

3. 如果字段的取值只有两种可能,字段的数据类型应选用_____类型。

4. _____是数据表中其值能唯一标识一条记录的一个字段或多个字段组成的一个组合。

5. 如果字段的值只能是 4 位数字,则该字段的输入掩码的定义应为_____。

三、操作题

1. 创建教学管理数据库,并创建数据库中的 4 个数据表,它们的结构如表 3.5 所示。

表 3.5 数据表的结构

表名	字 段 名	字段类型	大小	说 明
学生	学号	文本型	10	主键
	姓名	文本型	10	
	性别	文本型	1	只能是"男"或"女"
	出生日期	日期/时间型		
	政治面貌	文本型	10	
	学院名称	文本型	20	
	班级	文本型	20	
	个人爱好	文本型	255	
	照片	OLE型		
教师	教师编号	文本型	10	主键
	姓名	文本型	10	
	性别	文本型	1	
	出生日期	日期/时间型		
	参加工作时间	日期/时间型		
	学院名称	文本型	20	
	职称	文本型	10	
	简历	备注型		
	照片	OLE型		
课程	课程编号	文本型	6	主键
	课程名称	文本型	20	
	课程性质	文本型	10	采用值列表：必修、限选、任选
	学分	数字型	整型	
选课	学号	文本型	10	来源于学生表
	课程编号	数字型	长整型	来自于教学安排表
	成绩	数字型	单精度	允许为空值，如果没有完成课程，成绩为 NULL
工资	教师编号	文本型	10	来源于教师表
	基本工资	数字型	单精度	
	任务工资	数字型	单精度	
	津贴	数字型	单精度	
	扣款	数字型	单数度	
	公积金	计算字段		公积金＝(基本工资＋任务工资＋津贴)×13％

注：选课表的学号和课程编号为组合关键字，即每个学生只能选修。

2. 在数据库中建立表之间的关系。

3. 输入数据。

第 4 章

学会操作数据表

经过前几章的学习,完成了数据库的创建工作,以及数据表的结构设计和记录输入,这些工作是开发一个数据库应用程序的数据基础。本章主要介绍表的外观设置和记录的基本操作,主要包括:记录的定位、编辑、排序和筛选等功能。

本章的知识体系:

- 表的外观设置
- 记录指针的控制
- 记录的操作
- 记录的排序
- 筛选记录

学习目标:

- 掌握 Access 数据表中记录指针的控制方法
- 掌握 Access 数据表中数据的编辑操作功能
- 掌握添加、删除、插入等记录操作
- 学会对记录进行排序
- 掌握筛选记录的操作

4.1 记录操作

数据表创建好后,会经常对它进行操作,而数据表的操作,是从记录操作开始的。

4.1.1 记录指针的控制

在数据表视图中,单击某个数据项,其所在行左侧的记录选择器状态显示为 ▉ ,表示当前行就是用户正在操作的记录对象,称其为“当前记录”。Access 系统提供一个称为“记录指针”的工具来指示当前记录的位置。在对数据表进行记录操作时,记录指针的位置将决定此次操作的记录对象。通常,通过定位、查找等操作来进行记录指针的位置控制。

1. 数据表视图中的定位工具

数据表视图的选择工具如图 4.1 所示。

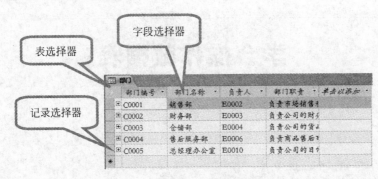

图 4.1　数据表视图的选择工具

在数据表视图中有四种工具可以用来进行记录的选择和定位,即 3 个选择器和表下方的记录导航按钮 记录: |◀ 第 1 项(共 5 项) ▶ ▶|▶ 　　无筛选器　搜索　　　　。

记录选择器是指数据表视图中最左边一列的小矩形按钮。当用户在编辑一条记录时,该记录左侧的记录选择器就会呈橙黄色 █,表示该记录为当前记录。

字段选择器是指数据表视图中最上边一行的小矩形按钮,其中显示着表中字段的名称。当鼠标靠近字段选择器时,鼠标指针会变为一个黑色的向下箭头 ⬇,单击列字段选择器按钮,则该列被选中。

表选择器是数据表视图中左上角的一个小矩形按钮,用于整个表的选择,单击该按钮,选中整个表。

记录导航按钮是指数据表视图中窗口下方的一行工具按钮,这些按钮可以用来进行记录指针的移动操作,各按钮的功能如下。

(1) |◀ :将光标直接从当前记录定位到第一条记录。

(2) ◀ :将光标从当前记录定位到前一条记录。

(3) 第 2 项(共 5 项):显示当前记录号和总记录数,用于快速定位记录。

(4) ▶ :将光标从当前记录定位到后一条记录。

(5) ▶| :将光标直接从当前记录定位到最后一条记录。

(6) ▶▪ :添加一条新记录。

(7) 搜索　　　:搜索按钮,可用于搜索数据表中的数据,不按字段进行搜索,而是在整个表中进行指定内容的搜索。

2. 记录定位

数据表中有了数据后,修改是经常要做的操作,其中定位和选择记录是首要的任务。常用的记录定位方法有两种:一是使用记录号定位;二是使用快捷键定位。

如果要快速定位到某一条已知记录号的记录,可在导航栏中单击记录定位框,输入要定位的记录号,按 Enter 键,即可定位指定的记录。

如表 4.1 所示,即是利用快捷键定位记录或字段的操作方法。

表 4.1　快捷键及定位功能表

快　捷　键	定　位　功　能
Tab、Enter、→	下一字段
Shift＋Tab、Shift＋←	上一字段
Home	当前记录中的第一个字段
End	当前记录中的最后一个字段
Ctrl＋↑	第一条记录中的当前字段
Ctrl＋↓	最后一条记录中的当前字段
Ctrl＋Home	第一条记录中的第一个字段
Ctrl＋End	最后一条记录中的最后一个字段
↑	上一条记录中的当前字段
↓	下一条记录中的当前字段
PgDn	下移一屏
PgUp	上移一屏
Ctrl＋PgDn	左移一屏
Ctrl＋PgUp	右移一屏

4.1.2　记录选择

选择记录是指选择用户所需要的记录。用户可以在数据表视图下用鼠标或键盘两种方法选择数据范围。

用鼠标选择数据范围是比较常用的方法,只要在数据表视图中,用鼠标对 3 种选择器进行单击操作,就可完成以下数据选择功能。

(1)选择一条记录:单击记录选择器。

(2)连续多条记录:单击需选择的第一条记录的记录选择器,按住鼠标左键,拖动鼠标到需选择的最后一条记录的记录选择器,放开鼠标即可。

(3)选择一个字段列:单击字段选择器。

(4)选择连续多个字段列:单击需选择的第一个字段的字段选择器,按住鼠标左键,拖动鼠标到需选择的最后一字段的字段选择器,放开鼠标即可。

(5)选择整个表:单击表选择器,或者使用"开始"选项卡的"查找"功能组的"选择"下拉列表中的"选择所有记录"选项。

(6)拖动鼠标选择一个字段中的部分数据,即单击需选择的第一个字符,拖动鼠标到需选择的最后一个字符,放开鼠标,此部分字符反白显示。值得注意的是,此种方法只能在一个字段的范围内进行。

(7)单击鼠标选择一个字段中的全部数据,即移动鼠标,靠近字段左侧时,鼠标指针变成 形状,此时单击鼠标左键,则当前记录的整个字段都被选中了。

(8)拖动鼠标选择相邻多个字段中的数据,即将方法(2)中的单击操作,改为拖动鼠标将经过的相邻字段全部选中。

4.1.3　记录编辑

1. 数据的修改

在已建立的表中,如果出现了错误的数据,可以对其进行修改。通常包括对数据的删除、输入、替换等。

进行数据修改时,通常要将插入点放置在修改位置上,操作方法是:单击修改位置,在字符间出现一个闪烁的竖线时,即可进行数据的插入。这里要注意,如果指针是一个黑方块,则表明此时处于覆盖状态,请按 Insert 键,恢复到插入状态;否则,光标处的数据将被覆盖。

2. 添加记录

在数据表的尾部添加一条新的记录,只需要将插入光标置于数据表的最后一个行(此行为空白行),也可在导航栏上单击"添加新记录"按钮 ，插入光标自动转到数据表的尾部新记录位置,此时,该行的行选择按钮变成 ，顺序输入数据即可。

添加记录,也可在任意一个行选择按钮上右击,在快捷菜单中执行"新记录"命令,即可在表的尾部插入一个新记录。

3. 删除记录

如果对数据表中的某条记录不需要时,应该将它删除。删除数据的前提是先选中要删除的记录,然后单击"开始"选项卡"记录"组的"删除"按钮,系统会弹出提示框,如果删除,则删除的数据将不可恢复,单击"是"按钮,则完成记录的删除。

若要删除某一条记录,也可在该记录的行选择按钮上右击,在快捷菜单中执行"删除记录"命令,即可删除该记录。

注意：删除操作是不可逆的操作,因此,执行前一定要谨慎。

4.2　数据的查找与替换

Access 可以帮助用户在整个数据表中或某个字段中查找数据,并可将找到的数据替换为指定的内容或数据,或将找到的数据删除。数据的查找与替换操作是在数据表视图下进行的。

打开要进行数据查找的数据表视图,将光标置于要查找的数据所在的字段列,单击"开始"选项卡"查找"功能组的"查找"按钮 ，打开"查找和替换"对话框,对话框有两个选项卡:"查找"和"替换",如图 4.2 所示

图 4.2　"查找和替换"对话框

在"查找"选项卡的"查找内容"文本框中输入要查找的值。在"查找内容"文本框中输入的数据,可以使用通配符。通配符及其功能如表 4.2 所示。

表 4.2　通配符及其功能

通配符	用　　法	示　　例
*	匹配任意字符串,可以是 0 个或任意多个字符	hi*,可以找到 hit、hi 和 hill
#	匹配一个数字符号	20#8,可以找到 2008、2018,找不到 20A8
?	匹配任何一个字符	w?ll,可以找到 wall、well,找不到 weell、wll
[]	匹配括号内任何一个字符	t[ae]ll,可以找到 tell 和 tall,找不到 tbll
!	匹配任何不在括号内的字符	f[!bc]ll,可以找到 fall 和 fell,找不到 fbll 和 fcll
-	匹配指定范围内的任何一个字符,必须以递增排序来指定区域(A-Z)	b[a-c]d,可以找到 bad 和 bed,找不到 bud

在"查找范围"右侧的列表框中显示的是当前字段名,如果要查找的值的查找范围要扩大到整个数据表,可单击下拉按钮在列表中设置;在"匹配"右侧的列表框中系统默认的是"整个字段",如果要查找的数据是字段中的一部分,可在列表中进行选择,可供选择的项有"整个字段""字段任何部分"和"字段开头";"搜索"设置的是搜索的方向和范围,有"向上""向下"和"全部"。

在查找英文字母时需要区分大小写,要选中"区分大小写"复选框,否则不区分大小写。若选中"按格式搜索字段"复选框,则查找数据时会按照数据在单元格中的显示格式来查找,对于设置了显示格式的字段,查找时需要注意。例如,要在"员工"表中查找"出生日期"字段,而该字段格式为"长日期",要查找 1985 年 2 月 21 日出生的员工,在"查找内容"文本框中必须输入"1985 年 2 月 21 日",才能找到。如果不选中"按格式搜索字段"复选框,则在"查找内容"文本框中输入 85-2-21 就可找到。

"替换"选项卡的设置与"查找"选项卡相似,只是增加了"替换为"数据项,在"替换为"文本框中输入要替换的数据,则查找完成后单击"替换"按钮即可完成替换,如果要删除找到的数据,在"替换为"文本框中不输入任何数据,单击"替换"按钮,即可删除找到的数据。

若找到的数据不需要替换,单击"查找下一个"按钮即可放弃替换;如果要将所有满足条件的数据都替换,可单击"全部替换"按钮,则不需要逐一查找再替换。

注意:在关闭 Access 表之前,每次使用"查找和替换"对话框时,在对话框中都会保留上次查找所进行的设置。并且在"查找内容"文本框的列表中还会保留前面的查找内容。用户可以直接在列表中选取再次查找的内容。

在 Access 中,支持查找空值或空字符串。

4.3　记录排序

一般情况下,在向表中输入数据时,人们不会有意地去安排输入数据的先后顺序,而只考虑输入的方便性,按照数据到来的先后顺序输入。因此,当需要从这些数据中查找数据时就十分不便。为了提高查找效率,需要重新整理数据,对此最有效的方法是对数据进行排序。

4.3.1　排序规则

排序是根据当前表中的一个或多个字段的值对整个表中的所有记录进行重新排列。排序时可按升序,也可按降序。排序记录时,不同的字段类型、排序规则有所不同,具体规则如下。

(1) 英文按字母顺序排序,大、小写视为相同,升序时按 A 到 Z 排序,降序时按 Z 到 A 排序。

(2) 中文按拼音字母的顺序排序,升序时按 A 到 Z 排序,降序时按 Z 到 A 排序。

(3) 数字按数字的大小排序,升序时从小到大排序,降序时从大到小排序。

(4) 日期和时间字段,按日期的先后顺序排序,升序时按从前到后的顺序排序,降序时按从后向前的顺序排序。

排序时,要注意以下几点。

(1) 对于"文本"型的字段,如果它的取值有数字,那么 Access 将数字视为字符串。因此,排序时是按照 ASCII 码值的大小来排序,而不是按照数值本身的大小来排序。如果希望按其数值大小排序,应在较短的数字前面加上零。例如,希望将以下文本字符串 5、6、12 按升序排列,排序的结果将是 12、5、6,这是因为,1 的 ASCII 码小于 5 的 ASCII 码。要想实现升序排序,应将 3 个字符串改为 05、06、12。

(2) 按升序排列字段时,如果字段的值为空值,则将包含空值的记录排列在列表中的第一条。

(3) 数据类型为备注、超链接、附件或 OLE 对象的字段不能排序。

(4) 排序后,排序次序将与表中数据一起保存。

4.3.2　排序操作

数据表中的记录排序,常常会根据要求不同而不同,有单字段排序,也有多字段排序。如果是多字段排序,则应用"高级筛选/排序"命令,按照要求顺序设置排序条件。

1. 单字段排序

按单字段排序时,可将插入光标置于要排序的字段,单击"开始"选项卡的"排序和筛选"组的"升序排序"按钮 和"降序排序"按钮 ;或右击,在弹出的快捷菜单中,执行"升序排序"或"降序排序"命令,则数据表就会按照相应的方式进行排序。

如果希望按其他的字段排序,即可将要排序字段设置为当前字段,单击相应的排序按钮即可。

如果要取消排序,则可单击"取消排序"按钮,数据恢复到原始的状态。

2. 多字段排序

在 Access 中,不仅可以按一个字段进行排序,也可以按多个字段排序。按多个字段排序时,首先根据第一个字段进行排序,当第一个字段的值相同时,再按第二个字段进行排序,依此类推。

进行多个字段的排序,可使用"升序"和"降序"按钮依次进行,也可采用"高级筛选/排序"命令。

(1) 数据表视图下排序

在数据表视图状态下,选定要排序的多个字段,单击"升序"按钮或"降序"按钮或利用"排序"命令,数据表即可按照指定的顺序进行排序。

注意:在多字段排序时,排序的顺序是有先后的。Access 先对最左边的字段进行排序,然后依次从左到右进行排序,保存数据表时,排序方案也同时保存。使用数据表视图进行多字段排序时,操作虽然简单,但有一个缺点,即所有的字段只能按照同一种次序进行排序,而且,要排序的多个字段必须是相邻的。

(2) "高级筛选/排序"窗口中排序

单击"排序和筛选"功能组的"高级"按钮,在打开的下拉列表中选择"高级筛选/排序"选项,打开"筛选"设计窗口,在对话框中可以进行排序条件的设置,再单击"排序和筛选"功能组的"应用筛选"按钮,将显示筛选结果。

图 4.3 所示实现的是先按"性别"降序排序,然后按"出生月份"升序排序的操作方法。

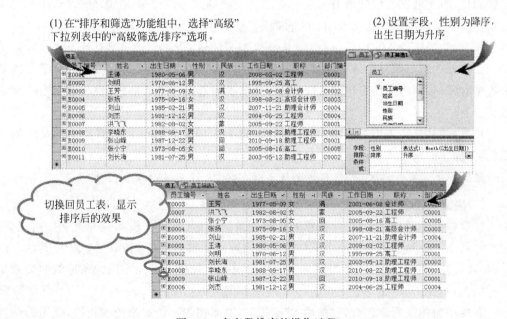

图 4.3　多字段排序的操作过程

如果要取消排序,则可单击"取消排序"按钮,数据将恢复到原始的状态。

4.4　记录筛选

当数据表中存在大量记录时,如果希望只显示部分符合条件的记录,而将不符合条件的记录隐藏起来时,可采用筛选方式来实现。Access 提供的筛选方法有:按选定内容筛选、内容排除筛选、按窗体筛选、筛选目标筛选和高级筛选等几种方法。

经过筛选后的数据表,只显示满足条件的记录,不满足条件的记录将被隐藏起来。

1. 按选定内容筛选

在数据表中,如果需要筛选出某特定条件的记录,可按选定的内容进行筛选。例如,在员工表中要将所有的男员工筛选出来,将女员工的记录隐藏起来,在打开"员工"表的数据表视图下,选中"性别"字段中的"男",单击"排序和筛选"组的"选择"按钮 选择 ,在打开的下拉列表中选择"等于男"选项,则所有性别不为"男"的记录被隐藏起来。

在使用按内容筛选时,有四个选项:等于选定的内容、不等于选定的内容、包含选定的内容和不包含选定的内容。

如果要取消当前的筛选状态,将所有记录都显示出来,可单击工具栏中的"切换筛选"按钮。

2. 使用筛选器筛选

Access 的筛选器提供了一种较灵活的数据筛选的方法,将提供筛选条件的字段作为当前字段,单击"开始"选项卡的"排序和筛选"组的"筛选器"按钮,即在当前位置显示一个下拉面板,将当前字段中的所有不重复值以列表的形式显示出来,供用户选择,用户只需要将要隐藏的值的选中状态取消,单击"确定"按钮,则可完成筛选。

同时,如果筛选不是按值进行,而是按范围完成时,可单击值列表上方的"××筛选器",在打开的下拉菜单中选择筛选的范围条件。具体的"××"是什么,与当前字段的数据类型有关,如果当前的字段是文本型,则是文本筛选器;如果是日期型,则会是日期筛选器。

这里,要从员工表中筛选出 1980 年 1 月 1 日至 1985 年 12 月 31 日出生的员工的信息,具体操作如图 4.4 所示。

注意:在日期输入时,可用日历面板进行选择,也可直接输入日期信息。

3. 按窗体筛选

按窗体筛选时,系统会先将数据表变成一条记录,且每个字段都是一个下拉列表框,用户可以在下拉列表中选取一个值作为筛选内容。如果对于某个字段选取的值是两个以上时,还可以通过窗体底部的"或"来实现;在同一个表单下不同字段的条件值的关系是"与"的关系。

在使用窗体进行筛选时,包括两大部分:在窗体视图下设置筛选的条件,应用筛选后可查看筛选后的效果。具体操作步骤是,打开要进行筛选的数据表,选择"排序和筛选"组的"高级"下拉列表中的"按窗体筛选"选项,打开筛选窗体视图,在相关字段下拉列表中设置筛选条件,如果筛选的条件是多个字段的与关系,则所有条件均在窗体的"查找"中设置,设置结束后,单击"切换筛选"按钮,即可看到筛选后的结果。如果需要在当前基础上进一步进行筛选条件的设置,可再选择"按窗体筛选"按钮,再次进入筛选窗体,先前设置的筛选条件可在窗体上看到。如果新的条件与当前条件的关系是或的关系,则新筛选条件的设置应该在窗体下方单击"或"标签,切换到一个新的筛选条件设置窗体,设置好条件

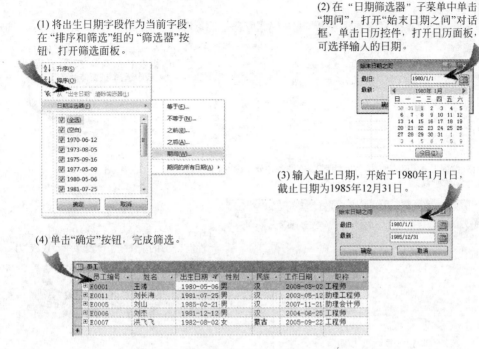

(1) 将出生日期字段作为当前字段，在"排序和筛选"组的"筛选器"按钮，打开筛选面板。

(2) 在"日期筛选器"子菜单中单击"期间"，打开"始末日期之间"对话框，单击日历控件，打开日历面板，可选择输入的日期。

(3) 输入起止日期，开始于1980年1月1日，截止日期为1985年12月31日。

(4) 单击"确定"按钮，完成筛选。

图 4.4 利用筛选器完成记录筛选的操作过程

后再单击"切换筛选"按钮，可查看到筛选的结果。

如果要取消筛选，在数据表视图下可单击工具面板上的"切换筛选"按钮，如果是在筛选设置窗体状态，可单击筛选窗体右上角的"关闭"按钮，恢复到普通数据表视图状态，取消当前的筛选。如果要彻底删除所设置的筛选条件，可在筛选窗体状态下，单击工具栏中的"清除网格"按钮，即可将所设的筛选条件彻底地删除。

这里，以从员工表中筛选男性汉族员工和女性满族员工的操作为例，介绍窗体筛选的操作过程，如图 4.5 所示。

4. 高级筛选

在前面的筛选方法中，实现的筛选条件相对都比较单一，如果要进行复杂条件的记录筛选，则需要通过高级筛选来实现。操作方法是在"开始"选项卡的"排序和操作"功能组中单击"高级"选项的下拉按钮，在下拉列表中选择"高级筛选/排序"选项，在窗口中对筛选条件进行设置。

例如，要筛选出所有1981年出生的男员工的信息，可使用高级筛选进行筛选条件的设置，然后应用筛选。具体操作如图 4.6 所示。

注意：同一字段的"或"的条件，可在"或"行中描述。

在筛选条件网格中，也可将条件描述成图 4.7 所示的效果，即筛选字段为出生日期的年份，则条件行中只需要写出相应的年份即可。

(1) 打开数据表。

(2) 在"开始"选项卡的"排序和筛选"组中单击"高级"按钮，在下拉列表中选择"按窗体筛选"选项。

(3) 数据表进入筛选窗体，在"性别"下方的条件列中设置"男"，"民族"为"汉"。

(4) 单击下方"或"标签，切换到或条件下，在"性别"下方的条件列中设置"女"，"民族"为"满"。

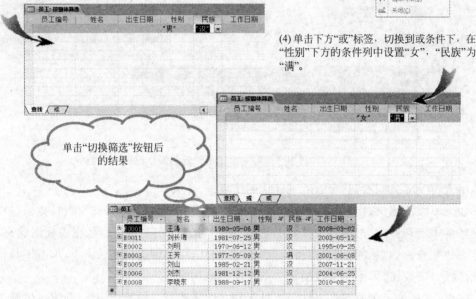

单击"切换筛选"按钮后的结果

图 4.5　按窗体筛选的操作过程

(1) 打开"高级筛选/排序"窗口，在"条件"行中设置相应的筛选条件。

(2) 单击"切换筛选"按钮，显示筛选结果。

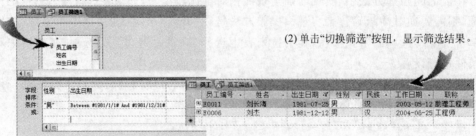

图 4.6　高级筛选的操作过程

图 4.7 筛选条件

4.5 表操作

数据表建立后,可以根据需求对数据表进行操作,如数据的显示、表的外观等。

4.5.1 调整数据外观

调整表的外观是为了使表更清楚、美观,便于查看。调整表的外观包括改变字段的次序、调整字段的显示宽度和高度、改变数据的字体、调整网格线和背景颜色、隐藏和冻结列等。

1. 改变字段次序

在默认情况下,数据表视图中字段的显示顺序与表结构的顺序相同,如果需要,可以将数据表视图的字段显示顺序进行调整。

操作方法是:在数据表视图下,将鼠标指针指向列标题处,鼠标指针变成实心的黑色向下箭头,单击鼠标,该列字段选中,将鼠标指针指向列标题处,按住鼠标左键拖动其到目标位置,松开鼠标,则该字段被移动到目标位置处。

注意:此拖动方法改变的仅仅是数据表的显示顺序,表的结构没有发生变化。

2. 调整字段显示宽度和高度

在数据表视图下,有时会因为字段的数据过长而被切断,没有在单元格中完全显示;有时因为字体过大而不能在一行中显示完全,此时,均可以通过调整列宽和行高来使数据正常显示。

(1)调整字段行高

数据表中各记录行的行高均是一致的,改变任意一行的行高,均会使整个数据表的行高作相应的调整。操作方法分为利用鼠标拖动调整和精确调整两种方式。

① 利用鼠标拖动调整。它是指将鼠标指针移到数据表左侧的记录选定器处,将鼠标指针移到两条记录的"记录选定器"中间位置时,鼠标指针变成一个双向箭头,按住鼠标指针向下或向上调整,即可将记录行的高度变高或变低。

② 精确调整。精确调整,即是利用"行高"对话框进行设置。打开"行高"对话框的方

法是：在"开始"选项卡"记录"组的"其他"选项的下拉列表中选择"行高"选项，或在字段选择器上右击，在打开的快捷菜单中单击"行高"命令，打开"行高"对话框，输入需要的行高值，单击"确定"按钮，即当前数据表的行高均变成相应的行高。在"行高"对话框中如果选中"标准高度"复选框，则所选的行高变为系统的默认行高，如图 4.8 所示。

图 4.8   "行高"和"列宽"对话框

（2）调整字段列宽

与行高不同，字段的列宽的改变只影响当前字段的宽度，对表中其他字段的宽度没有影响。操作方式也有两种，即用鼠标拖动和精确调整。

① 利用鼠标拖动调整。它是指将鼠标指针移到要改变列宽的两列字段名中间，鼠标指针变成一个双向箭头时，按鼠标左键拖动列中间的分隔线。向左拖动则减小左侧字段的列宽；向右拖动则加大该字段的列宽。

② 精确调整。它的调整方式与调整行高的方式相同。选定要设定列宽的数据表，在选中区域上右击，在打开的快捷菜单中单击"字段宽度"命令，在打开的"列宽"对话框中进行相应的设置。如果选择"最佳匹配"复选框，则选定的各列的列宽度正好能容纳所有的数据。

如果设置字段列宽的宽度为 0，将会隐藏该列字段。

注意：改变字段的列宽仅仅会影响该字段在数据表视图下的显示宽度，对表的结构没有任何影响。

3. 隐藏字段和显示字段

在数据表视图下，可以根据需要将部分字段的数据暂时隐藏起来，在需要的时候再进行显示。

操作方法是：选定要隐藏的数据列，在"开始"选项卡"记录"组的"其他"选项的下拉列表中选择"隐藏字段"选项，或在选中区域右击，在快捷菜单中单击"隐藏字段"命令，即选中的字段列将被隐藏起来。

取消字段的隐藏，是利用快捷菜单的"取消隐藏字段"命令来实现的，也可在"开始"选项卡"记录"组的"其他"选项的下拉列表中选择"取消隐藏字段"选项。如果数据表中有多个列被隐藏，可在打开的对话框中选中要撤销隐藏的列字段，单击"关闭"按钮，即可将选中的字段重新显示。

假设对员工表的出生日期字段进行了隐藏，如果需要将隐藏的字段显示出来，可在数据表视图下，在任意一个字段的列选择按钮上右击，在打开的快捷菜单中单击"取消隐藏字段"命令，即可打开如图 4.9 所示的"取消隐藏列"对话框。如果某字段被隐藏了，则该字段前面的复选框则处于非选中状态；选中，则该字段被再次显示。如果要隐藏多个字段，也可采用此方式，在打开的"取消隐藏列"对话框中取消这些字段的选中状态，关闭对话框,这些字段即被隐藏。

4. 冻结列

在使用较大的数据表时,有时整个数据表不能完全在屏幕上显示出来,需要拖动滚动条将未显示的数据显示出来,在拖动滚动条时,一些关键字段的值也无法显示,影响了数据的查看。

Access 允许将部分字段采用冻结的方式永远显示在数据表窗口中,不会因为滚动条的拖动而隐藏。

操作方式是:通过列选择器选中要保留在窗口中的重要字段,在"开始"选项卡"记录"组的"其他"选项的下拉列表中选择"冻结字段"选项,或在选中区域右击,在快捷菜单中单击"冻结字段"命令,选中的列字段

图 4.9　"取消隐藏列"对话框

会出现在数据表的最左边。拖动滚动条,可以发现冻结的列一直保持在数据表的最左侧,不会被隐藏。

如果要取消冻结,可执行快捷菜单的"取消冻结所有字段"命令。

字段的隐藏、冻结等操作也可通过"开始"选项卡"记录"组的"其他"功能列表来完成。

注意:在数据表中对字段进行冻结,不会改变表的结构。

4.5.2　表数据外观

数据表的外观,可以通过"选项"设置来设置,使所有数据表的外观得到改变;也可直接对某个数据表进行设置,使其效果特别。

1. 设置数据表外观

在"数据表视图"中,一般在水平和垂直方向显示网格线,网格线、背景色和替换背景色均采用系统默认的颜色。如果需要,可以改变单元格的显示效果,可以选择网格线的显示方式和颜色,也可改变表格的背景颜色。

设置数据表格式,可通过"开始"选项卡"文本格式"组中的"网格线"按钮,在弹出的下拉列表中选择不同的网格线;单击"文本格式"组中的"启动"按钮,打开"设置数据表格式"对话框,可对表格效果进行设置。具体操作过程如图 4.10 所示。

这里,如果通过在数据表视图下对数据表的外观效果进行设置,则该设置只能对本表产生效果,其他表的外观不会发生变化。

对数据表外观的设置,不光可以对它的表格线、底纹等进行设置,还可对表中的数据格式进行设置,如改变字体、调整字号和改变数据在表中的水平位置等。它的操作均可通过"开始"选项卡的"文本格式"组的功能按钮来实现,这里不再赘述,操作与 Word 的操作方式相同,不同的是,不需要选中内容,只需要打开数据表,所有的文本格式设置均是对整个数据表进行的。

2. 数据表默认外观设置

在"数据表"视图下,数据表的单元格均是以网格的方式进行表示的,表格的显示方式、色彩和字体等,均可以进行更改。操作方式是:选择"文件"|"选项"命令,在打开的

(1) 设置表格格式的效果。

(2) 在"开始"选项卡"文本格式"组中单击"网格线"按钮。

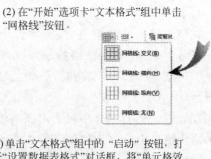

(3) 在打开的下拉列表中选择"网格线：横向"选项，表格效果如下。

(4) 单击"文本格式"组中的"启动"按钮，打开"设置数据表格式"对话框，将"单元格效果"设置为"凸起"，设置替代背景色为橙色。

完成的效果

图 4.10　设置数据表格式的操作过程

"Access 选项"窗口的"数据表"选项卡中进行修改，如图 4.11 所示。在对话框中可以对表格网格线显示方式、单元格效果、列宽和字体及字形等进行设置。

图 4.11　数据表外观设置对话框

在此设置的数据表效果,是对整个数据库中的数据表的外观效果的设置。

4.5.3 数据表的更名、复制和删除

1. 数据表的更名

在数据库窗口导航窗格的表对象列表中,单击要更名的数据表,再单击表名处,打开快捷菜单,单击"重命名"命令,即可进行表名的更改。

注意:在同一个数据库中不允许出现两个同名的数据表。

2. 数据表的复制

在表对象选项卡中选中要复制的表,将鼠标指针指向该表,按住 Ctrl 键拖动到对象选项卡中的空白位置,松开鼠标左键,则产生一个表的副本,此方式即可将数据表复制一个副本。

表的复制还可通过剪贴板来实现。选中要复制的数据表,按 Ctrl+C 键,或选择"编辑"|"复制"命令,也可单击工具栏中的"复制"按钮,将数据表复制到剪贴板上。单击工具面板中的"粘贴"按钮,或按 Ctrl+V 键,打开"粘贴表方式"对话框,选择所需的粘贴方式即可,如图 4.12 所示。

图 4.12 "粘贴表方式"对话框

Access 提供以下 3 种粘贴方式。

(1) 仅结构:此方式复制的是表的结构,不含数据。

(2) 结构和数据:实现的是表结构和数据的复制。

(3) 将数据追加到已有的表:实现的是将数据追加到已存在的数据表的尾部。

3. 数据表的删除

如果数据库的数据表不再需要,可选中后,按 Delete 键删除。在执行删除操作时,系统会提示对删除操作进行确认,"是"则删除,"否"则放弃删除操作。

习题

一、单选题

1. 如果字段"成绩"的取值范围为 0~100,则错误的有效性规则是( )。

    A. >=0 and <=100   B. [成绩]>=0 and [成绩]<=100

    C. 成绩>=0 and 成绩<=100   D. 0<=[成绩]<=100

2. 在 Access 的下列数据类型中,不能建立索引的数据类型是( )。

A. 文本型　　　　　　　B. 附件型　　　　　　C. 数字型　　　　　　D. 日期/时间型

3. 可以加快查找操作的是( )。

A. 默认值　　　　　　　B. 有效性规则　　　　C. 有效性文本　　　　D. 索引

4. 在查找和替换操作中,可以使用通配符,下列不是通配符的是( )。

A. *　　　　　　　　　B. ?　　　　　　　　　C. !　　　　　　　　　D. @

5. 在对某字符型字段进行升序排序时,假设该字段存在这样四个值:"100"、"22"、"18"和"3",则最后排序结果是( )。

A. "100"、"22"、"18"、"3"　　　　　　B. "3"、"18"、"22"、"100"

C. "100"、"18"、"22"、"3"　　　　　　D. "18"、"100"、"22"、"3"

6. 在对某字符型字段进行升序排序时,假设该字段存在这样四个值:"中国"、"美国"、"俄罗斯"和"日本",则最后排序结果是( )。

A. "中国"、"美国"、"俄罗斯"、"日本"　　　B. "俄罗斯"、"日本"、"美国"、"中国"

C. "中国"、"日本"、"俄罗斯"、"美国"　　　D. "俄罗斯"、"美国"、"日本"、"中国"

二、填空题

1. 当冻结某个或某些字段后,无论怎么样水平滚动窗口,这些被冻结的字段列总是固定可见的,并且显示在窗口的_____。

2. 数据检索是组织数据表中数据的操作,它包括_____和_____等。

3. Access 提供了_____、_____、_____、_____、_____ 5 种筛选方式。

4. 在"查找和替换"对话框中,"查找范围"列表框用来确定在那个字段中查找数据,"匹配"列表框用来确定匹配方式,包括_____、_____和_____ 3 种方式。

5. 在查找时,如果确定了查找内容的范围,可以通过设置_____来减少查找的范围。

三、操作题

1. 打开教学管理数据库,查看数据表和它们的子表。

2. 对学生表按年龄由小到大排序。

3. 设置数据表的外观,改变表格线,并调整字体、字号等。

4. 查找教师表中所有姓李的教师。

5. 筛选工龄在 10 年以上的教师信息。

第 5 章

学会应用查询

在数据库中创建数据表,是将众多的数据有效地进行保存,但这不是创建数据库的最终目的,其最终目的是为了灵活、方便、快捷地使用它们,对数据库中的数据进行各种分析和处理,从中提取需要的数据和信息。查询就是将一个或多个数据表中满足特定条件的数据检索出来。查询不仅可以基于数据表来创建,还可基于查询来创建,同时,查询不仅可以根据指定条件来进行数据的查找,还可对数据进行计算、统计、排序、筛选、分组、更新和删除等各种操作。

本章的知识体系:

- 查询对象的概念
- 常量、变量和表达式
- 选择查询的创建
- 交叉表查询的创建
- 操作查询的创建
- 参数查询及特殊类型查询的创建
- SQL 查询的使用

学习目标:

- 理解查询的概念及实质
- 掌握查询的多种创建方法
- 掌握多表查询、条件查询等较复杂查询的设计和创建方法
- 掌握交叉表查询的创建和使用方法
- 学会使用操作查询对数据表进行操作
- 学会使用参数控制查询条件
- 了解重复项查询和不匹配查询的创建方法
- 学会 SELECT 的命令使用

5.1 查询概述

查询是 Access 数据库中重要的对象,它可以按一定的条件从 Access 数据表或已建立的查询中查找要求的数据。

5.1.1 查询的功能

查询是对数据库表中的数据进行查找,产生动态表的过程。在 Access 中可以方便地创建查询,在创建查询的过程中需要定义查询的内容和规则,运行查询时系统将在指定的数据表中查找满足条件的记录,组成一个类似数据表的动态表。

1. 选择字段

在查询中,可以选择表中的部分字段,建立一个新表,相当于关系运算中的投影运算。例如,利用查询可以在员工表中选择员工编号、姓名等字段组成一个新的表。

2. 选择记录

通过在查询中设定条件,可以查找满足条件的记录,这相当于关系运行中的选择运算。例如,在员工表中查找所有性别为“女”的员工记录。

3. 编辑记录

编辑记录主要包括添加记录、修改记录和删除记录等。在 Access 中,可以利用查询添加、修改和删除表中的记录,如将员工表中的“汉族”改为“汉”。

4. 计算

查询不仅可以查找满足指定条件的记录,而且还可以通过查询建立各种统计计算,如统计各每个部门的员工人数、员工的订单情况、商品的销售情况等。

5. 建立新表

利用查询结果可以建立一个新的表,并且永久保存。如将销售部门的员工信息存放在一个新的数据表中。

6. 建立基于查询的报表和窗体

为了将一个或多个表中合适的数据用于生成报表或在窗体中显示,可以先根据需要建立一个所需数据的查询,将查询的结果作为报表或窗体的数据源。在每次运行报表或窗体时,查询就会从基础数据表中获取最新的数据提供给报表或窗体。

5.1.2 查询的类型

Access 数据库提供的查询种类较多,人们通常会根据查询在执行方式上的不同将查询分为如下几种类型。

1. 选择查询

选择查询是最常用的查询类型,它是根据用户定义的查询内容和规则,从一个或多个表中提取数据进行显示。

在选择查询中,还可以对记录进行分组,并对分组后的记录进行总计、计数、平均及其他类型的计算等。

选择查询能够帮助用户按照希望的方式对一个或多个表中的数据进行查看,查询的结果显示与数据表视图相同,但查询中不存放数据,所有的数据均存在于基础数据表中,查询中看到的数据集是一个动态集。当运行查询时,系统会从基础数据表中获取数据。

2. 交叉表查询

交叉表查询是将某个数据表中的字段进行分组,一组作为查询的行标题,一组作为查询的列标题,然后在查询的行与列交叉处显示某个字段的统计值。交叉表查询是利用表中的行或列来进行数据统计的。它的数据源是一张基础表。

3. 参数查询

选择查询是在建立查询时就将查询准则进行定义,条件是固定的。参数查询是在运行查询时利用对话框来提示用户输入查询准则的一种查询。参数查询可以根据用户每次输入的值来确定当前的查询条件,以满足查询的要求。

如要根据员工编号来查询某个员工的基本信息。利用参数查询则可在每次查询时输入要查询的员工的编号,即可找到满足条件的记录。

4. 操作查询

操作查询的查询内容和规则的设定与选择查询相同,但它们有一个很大的不同是:选择查询是按照指定的内容和条件查找满足要求的数据,将查找到的数据进行展示;而动作查询是在查询中对所有满足条件的记录进行编辑等操作,动作查询会对基础数据表产生影响或生成新的数据表,如生成表查询,即会生成一个新的数据表,更新查询,则会根据更新条件对原数据表中的数据进行修改。

Access 的操作查询有如下几种。

(1) 生成表查询。利用一个或多个表中的全部或部分数据生成一个新的数据表。生成表查询通常用于重新组织数据或创建备份表等。

(2) 删除查询。删除查询是将满足条件的记录从一个或多个数据表中删除。此操作会将基础数据表中的记录删除掉。

(3) 更新查询。更新查询是对一个或多个表中的一组记录进行修改的查询。如对员工工资表中所有工程师的基本工资涨 10% 等,可利用更新查询来实现。

(4) 追加查询。追加查询是从一个或多个数据表中将满足条件的记录找出,并追加到另一个或多个数据表的尾部的操作。追加查询可用于多个表的合并等。

5. SQL 查询

SQL 查询就是利用 SQL 语句来实现的查询。

5.2　表达式

在 Access 中,表达式广泛地应用于表、查询、窗体、报表、宏和事件过程等。表达式由运算对象、运算符和括号组成,运算对象包括常量、函数和对象标识符。Access 中的对象标识符可以是数据表中的字段名称、窗体、报表名称、控件名称、属性名称等。

5.2.1　常量

常量分为系统常量和用户自定义常量,系统常量如逻辑值 True(真值)、False(假值)和 Null(空值)。

注意：空值不是空格或空字符串，也不是 0，而是表示没有值。用户自定义常量又常称为字面值，如数值 100、字符串 ABCD 和日期♯08/8/8♯等。

Access 的常量类型包括数值型、字符型、日期型和逻辑型。

1. 数值型

数值型常量包括整数和实数。整数即不带小数部分的数，如 123；实数用来表示包含小数的数或超过整数示数范围的数，实数既可通过定点数来表示，也可用科学计数法进行表示，如 12.3 或 0.123E2。

2. 文本型

文本型常量是由字母、汉字和数字等符号构成的字符串。定义字符常量时需要使用定界符，Access 中字符定界符有两种形式：单引号(')、双引号(")。如字符串'ABC'或"ABC"。

3. 日期型

日期型常量即用来表示日期型数据。日期型常量用"♯"作为定界符，如 2008 年 7 月 18 日，表示成常量即为♯08-7-18♯，也可表示为♯08-07-18♯。在年月日之间的分隔符也可采用"/"作为分隔符，即♯08/7/18♯或♯08/07/18♯。

对于日期型常量，年份输入为 2 位时，如果年份在 00～29 范围内，系统默认为 2000～2029 年；如果输入的年份在 30～99 之间，则系统默认为 1930～1999 年。如果要输入的日期数据不在默认的范围内，则应输入 4 位年份数据。

4. 逻辑型

逻辑型常量有两个值，真值和假值，用 True(或-1)表示真值，用 False(或 0)表示假值。系统不区分 True 和 False 的字母大小写。

注意：在数据表中输入逻辑值时，如果需要输入值，则应输入-1 表示真，0 表示假，不能输入 True 或 False。

5.2.2　Access 常用函数

系统设计人员提供了上百个函数以供用户使用。在 Access 使用过程中，函数名称不区分大小写。根据函数的数据类型，人们将常用函数分为：数学型、文本型、日期时间型、逻辑型和转换函数等。本节将对一部分常用函数进行介绍，如果需要更多的函数，请查阅帮助或系统手册。

1. 数学函数

常用的数学函数如表 5.1 所示。

表 5.1　常用数学函数功能及示例

函　数	功　能	示　例	函数值
Abs(number)	求绝对值	Abs(-12.5)	12.5
Exp(number)	e 的幂	Exp(2.5)	12.1825

续表

函 数	功 能	示 例	函数值
Int(number)	自变量为正时,返回整数部分,舍去小数部分;自变量为负时,返回不大于原值的整数	Int(8.7) Int(−8.4)	8 −9
Fix(number)	无论自变量为正或负,均舍去小数部分,返回整数	Fix(8.7) Fix(−8.4)	8 −8
Log(number)	自然对数	Log(3.5)	1.253
Rnd(number)	产生 0~1 之间的随机数。自变量可缺省	Rnd(2)	0~1 之间的随机数
Sgn(number)	符号函数。当自变量的值为正时,返回 1;自变量的值为 0 时,返回 0;自变量的值为负时,返回−1	Sgn(5) Sgn(0) Sgn(−5.6)	1 0 −1
Sqr(number)	平方根。自变量非负	Sqr(6)	2.449
Round(number, precision)	四舍五入函数。第二个参数的取值为非负整数,用于确定所保留的小数位数	Round(12.674,0) Round(12.674,2)	13 12.67

注意:number 可以是数值型常量、数值型变量、返回数值型数据的函数和数学表达式。

2. 字符函数

常用的字符函数如表 5.2 所示。

表 5.2 常用字符函数功能及示例

函 数	功 能	示 例	函数值
Left(stringexpr,n)	取左子串函数。从表达式左侧开始取 n 个字符。每个汉字也作为 1 个字符	Left("北京",1) Left("Access",2)	北 Ac
Right(stringexpr,n)	取右子串函数。从表达式右侧开始取 n 个字符。每个汉字也作为 1 个字符	Right(#201201-22#,3) Right(1234.56,3)	−22 .56
Mid(stringexpr, m[,n])	取子串函数。从表达式中截取字符,m、n 是数值表达式,由 m 值决定从表达式值的第几个字符开始截取,由 n 值决定截取几个字符。n 缺省,表示从第 m 个字符开始截取到尾部	Mid("中央财经大学",3,2) Mid("中央财经大学",3)	财经 财经大学
Len(stringexpr)	求字符个数。函数返回表达式值中的字符个数。表达式可以是字符、数值、日期或逻辑型	Len("#2013-7-22#") Len("中央财经大学") Len(True)	11 6 2
UCase(stringexpr)	将字符串中小写字母转换为大写字母函数	UCase("Access") UCase("学习 abc")	ACCESS 学习 ABC
LCase(stringexpr)	将字符串中大写字母转换为小写字母函数	LCase("Access")	access

函　数	功　能	示　例	函数值
Space(number)	生成空格函数。返回指定个数的空格符号	"@@"＋Space(2)＋"@@"	@@␣␣@@
InStr(C1,C2)	查找子字符串函数。在 C1 中查找 C2 的位置,即 C2 是 C1 的子串,则返回 C2 在 C1 中的起始位置,否则返回 0	InStr("One Dream","Dr") InStr("One Dream","Dor")	5 0
Trim(stringexpr)	删除字符串首尾空格函数	Trim("␣AA"＋"␣BB␣")	"AA␣BB"
RTrim(stringexpr)	删除字符串尾部空格函数	RTrim("␣数据库␣")	"␣数据库"
LTrim(stringexpr)	删除字符串首部空格函数	LTrim("␣数据库␣")	"数据库␣"
String(n,stringexpr)	字符重复函数。将字符串的第一个字符重复 n 次,生成一个新字符串	String(3,"你好")	你你你

注意：这里的"␣"表示空格。

3. 日期时间函数

常用的日期时间函数如表 5.3 所示。

表 5.3　常用日期时间函数功能及示例

函　数	功　能	示　例	函数值
Date( )	日期函数。返回系统当前日期。无参函数	Date()	2014-01-22
Time( )	时间函数。返回系统当前时间。无参函数	Time()	下午 03:33:51
Now( )	日期时间函数。返回系统当前日期和时间,含年、月、日、时、分、秒。无参函数	Now()	2014-01-22 下午 03:33:51
Day(dateexpr)	求日函数。返回日期表达式中的日值	Day(date())	22
Month(dateexpr)	求月份函数。返回日期表达式中的月值	Month(date())	1
Year(dateexpr)	求年份函数。返回日期表达式中的年值	Year(date())	2014
Weekday(dateexpr)	求星期函数。返回日期表达式中的这一天是一周中的第几天。函数值取值范围是 1~7,系统默认星期日是一周中的第 1 天	Weekday(date())	4
Hour(timeexpr)	求小时函数。返回时间表达式中的小时值	Hour(Time())	15
Minute(timeexpr)	求分钟函数。返回时间表达式中的分钟值	Minute(Time())	33

续表

函　　数	功　　能	示　　例	函数值
Second(timeexpr)	求秒函数。返回时间表达式中的秒值	Second(Time())	51
DateDiff(interval, date1,date2)	求时间间隔函数。返回值为日期 2 减去日期 1 的值。日期 2 大于日期 1,得正值,否则得负值。时间间隔参数的不同将确定返回值的不同含义。具体使用参见表所示		

注意:以上的时间均是以系统时间"2014-01-22 下午 03:33:51"为时间标准。

DateDiff 函数的用法如表 5.4 所示。

表 5.4　DateDiff 函数用法及示例

时间间隔参数	含　　义	示　　例	函数值
yyyy	函数值为两个日期相差的年份	DateDiff("yyyy",#2012-07-22#,#2014-01-22#)	2
q	函数值为两个日期相差的季度	DateDiff("q",#2012-07-22#,#2014-01-22#)	6
m	函数值为两个日期相差的月份	DateDiff("m",#2012-07-22#,#2014-01-22#)	18
y,d	函数值为两个日期相差的天数,参数 y 和 d 作用相同	DateDiff("d",#2012-07-22#,#2014-01-22#)	549
w	函数值为两个日期相差的周数(满 7 天为一周),当相差不足 7 天时,返回 0	DateDiff("w",#2012-07-22#,#2014-01-22#) DateDiff("w",#2012-07-22#,#2012-07-26#)	78 0

4. 转换函数

常用的转换函数如表 5.5 所示。

表 5.5　常用转换函数功能及示例

函　　数	功　　能	示　　例	函数值
Asc(stringexpr)	返回字符串第一个字符的 ASCII 码	Asc("ABC")	65
Chr(charcode)	返回 ASCII 码对应的字符	Char(66)	"B"
Str(number)	将数值转换为字符串。如果转换结果是正数,则字符串前添加一个空格。	Str(12345) Str(-1234)	" 12345 " "-12345 "
Val(stringexpr)	将字符串转换为数值型数据	Val("12.3A") Val("124d.3A")	12.3 124

5.2.3　表达式的分类与书写规则

表达式是由运算符和括号将运算对象连接起来的式子。常量和函数可以看成是最简单的表达式。表达式通常根据运算符的不同将表达式分为算术表达式、字符表达式、关系表达式和逻辑表达式。

1. 算术表达式

算术表达式是由算术运算符和数值型常量、数值型对象标识符、返回值为数值型数据的函数组成。它的运算结果仍为数值型数据。

算术运算符及相关表达式如表 5.6 所示。

表 5.6　算术运算符功能及示例

运算符	功　　能	表达式示例	表达式值
—	取负值,单目运算	$-4\wedge2$	16
		$-4\wedge2+-6\wedge2$	52
$\wedge$	幂	$4\wedge2$	16
$*$、$/$	乘、除	$16*2/5$	6.4
$\backslash$	整除	$16*2\backslash5$	6
Mod	模运算(求余数)	87 Mod 9	6
		87 Mod -9	6
		-87 Mod 9	-6
		-87 Mod -9	-6
$+$、$-$	加、减	$8+6-12$	2

在进行算术运算时,要根据运算符的优先级来进行。算术运算符的优先级顺序如下:先括号,在同一括号内,单目运算的优先级最高,然后先幂,再乘除,再模运算,后加减。

注意:在算术表达式中,当"+"号运算符的两侧的数据类型不一致,另一侧是数值型数据,另一侧是数值字符串时,完成的是算术运算,当两侧均为数值符号串时,系统完成的是连接运算,而不是算术运算。

在使用算术运算符进行日期运算时,可进行的运算只有如下两种情况。

(1)"+"运算:加号可用于一个日期与另一个整数(也可以是数字符号串或逻辑值)相加,得到一个新日期。

例如,表达式 #2013-07-22# +56 的值为 2013-09-16;表达式 #2013-07-22# +True 的值为 2013-07-21;表达式 #2013-07-22# +"5"的值为 2013-07-27。

(2)"—"运算:减号可用于一个日期减去一个整数(也可以是数字符号串或逻辑值),得到一个新日期;减号也可用于两个日期相减,差为这两个日期相关的天数。

例如,表达式 #2013-07-22#-#2013-5-1# 的值为 82,表达式 #2013-07-22#-82 的值为 2013-05-01。

2. 字符表达式

字符表达式是由字符运算符和字符型常量、字符型对象标识符、返回值为字符型数据的函数等构成的表达式,表达式的值仍为字符型数据。

字符运算符及相关表达式如表 5.7 所示。

表 5.7　字符运算符功能及示例

运算符	功　能	表达式示例	表达式值
＋	连接两个字符型数据。返回值为字符型数据	"123"＋"123" "总计："＋10 ＊ 35.4	123123 ＃错误
＆	将两个表达式的值进行首尾相接。返回值为字符型数据	"123" ＆ "123" 123 ＆ 123 "打印日期" ＆ Date() "总计：" ＆ 10 ＊ 35.4	123123 "123" ＆ "123" 打印日期 2013-07-22 总计：354

注意：

(1)"＋"运算符的两个运算量都是字符表达式时才能进行连接运算。

(2)"＆"运算符是将两个表达式的值进行首尾相接。表达式的值可以是字符、数值、日期或逻辑型数据。如果表达式的值非字符型，则系统先将它转换为字符再进行连接运算。可用来将多个表达式的值连接在一起。

3. 关系表达式

关系表达式可由关系运算符和字符表达式、算术表达式组成，它的运算结果为逻辑值。关系运算时是运算符两边同类型的元素进行比较，关系成立，则表达式的值为真(True)，否则为假(False)。

关系运算符及相关表达式如表 5.8 所示。

表 5.8　关系运算符功能及示例

运算符	功　能	表达式示例	表达式值
＜	小于	"a"＜"A"	False
＞	大于	25 ＊ 4＞120	False
＝	等于	"abc"＝"Abc"	True
＜＞	不等于	4 ＜＞ 5	True
＜＝	小于等于	3 ＊ 3＜＝8	False
＞＝	大于等于	True＞False	False
Is Null	左侧的表达式值为空	" " Is Null	False
Is Not Null	左侧的表达式值不为空	" " Is Not Null	True
In	判断左侧的表达式的值是否在右侧的值列表中	"中" In ("大","中","小") Date() In (＃2014-01-01＃,＃2014-07-31＃) 20 In (10,20,30)	True False True
Between… And	判断左侧的表达式的值是否在指定的范围内。闭区间	Date() Between ＃ 2014-01-01 ＃ And ＃ 2014-07-31＃ "B" Between "a" And "z" "54" Between "60" And "78"	True True False
Like	判断左侧的表达式的值是否符合右侧指定的模式符。如果符合，返回真值，否则为假	"abc" Like "abcde" "123" Like "＃2＃" "x4e 的 2" Like "x＃[a-f]? [! 4-7]" "n1" Like "[NPT]?"	False True True True

这里,假设系统日期为:2014-7-8。

注意:关系运算符适用于数值、字符、日期和逻辑型数据比较大小。Access 允许部分不同类型的数据进行比较运算。在关系运算时,遵循如下规则。

(1) 数值型数据按照数值大小比较。

(2) 字符型数据按照字符的 ASCII 码比较,但字母不区分大小写。汉字默认的按拼音顺序进行比较。

(3) 日期型数据,日期在前的小,在后的大。

(4) 逻辑型数据,逻辑值 False(0)大于 True(-1)。

(5) Like 在模式符中支持通配符。在模式符中可使用通配符"?"表示一个字符(字母、汉字或数字),通配符"*"表示零个或多个字符(字母、汉字或数字),通配符"#"表示一个数字。在模式符中使用中括号([ ])可为 Like 左侧该位置的字符或数字限定一个范围。如[a-d],即表示 a、b、c、d 中的任何一个符号;若在中括号内指定的字符或数字范围前使用"!"号,则表示不在该范围内,如[! 2-4],即除 2、3、4 之外的任意数字。

(6) 在运算符 Like 前面可以使用逻辑运算符 Not,表示相反的条件。

4. 逻辑表达式

逻辑表达式可由逻辑运算符和逻辑型常量、逻辑型对象标识符、返回逻辑型数据的函数和关系运算符组成,其运算结果仍是逻辑值。

逻辑运算及相关表达式如表 5.9 所示。

表 5.9 逻辑运算符功能及示例

运算符	功 能	表达式示例	表达式值
Not	非	Not 3+4=7	False
And	与	"A">"a" And 1+3 * 6>15	False
Or	或	"A">"a" Or 1+3 * 6>15	True
Xor	异或	"A">"a" Xor 1+3 * 6>15	True
Eqv	逻辑等价	"A">"a" Eqv 1+3 * 6>15	False

注意:逻辑表达式的运算优先级从高到低是:括号,Not,And,Or,Xor,Eqv。

表达式运算的规则是:在同一个表达式中,如果只有一种类型的运算,则按各自的优先级进行运算;如果有两种或两种以上类型的运算时,则按照函数运算、算术运算、字符运算、关系运算、逻辑运算的顺序来进行。

5.3 选择查询

创建查询的方法一般有两种:查询向导和"设计"视图。利用查询向导,可创建不带条件的查询。如果要创建带条件的查询,则必须要在查询设计视图中进行设置。

5.3.1 利用向导创建查询

使用向导来创建查询比较方便,用户只需要在向导的引导下选择一个或多个表中的多个字段,即可完成查询,但查询向导不能够设置查询的条件。

1. 基于单表的简单查询向导

切换到"创建"选项卡,在"查询"组中单击"查询向导"按钮,打开"新建查询"对话框。在对话框中选择"简单查询向导",选择要查询的数据表,此时数据表的所有字段将出现在"可用字段"列表中。将要查询的字段选中,单击 `>` 按钮,将其添加到"选定的字段"列表中,若单击 `>>` 按钮,则将所有可用字段添加到选定字段列表中。如果字段选择错误,则可单击 `<` 按钮或 `<<` 按钮将其从选定列表中删除。当要查询的字段选择结束后,单击"下一步"按钮,对查询进行命名,单击"完成"按钮,完成查询的设置。

这里讲述从员工数据表中查询员工的编号、姓名、出生日期、性别、民族、工作日期和职称信息,具体的操作如图 5.1 所示。

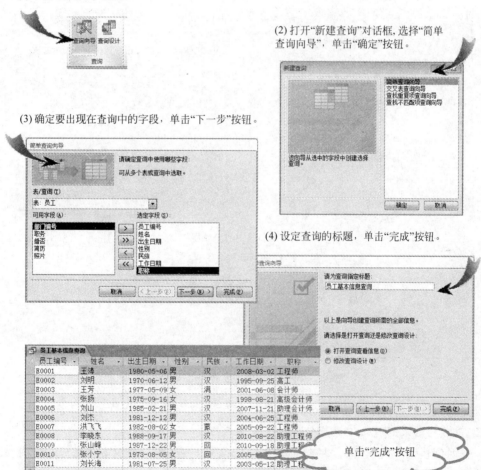

图 5.1　利用向导创建查询操作过程

2. 基于多表的查询向导

在查询中,如果查询的字段涉及多个表,而且表之间存在一对多的关系时,在使用查询向导时,系统会在查询向导中提示查询是采用明细显示还是汇总方式显示。图 5.2 所示为查询员工的订单情况,包括员工的编号、姓名、所在部门、订单编号和他的客户名称。数据来源于员工表、订单表、客户表和部门表,表之间存在一对多的关系。

图 5.2　利用向导创多表查询的操作过程

注意:如果在向导的第二步选择了"汇总"方式显示数据,则需要对汇总的方式进行设置,最后的结果则是按汇总后的方式进行显示的。

查询创建完毕后,会保存在查询对象组下,要运行查询,只需双击要运行的查询,或单击快捷菜单中的"打开"命令,即可运行查询。

5.3.2　利用设计视图创建查询

利用向导创建查询时,只能单纯地从数据表中选取需要的字段,而不能设置任何条件,但现实中,人们对数据的查询往往需要设定条件和范围,在这种情况下,只能利用查询设计器来完成。

1. 查询的设计视图

查询的设计视图如图 5.3 所示。窗口分为上下两部分,两部分的大小是可以通过鼠标拖动中间的分隔线进行调整的。当鼠标指针移至中间的分隔线时,鼠标指针变成双向箭头,按下鼠标左键拖动,即可调整上下部分的大小。

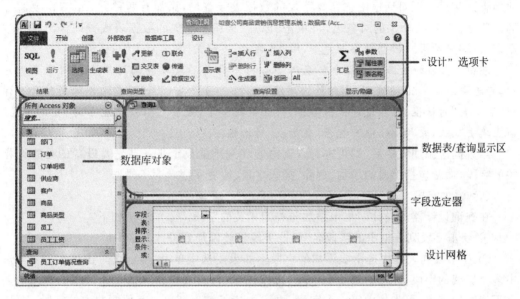

图 5.3　查询设计视图

查询设计视图上半部分窗口是数据表/查询显示区,用来显示查询的数据源,可以是数据表或查询。

查询设计器的下半部分窗口是查询的设计网格,用来设置查询的要求。在查询的设计网格中,有 7 个已经命名的行,各自的作用如表 5.10 所示。

表 5.10　查询设计网格中行的作用

行名	作　　用
字段	用来设置与查询相关的字段(包括计算字段)
表	显示每列字段来源于哪张表或查询
总计	用于确定字段在查询中的运算方法。"总计"行在默认窗口中不出现,只有单击了"总计"工具按钮后才会出现
排序	用来设置查询输出的动态数据集是否按该字段排序,是升序还是降序
显示	用来设置输出的动态集中是否显示该字段列,复选框选中则显示,未选中则不显示
条件	用来设置查询的条件,即输出的动态数据集必须满足相应的条件
或	用来设置查询的条件。在"或"行的条件与在"与"行的条件之间是逻辑或的关系

注意:如果要设置的准则多于两行,可在"或"行下方行中继续输入。同一行之间的关系是逻辑与的关系,不同行之间是逻辑或的关系。

2. 使用设计视图创建查询

在"创建"选项卡的"查询"组中双击"查询设计"按钮,打开查询设计视图,同时将弹出

"显示表"对话框。该对话框有 3 个选项卡："表""查询"和"两者都有"。在"表"选项卡上将显示本数据库中所有的数据表；在"查询"选项卡中将显示数据库当前已经存在的所有查询；"两者都有"选项卡中将显示所有的数据表和查询。

查询的数据源即通过"添加表"对话框进行添加，查询的数据源可以是数据表和已创建的查询两类。在对话框中选择要添加的数据表或查询，添加有两种方式：双击要添加的对象名；选中要添加的对象名，再单击"添加"按钮。添加的数据表或查询将出现在数据表/查询显示区。数据源添加完毕，单击"确定"按钮关闭"显示表"对话框。

注意：在添加数据源过程中如果不小心将不需要的表或查询对象添加到了数据源中，可选中后按 Delete 键删除，对数据库没有影响。另外，如果打开查询设计器时没有弹出"显示表"对话框，可在设计视图右击，打开快捷菜单，或在"设计"功能卡的"查询设置"组上单击"显示表"按钮，即可打开"显示表"对话框。

当数据源添加完毕后，即可进行查询内容和规则的设定了。首先要设置的是查询相关的字段，通常包括字段的添加、删除、插入字段、改变字段顺序等操作。

（1）添加字段

在查询设计器的设计网格中添加与查询相关的字段。添加方法如下。

① 双击字段列表框中的字段名，则该字段将被添加到设计网格中。

② 在字段列表框中选中要添加的字段。如果要选中单个字段，可单击该字段；要选中多个连续的字段，先选中第一个字段，再按住 Shift 键去单击最后一个字段；要选中多个不连续的字段，可先选中第一个字段，再按住 Ctrl 键逐一单击其他要选中的字段；要选中整个表中的所有字段，只需双击字段列表框的标题栏。当字段选择结束后，按住鼠标左键将选中的字段拖动到设计网格中。

注意：以上的字段选中操作只能在一个字段列表框中实现，如果要选择多个数据表中的字段，只能多次完成。

③ 在设计网格中将插入光标置于字段格中，单元格的右侧将出现下拉按钮，单击该按钮，则当前查询的数据源中所有的字段均会出现在列表，单击即选中所需字段。

注意：在字段列表框中的第一行是一个"＊"，该符号代表该列表中的所有字段。如果要在查询中显示该数据表中的所有字段，可以将"＊"字段添加到设计网格的字段格中。

（2）删除字段

在查询设计网格中删除多选的单个或多个字段，只需将插入光标置于要选定的列上方的字段选定器上，鼠标指针变为向下的黑色加粗箭头时，单击选中该列，按 Delete 键或单击"查询设置"组的"删除列"按钮。如果要删除多个连续的字段，将鼠标指针指向第一个要删除的字段选定器，按住鼠标左键拖过所有要求选定的字段，再删除即可。

（3）插入字段

将插入光标置于要插入字段的列位置，单击"查询设置"组中的"插入列"按钮，即插入一个空列。

（4）改变字段顺序

在设计网格中字段的顺序即是查询结果中字段显示的顺序，如果需要调整字段顺序，可选中要调整的字段列，按住鼠标左键拖动到要插入字段位置，松开鼠标即完成字段位置的移动。

查询设计完成后,单击快捷工具栏中的"保存"按钮 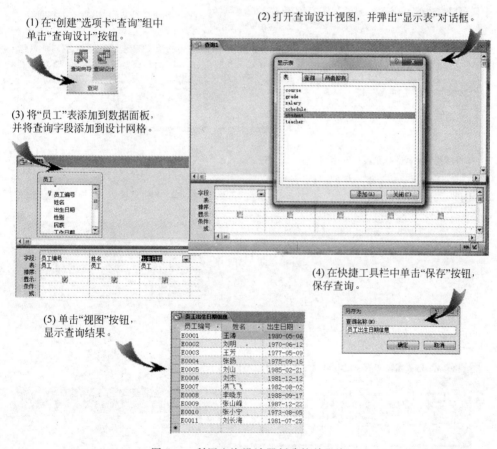,将弹出"另存为"对话框,在对话框中输入查询的名称,单击"确定"按钮保存查询。

查询的保存也可通过关闭查询设计器来实现,即单击设计器窗口中的"关闭"按钮 ✕,系统将弹出对话框,提示是否保存查询,单击"是"按钮对查询进行保存。

保存查询后,在查询设计视图状态下单击"结果"组中的"视图"按钮,即可切换到数据表视图下面查看查询的结果。

注意:查询保存在查询对象卡上后,如果要修改查询的名称,可在查询名右击,在打开的快捷菜单中单击"重命名"命令,即可修改查询名。

图 5.4 所示为利用查询设计器创建查看员工的员工编号、姓名和出生日期的查询操作示例。

图 5.4　利用查询设计器创建简单查询

查询的结果可通过单击"视图"按钮来查看,也可通过单击"运行"按钮查看。

3. 查询设计网格的使用

在查询设计网格中,除了查询的内容,即选择字段外,还可对查询规则进行相应的设定。通常涉及的有排序、显示和条件规则等。

（1）设置排序

在查询的结果中如果希望记录按照指定的顺序排序，可以对在查询设计网格中的"排序"行进行排序设置。

如果排序的字段是多个，系统将按照字段列表的顺序进行排序，第一个字段值相同时，再按第二个字段的值进行排序。

例如，希望查看员工销售的商品情况，包括员工编号、姓名、商品名称、销售数量和价格。这里，员工编号、姓名来自"员工"表，商品名称和价格来自"商品"表，数量来自"订单明细"表，但"员工"表与"商品"表和"订单明细"表之间没有联系，需要将"订单"表添加到数据面板中作为中间表，才能使数据表之间产生联系，以保证查询结果有效。查询结果还可进行排序操作。具体操作过程如图5.5所示。

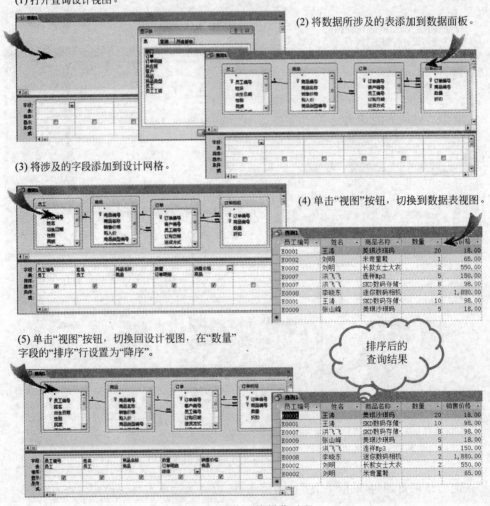

图 5.5　多表查询操作过程

（2）设置查询条件

在查询过程中，还可以对查询的结果进行限定。如上所示的查询中，如果希望只查找销售数量在 10 以上的销售记录,可以通过条件限定输出数据的范围。具体操作如图 5.6 所示。

(1) 将要修改的查询打开至设计视图。

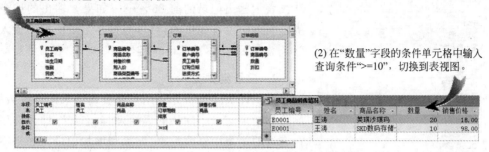

(2) 在"数量"字段的条件单元格中输入查询条件">=10",切换到表视图。

图 5.6　查询条件的设置

在前面的查询基础上,如果只想显示女员工的商品销售情况,但在输出结果中不显示性别,则需要将"性别"字段添加到查询设计网格中,但取消该字段的"显示"选中状态,即可实现。具体操作如图 5.7 所示。

将要修改的查询打开,添加"性别"字段,在"条件"行设置属性为"女,不显示"。

切换到表视图下

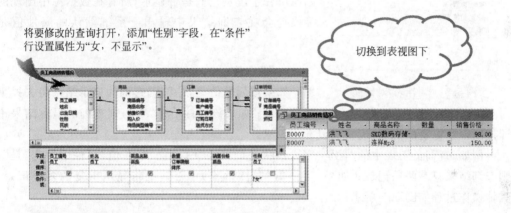

图 5.7　查询的显示设置

5.3.3　查询属性

在设计好查询的内容和基本规则后,可以利用"属性表"来对查询进行进一步的设置。在查询设计视图状态,单击"设计"选项卡"显示/隐藏"组中的"属性表"按钮,或在设计器窗口中右击,在快捷菜单中选择"属性"命令,即可打开"属性表"对话框,如图 5.8 所示。在该对话框中可以对查询进行相应的设置。以下对一些常用的属性进行简单地介绍。

1. 上限值

在查询的数据表视图下,会显示所有满足查询条件的所有数据,如果想对查询的结果进行限定,只显示部分的数据,可设定"上限值"。

上限值是对输出记录的范围进行限定的。设定上限值可在"查询属性"对话框的"上限值"属性中进行设置,也可在"设计"选项卡"查询设置"组中的"返回"按钮 All 中进行设置。上限值可以用百分数来限定输出记录的百分比,也可以用固定的整数来限定输出记录的条数。系统提供了一组固定的值：All 为默认的上限值，所有记录均输出；5 表示输出前 5 条记录；25% 表示输出记录的前 25%……如果要输出的记录范围是列表中没有提供的，可以直接在上限值框中输入记录条数或百分数，按 Enter 键即可。

2. 记录集类型

该属性决定是否允许用户在查询结果中修改数据、删除和增加记录。默认的属性是"动态集"，即允许用户在查询的结果中修改数据、删除和增加记录。如果不允许用户在查询结果中对数据进行修改，则应将"记录集类型"属性设置为"快照"。

3. 输出所有字段

若该属性值设置为"是"，则不论在查询设计网格中如何设置字段及它们是否显示，所有在数据源中出现的字段均会在查询结果中输出。系统默认的属性值是"否"。

4. 唯一值

图 5.8　"属性表"对话框

如果该属性值是"是"，则查询的显示结果将去掉重复的记录；如果该属性值是"否"，则查询的显示结果中即使出现了重复的记录，也将重复显示出来。

例如，查询员工表中的"性别"字段，在"查询属性"中设置"唯一值"属性的值为"是"，则查询结果只有两条记录；如果"唯一值"属性设置为"否"，则将显示重复的多条记录。具体操作过程如图 5.9 所示。

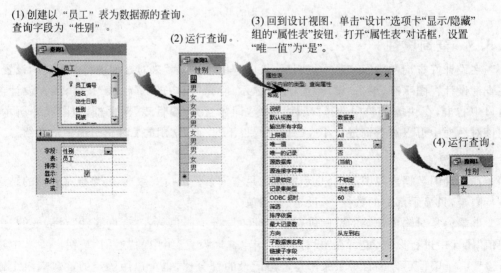

(1) 创建以 "员工" 表为数据源的查询，查询字段为 "性别"。

(2) 运行查询。

(3) 回到设计视图，单击"设计"选项卡"显示/隐藏"组的"属性表"按钮，打开"属性表"对话框，设置"唯一值"为"是"。

(4) 运行查询。

图 5.9　查询属性设置过程

5.3.4 添加计算字段

在查询中,人们常常会关心数据表中的某些信息,而不是数据表的某个字段的完全信息,这就需要采用添加计算字段的方式来实现。

例如,要查看"员工"表中所有员工的出生月份,最后显示员工编号、姓名和出生月份,并按出生月份升序排列。

在创建查询时,由于数据表中没有员工的出生月份,但有员工的出生日期,这样可以利用 Month 函数从员工的出生日期中提取月份,作为查询的一个新字段。具体的操作过程如图 5.10 所示。

(1) 创建基于"员工"表的查询,选择"员工编号""姓名"和"出生日期",将"出生日期"字段修改为"Month(出生日期)",按Enter键。

(2) 运行查询。

(3) 将"Month([出生日期])"前的"表达式1"修改为"出生月份"。

(4) 运行查询。

图 5.10 创建计算字段查询的操作过程

在查询的设计网格中添加一个计算字段,系统会自动给该字段命令为"表达式1";如果有 2 个计算字段,则会自动命名为"表达式2";若有更多的字段,则会自动按相同的规则顺序命名。要为计算字段的列标题命名,即可采用在表达式的前面添加标题名的方式,用西文冒号将列标题与表达式分隔,如"出生月份:Month([出生日期])"。

注意:计算字段是在查询时,系统利用基础数据表中的数据通过表达式的计算而显示出来的结果,它不会影响数据表的值,同样它也不会保存在数据库中,只有运算该查询时,系统通过运算才能得到该数据列。

5.3.5 总计查询

在建立总计查询时,人们更多地关心记录的统计结果,而不是具体的某个记录,如每个部门的员工数、男女员工人数、选课员工签单金额等。在查询中,除了查询满足某些特定条件的记录外,还常常需要对查询的结果进行相应的计算,如求最大值、最小值、计数、求均值,等等。

总计查询分为两类:对数据表中的所有记录进行总计查询和对记录进行分组后再分别进行总计查询。

注意:不能在总计查询的结果中修改数据。

1. 总计项

要创建总计查询时,需要根据查询的要求选择统计函数,即在查询"设计网格"的"总计"行中选择总计项。Access 提供的总计项共有 12 个,其功能如表 5.11 所示。

表 5.11　总计项名称及功能

总计项			功　　能
类　别	名　称	对应函数	
函数	合计	Sum	求某字段(或表达式)的累加项
	平均值	Avg	求某字段(或表达式)的平均值
	最小值	Min	求某字段(或表达式)的最小值
	最大值	Max	求某字段(或表达式)的最大值
	计数	Count	对记录计数
	标准差	StDev	求某字段(或表达式)值的标准偏差
	方差	Var	求某字段(或表达式)值的方差
其他总计项	分组	Group By	定义要执行计算的组
	第一条记录	First	求在表或查询中第一条记录的字段值
	最后一条记录	Last	求在表或查询中最后一条记录的字段值
	表达式	Expression	创建表达式中包含统计函数的计算字段
	条件	Where	指定不用于分组的字段准则

2. 总计查询

创建总计查询的操作方式与普通的条件查询相同,唯一的区别是需要设计总计行,即在查询设计视图下,单击"设计"选项卡"显示/隐藏"组中的"汇总"按钮,在设计网格中添加"总计"行,在总计行中对总计的方式进行选择。

在进行总计查询时,打开查询设计器,将查询相关的数据源添加到数据区域中,单击"设计"选项卡"显示/隐藏"组中的"总计"按钮,在设计网格中添加一个"总计"行,同时,在总计行中将自动出现 Group By。将插入光标置于总计行,在右侧将出现一个下拉按钮,单击该按钮,将出总计项列表,在列表中单击选项即可选中总计方式。

例如,要统计员工人数。可采用如图 5.11 所示的操作。

在设置了总计项后,单击工具栏中的"视图"按钮 ,即可查看查询结果。由于查询经过了计算,Access 将自动创建默认的列标题,即由总计项字段名和总计项名组成。若要对列标题进行定义,可在"字段"行中完成,即在总计字段名前插入要命名的新字段名,用西文冒号与原字段名分隔,如上示例中即将统计字段的列标题修改为:"员工人数:员工编号"。

(1) 创建查询，将 "员工" 表添加到数据面板中，添加 "员工编号" 到设计网格。

(2) 在 "设计" 选项卡 "显示/隐藏" 组中单击 "汇总" 按钮。

(3) 查询设计网格中多出一行总计行，将光标置于 "员工编号" 字段的 "总计" 的下拉按钮，在下拉列表中单击 "计数" 选项。

(4) 在 "员工编号" 字段前添加 "员工人数:"。

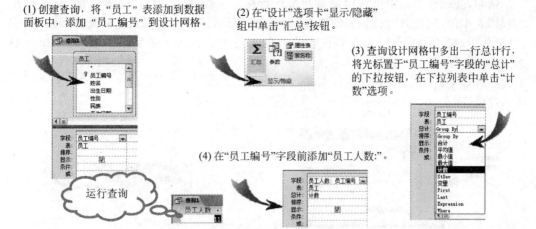

图 5.11　总计查询操作过程

注意：在统计一个表中的记录条数时，可选择表中的任何一个字段作为统计字段，但要注意，如果该字段的值为空时该记录不参加总计。

在上面的例子里，如果选择 "职务" 字段，则统计结果就不正确，因为有的员工没有职务，其对应的 "职务" 字段的值即为空。图 5.12 即是采用 "职务" 为统计字段的结果，与实际数据不符。

(1) 将 "职务" 字段添加到查询设计网格。

(2) 运行查询。

图 5.12　以 "职务" 字段创建总计查询

在查询时，如果要对查询的记录进行条件设置，可设置条件列，在条件列中进行条件设置。图 5.13 所示为统计女员工人数的查询设计视图，即在员工计数的基础上添加条件列完成查询。

注意：系统在添加条件时会自动设置它的显示状态为非显示。

(1) 在查询设计网格中添加 "性别" 字段，在 "总计" 行选择计数方式：Where，即条件。

(2) 设置条件："女"。

运行查询

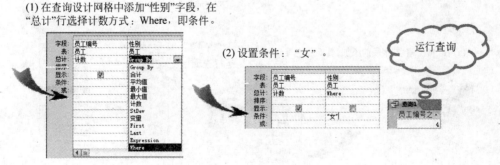

图 5.13　在总计查询中添加条件操作

例如,要统计商品中销售的最高和最低价格。在查询中,因为"销售价格"是保存在"商品"表中的,因此对"商品"表创建查询,将"销售价格"两次添加到查询设计网格中,单击"汇总"按钮,添加总计行,分别设置它们的汇总方式为最大值和最小值,具体操作如图 5.14 所示。

(1) 两次添加"销售价格"到设计网格,打开总计行,分别选择总计方式为最大值和最小值,并对应在字段名前添加字段名称: "最高价" 和 "最低价"。

(2) 运行查询。

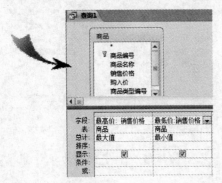

图 5.14　创建最大值和最小值的总计查询

3. 分组总计查询

在查询中,人们常常不仅需要对某一个字段进行统计,同时,还希望将记录进行分组,再对分级后的值进行统计。这样,在分组时,只需在查询中添加一列分组列,对分组后的结果进行统计。

例如,要统计各部门的员工人数,则需要添加一个按部门的分组,即以部门为分组,统计员工的人数,具体的操作如图 5.15 所示。

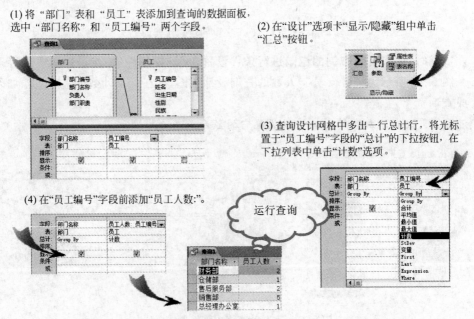

(1) 将 "部门" 表和 "员工" 表添加到查询的数据面板,选中 "部门名称" 和 "员工编号" 两个字段。

(2) 在"设计"选项卡"显示/隐藏"组中单击"汇总"按钮。

(3) 查询设计网格中多出一行总计行,将光标置于"员工编号"字段的"总计"的下拉按钮,在下拉列表中单击"计数"选项。

(4) 在"员工编号"字段前添加"员工人数:"。

运行查询

图 5.15　分组总计操作过程

例如,如果要了解员工的销售情况,如希望了解其销售额状态,但"订单"中不存在"销售额","订单明细"中也只有"商品编号"和"销售数量",而"销售价格"在"商品"表中。那么,要怎样才能统计到员工的销售额呢?那就需要创建一个基于订单情况查询,并利用"销售价格 * 数量"来计算商品的销售额,再按员工姓名进行总计,即可得到该员工所有的销售额,具体的操作如图 5.16 所示。

(1) 将相关数据表添加至数据面板,将"姓名"添加到设计网格,并设计计算字段:销售价格*数量,为该计算字段添加显示名:销售额。单击"汇总"按钮,添加总计行,"姓名"为分组字段,"销售额"为合计字段。

(2) 运行查询。

图 5.16 多表总计查询操作过程

在查询过程中,虽然查询数据只涉及"员工"表、"商品"表和"订单明细"表,但由于"员工"表与这两个表没有联系,因此必须要将"订单"表添加到数据面板中,使数据表之间产生联系,以保证计算数据有效。

注意:在多表查询时,一定要注意数据表之间的关系,即在数据区域中的所有数据表一定要相互相关。

5.4 交叉表查询

在 Access 中进行查询时,可以根据条件查看满足某些条件的记录,也可以根据需求在查询中进行计算。但这两方面的功能并不能很好地解决在数据查询中的问题。如果需要查看每个部门的男女员工各自的人数,采用分组查询时,每个部的部门名称也会重复出现。在 Access 中,系统提供了一种很好的查询方式解决此类问题,即交叉表查询。

交叉表查询是将来源于某个表中的字段进行分组,一组放置在数据表的左侧作为行标题,一组放置在数据表的上方作为列标题,在数据表行与列的交叉处显示数据表的计算值。这样可以使数据关系更清晰、准确和直观地展示出来。

在创建交叉表查询时,需要指定 3 种字段:行标题、列标题和总计字段。列标题和总计值均只能有一个字段,而行标题最多可以有 3 个字段。另外,也可以使用表达式生成行标题、列标题或要总计的值。

创建交叉表查询有两种方式:交叉表查询向导和查询设计视图。

5.4.1 利用向导创建交叉表查询

使用交叉表查询向导创建查询时,要求查询的数据源只能来源于一个表或一个查询,如果查询数据涉及多表,则必须先将所有相关数据建立一个查询,再用该查询来创建交叉表。

利用交叉表查询向导的操作方式是:在"创建"选项卡"查询"组中单击"查询向导"按钮,在打开的"新建查询"对话框中选择"交叉表查询向导",根据向导的提示进行设置即可创建相关的查询。

例如,需要创建一个交叉表查询,显示每个部门的男女员工人数。该查询所涉及的数据均可取自于"员工"表,因此,可直接采用交叉表查询向导来实现。具体的操作如图 5.17 所示。

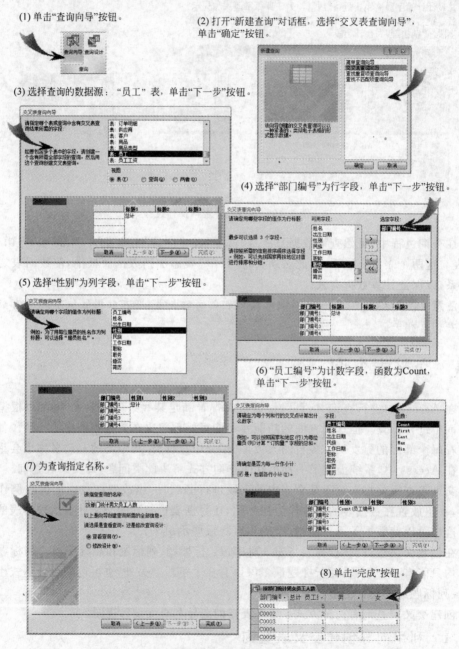

图 5.17　利用交叉表查询向导创建查询的操作过程

注意：在交叉表查询向导中，系统允许最多有 3 个行标题，只能有一个列标题。在交叉处的总计方式，系统提供了 5 个函数：Count、First、Last、Max 和 Min。

这里，查询的结果中只有部门编号而没有部门名称，这是因为交叉表查询的数据源只能来源于一个数据源，而"员工"表中没有部门名称。如果查询的结果中希望有部门名称，则需要先创建一个查询，包含性别、部门名称和员工编号等字段，然后以它为数据源创建需要的交叉表，即可实现需求。具体的操作过程如图 5.18 所示。

(1) 创建一个只含部门名称、员工编号和性别的查询。

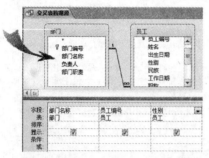

(2) 打开交叉表查询向导，在"视图"栏中单击"查询"选项，在列表中选中已创建的数据源。

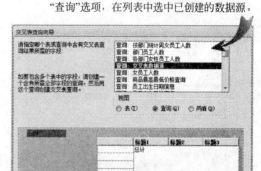

(3) 将"部门名称"设为行字段，"性别"设为列字段，"员工编号"设为计数字段，清除"是，包括各行小计"复选框。

依次完成向导

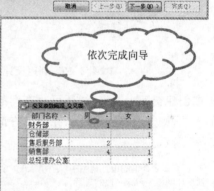

图 5.18　利用查询作为数据源创建交叉表

在利用交叉表查询向导创建交叉查询时，如果不需要在结果表中显示行汇总数据，可在向导的选择汇总字段的位置将行小计的复选框中的选中标志取消，则查询结果中不再显示汇总信息。如果在向导创建过程中忘了取消小计行的选中状态，也可回到查询的设计视图，将在设计网格中将总计列删除，同样可以达到相同的效果。

5.4.2　利用设计视图创建交叉表查询

在交叉表查询中，除了运用交叉表查询向导创建交叉查询外，还可利用查询设计视图创建交叉表查询。操作的方式是：打开查询设计器，将与查询相关的数据表或查询添加到数据区域中，再单击"设计"选项卡"查询类型"组中的"交叉表"按钮，或在查询设计器区域右击，在快捷菜单中单击"交叉表查询"命令，查询设计视图转变为交叉表设计网格。在设计网格中添加上"总计"行和"交叉表"行。"总计"行用于设计交叉表中各字段的功能是用于分组还是用于计算;"交叉表"行用于定义该字段是"行标题""列标题",还是"值"或"不显示"。如果某字段设置为不显示,则它将不在交叉表的数据表视图中显示,但它会影响查询的结果,通常可用来设置查询的条件等。

图 5.19 所示为利用设计视图创建一个交叉表查询,查看每个部门男女员工人数。查询中所涉及的数据来源于多个表。

(1) 打开查询设计器,将"部门"表和"员工"表添加到查询,并将"部门名称""性别"和"员工编号"添加到设计网格。

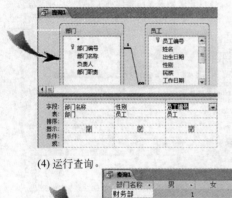

(4) 运行查询。

(2) 在"设计"选项卡"查阅类型"组中单击"交叉表"按钮。

(3) "部门名称"字段为行标题,分组字段; "性别"字段为列标题,分组字段; "员工编号"字段为值字段,计数。

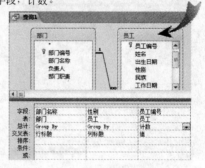

图 5.19　利用设计视图创建交叉表查询操作过程

在创建交叉表查询时,还可对查询的数据进行条件设置,如要查询各部门已婚男女员工的人数,则需要添加条件。在交叉查询中添加条件,与其他查询添加条件相似,操作如图 5.20 所示。

(1) 在交叉表查询的设计视图中,将员工的"婚否"字段添加到设计网格中,该字段的总计行:Where,条件:True。

(2) 运行查询。

图 5.20　在交叉查询中添加条件的操作过程

5.5　操作查询

在对数据库进行维护时,常常需要大量的修改数据,如备份数据表、在数据表中删除不符合条件的数据、对数据表中的数据进行批量修改等操作。Access 提供了相应的操作查询,可以轻松地完成相应的操作。

Access 提供的操作查询共有 4 种:生成表查询、更新查询、追加查询、删除查询。

　　操作查询与选择查询、交叉表查询等不同的地方在于它会对数据表进行修改,而其他的查询是将数据表中的数据重新组织,动态地显示出来。因此,在运行动作查询时一定要注意,它会对数据表进行修改,部分操作是不可逆的。

　　动作查询的操作必须是通过单击"设计"选项卡"结果"组中的"运行"按钮来完成的,单击"视图"按钮的切换不能完成操作查询的运行,这与普通的查询是有区别的。

5.5.1　生成表查询

　　查询是一个动态数据集,关闭查询,则动态数据集就不存在了,如果要将该数据集独立保存备份,或提交给其他的用户,则可通过生成表查询将动态数据集保存在一个新的数据表中。生成表查询可以利用一个或多个表的数据来创建新数据表。

　　例如,要生成一个员工体检表,在表中只需要部门名称、员工编号、姓名、性别和年龄,则可利用表查询来产生所需要的数据表。操作方法是:先产生一个相关数据的查询,然后利用生成表查询操作将该查询结果以数据表的方式永久地保存起来。具体操作步骤如图 5.21 所示。

(1) 打开查询设计器,将 "部门" 表和 "员工" 表添加到数据源,根据要求顺序将需要字段添加到设计网格。

(2) 单击"设计"选项卡"查询类型"组中的"生成表"按钮。

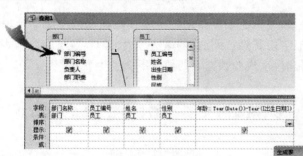

(3) 在弹出的"生成表"对话框中为即将生成的表命名并确定表的保存位置,单击"确定"按钮。

(4) 回到设计视图,单击"结果"组中的"运行"按钮,执行查询。

(5) 弹出执行提示信息,生成的新表中将有11条记录,单击"是"按钮,生成体检表。

(6) 在表列表中出现员工体检表,双击即可查看生成的新表。

图 5.21　生成表查询操作过程

注意：在生成表查询操作中，系统日期 Date()也可用 Now()来代替，员工的年龄字段的取值，也可用周岁来计算，可采用"Int((Now()－[出生日期])/365)"或"(Now()－[出生日期])/365"来实现，后者即是用整除的方式。

在创建生成表查询时，先创建一个所需数据的查询，然后在"设计"选项卡"查询类型"组中单击"生成表"按钮，也可在查询设计器区域右击，在快捷菜单中的"查询类型"子菜单中单击"生成表查询"命令，打开"生成表"对话框。在该对话框中，对要生成的数据表的名称进行定义，同时还可选择要生成的数据表的存放位置，系统默认的是当前数据库，如果要使生成的数据表保存到其他的数据库中，则选中"另一数据库"，在下方的"文件名"文本框中输入要放入的数据库名称，单击"确定"按钮。

生成表查询设计好后，即可将该查询保存，在查询列表中该查询名前的图标为 📋❗，与普通查询不同。操作查询必须要在运行后才能生成新表，因此，在查询设计视图下，在"设计"选项卡的"结果"组中单击"运行"按钮，或在查询列表中双击查询名，运行查询，系统将弹出对话框提示，该生成表操作是不可撤销的，问是否继续，继续，则在数据表中生成一个新数据表。

注意：操作查询每运行一次，即会生成一个新的数据表，如果原来已经生成了数据表，则再生成一次时，就会覆盖原来的数据表。

在生成表查询创建新数据表时，新表中的字段自动继承查询数据源的基表中字段的类型及字段大小属性，但不继承其他字段属性。同时，新表一旦生成了，则与原数据表无关了，当基础数据表的数据发生变化时，生成的数据表的数据不会发生变化。

5.5.2　更新查询

更新查询可以根据条件对一个或多个数据表中的一批数据进行更新，大大提高了数据的维护效率和准确性。

例如，在新创建的员工体检表中添加一个文本型字段"体检时间"，用于放置员工体检的时间。根据工作安排，公司对员工体检的时间安排是，销售部在周五上午体检，其他部门均在周五下午体检。要完成在数据表中添加各员工的体检时间的操作，可通过更新查询来实现。可将所有部员工的体检时间设置为周五下午，然后再将销售部的员工的体检时间更新为周五上午的方式，具体的操作步骤如图 5.22 所示。

注意：更新查询操作时，可以一次更新一个字段的值，也可以一次更新多个字段的值。要使更新操作有效，必须运行该更新查询。同时，在更新查询运行时，每运行一次，就会对目标数据表中的数据的值进行一次更改，而且该操作是不可逆的。因此，在运行更新查询时，必须要注意，在对数据表中的数据进行增值或减值更新操作时，如果多次运行，则可能会造成数据表中数据的出错。

更新查询既可以用来实现数据表中数据的更新操作，也可用于数据表中各字段之间的横向计算。例如要实现计算员工工资表中的"住房公积金"字段的值(住房公积金＝(基本工资＋任务工资)×13%)，具体的操作如图 5.23 所示。

在利用更新查询修改数据时，一定要注意，有的时候是不能多次运行的，否则会造成错误。图 5.24 中该查询完成的是将工程师的奖金增加 1000 元的操作，如果运行一次，工程师的奖金增加 1000 元，那如果运行两次呢？多次运行呢？请思考。

(1) 将"体检时间"字段添加到查询
设计器，将"体检时间"字段添加
到设计网格。

(2) 在"查询类型"组中单击"更新"按钮。

(3) 查询设计视图的设计网格发生变化，
出现"更新到"行，输入要更新的时间：
周五下午。

(4) 在"结果"组单击"运行"按钮，执行更新查询。

(5) 打开员工体检表，查看
更新结果。

(6) 再次回到更新查询设计视图，将"部门
名称"字段添加到设计网格中，在条件栏
输入 "销售部"，"体检时间"的更新到栏
输入 "周五上午"。

(7) 再次运行查询。

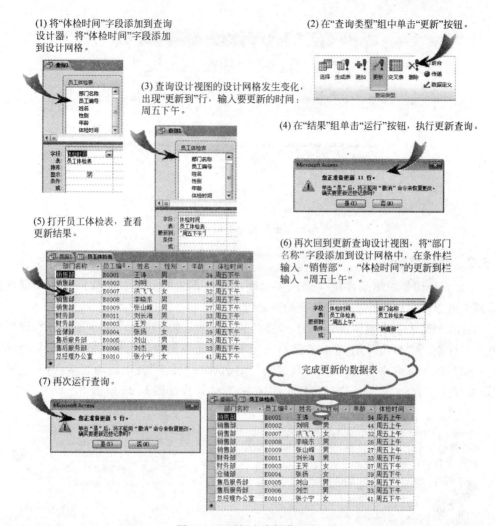

图 5.22　更新查询操作过程

(1) 将 "员工工资" 表添加到查询中，创建更新查询，
在更新到栏输入公积金的计算公式。

(2) 运行查询。

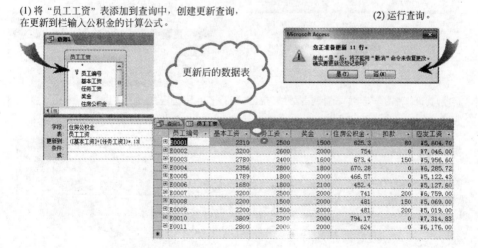

图 5.23　利用更新查询实现横向计算的操作过程

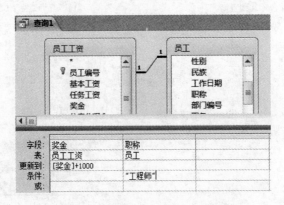

图 5.24　更新奖金查询设计视图

5.5.3　追加查询

追加查询即是根据条件将一个或多个表中的数据追加到另一个数据表的尾部的操作,通常可以使用该操作来实现数据的备份等。

假设,创建了一个销售部员工基本信息的数据表,表中包含 4 个字段:"员工编号""姓名""性别"和"出生日期"。现在要将员工表中的所有销售部门员工的信息追加到该表中,可通过追加查询来实现,但员工所属部门的名称在"员工"表中不能直接获得,这里需要添加"部门"表,来实现销售部门员工的选取,具体操作如图 5.25 所示。

(1) 创建"销售部员工信息"空表,再创建查询,将"部门"和"员工"表添加到查询,并将需要的字段添加到设计网格,这里,"部门名称"字段为"条件,不显示"。

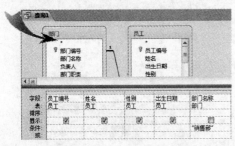

(2) 在"设计"选项卡"查询类型"组中单击"追加"按钮。

(3) 打开"追加"对话框,在"表名称"列表中选择目标表:销售部员工信息。

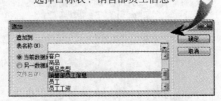

(4) 回到设计视图,查询的设计网格发生了变化。

(5) 运行查询。

完成数据的追加

图 5.25　追加查询操作过程

注意：在追加查询操作中,是将一个或多个数据表中的数据追加到另一个表中,既可以向空表中追加数据,也可以向已有数据表中追加数据。追加数据是否成功,在于要追加的数据是否可放入目标表的相应字段中。目标表的相应字段的字段名可以与源数据的字段名不同,但数据类型一定要一致,否则会造成数据追加过程中数据的丢失。

追加查询的数据可追加到当前数据库的表中,也可追加到其他数据库表中。在追加查询中,每运行一次查询,就会向目标数据表的尾部追加一次数据,因此,追加查询的运行不能多次操作。同样,如果目标表中有主索引字段或唯一索引字段,那么,多次追加的操作也不能实现。

5.5.4　删除查询

删除查询是从一个或多个数据表中删除满足条件的记录,这里删除的是记录,而不是数据表中某个字段的值,如果要删除某个字段的值,可利用更新查询来实现。

删除查询是将数据表中满足指定条件的记录从数据表中删除。操作方式是打开查询设计器,将要删除记录的数据表添加到查询的数据区域中,再单击"设计"选项卡"查询类型"组中的"删除"按钮,或在查询设计器区域右击,在快捷菜单的"查询类型"子菜单中单击"删除查询"命令,切换到删除查询设计视图,此时,在设计网格中会出现一个新的行"删除",在该行中出现 Where,则下方的"条件"行中将设置删除条件,单击工具栏中的"运行"按钮,即可运行删除查询,将满足条件的记录从数据表中删除。

例如,要将"销售部员工信息"表中的女员工记录删除,则可利用删除查询来实现,具体操作如图 5.26 所示。

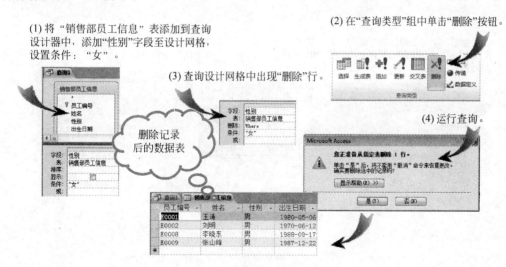

图 5.26　删除查询操作过程

注意：删除查询可以从一个数据表中删除记录,也可从多个相互关联的数据表中删除记录。如果要从多个表中删除相关记录,则应满足如下条件。

(1) 在"关系"窗口中定义相关表之间的关系。

(2) 在"关系"对话框中选中"实施参照完整性"复选框。

(3) 在"关系"对话框中选中"级联删除相关记录"复选框。

删除查询是永久删除记录的查询,此操作不可逆,因此,在运行删除查询时,一定要慎重,以免由于误操作带来不可挽回的损失。

5.6 参数查询

在前面创建的查询中,不管采用何种方式实现的查询,它的查询条件和方式都是固定的,如果人们希望按照某个字段或表达式不同的值来查看结果,就必须使用参数查询。

严格地说,参数查询不能算是单独的一类查询,它是建立在选择查询、交叉表查询或操作查询基础上的。在建立选择查询、交叉表查询和操作查询后,可将它修改为参数查询。

参数查询是利用对话框,提示用户输入参数,并检索符合输入条件的记录。Access 可以创建单个参数的查询,也可创建多个参数的查询。

5.6.1 单参数查询

创建单参数查询,即是在查询设计网格中指定一个参数,在执行参数查询时,根据提示输入参数值完成查询。

创建参数查询的方式是在"设计网格"的"条件"行中,利用方括号将查询参数的提示信息括起来,通常也将括号内的内容称作参数名,同时将括号及其括起来的内容作为查询的条件参数。

例如,在前面已经创建了一个查看员工出生月份的查询,现在,我们需要创建一个参数查询,在输入一个月份值时,查询的结果显示该月所出生的员工的姓名,具体操作如图 5.27 所示。

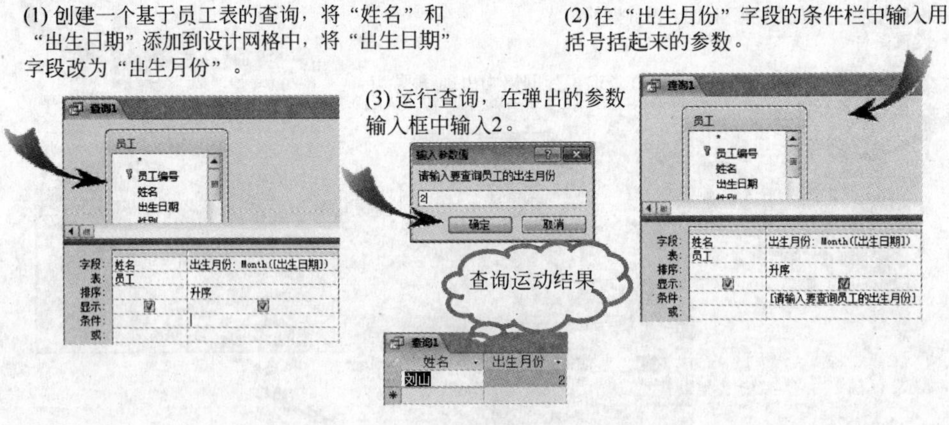

(1) 创建一个基于员工表的查询,将"姓名"和"出生日期"添加到设计网格中,将"出生日期"字段改为"出生月份"。

(2) 在"出生月份"字段的条件栏中输入用括号括起来的参数。

(3) 运行查询,在弹出的参数输入框中输入2。

图 5.27 单参数查询操作过程

注意:建立参数查询后,如果要运行该参数查询,方式与普通的查询运行是相同的,唯一不同的是在运行中会弹出一个"输入参数值"对话框,要求输入参数值,输入后单击"确定"按钮,则查询的结果是参数值的限定后的结果。

5.6.2 多参数查询

不仅可以创建单参数查询,还可以根据需要创建多参数查询。如果创建了多参数查询,在运行查询时,则必须根据对话框提示依次输入多个参数值。

　　例如,要创建一个查询,可实现输入员工应发工资的范围,就可显示在此范围内的员工的工资信息。应发工资的范围是通过指定最低应发工资和最高应发工资来实现的,它们均由参数来实现。具体的操作过程如图 5.28 所示。

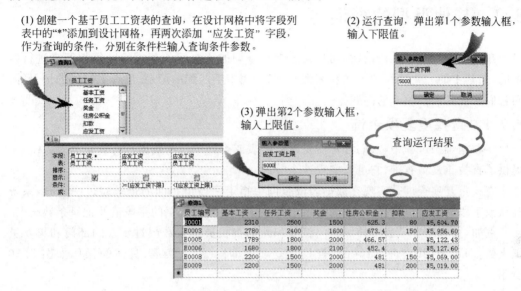

(1) 创建一个基于员工工资表的查询,在设计网格中将字段列表中的"*"添加到设计网格,再两次添加 "应发工资" 字段,作为查询的条件,分别在条件栏输入查询条件参数。

(2) 运行查询,弹出第1个参数输入框,输入下限值。

(3) 弹出第2个参数输入框,输入上限值。

查询运行结果

图 5.28　双参数查询操作过程

　　注意：在字段列表中,"＊"表示所有字段,如果要显示所有字段,可直接将它添加到设计网格中而不需要逐一添加所有字段。在此查询中,由于两个"应发工资"字段是作为查询条件的,因此要取消它们的显示状态。

　　在参数查询时,参数名即是在弹出的"输入参数值"对话框中的提示信息,它的命名方式通常是以用户理解为目的的,没有特别的要求。这里要注意,如果想让字段名成为参数名,则必须要在"查询参数"对话框中进行定义,否则系统不会认为它是参数。具体的操作方法是,在查询设计视图下,单击"设计"选项卡"显示/隐藏"组中的"参数"按钮即可打开,如图 5.29 所示。在"查询参数"对话框中可对参数的名称和类型进行定义。

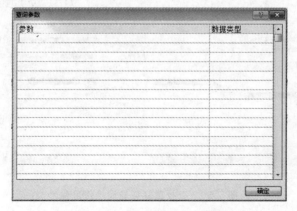

图 5.29　"查询参数"对话框

在运行多参数查询时,系统通常会根据参数在查询设计网格的"条件"行中的位置从左到右顺序显示参数提示,但是,如果要想改变参数值的输入顺序,可以在"查询参数"对话框中进行调整,即需要先执行的参数先定义,后执行的参数后定义。

5.7　其他类型的查询

在查询中,前面的所有查询均是通过参与查询的表之间的相关字段值相等来进行匹配的,如其中的一些特性却无法查询到,如两个表中不匹配的记录、出现重复值的记录等。而它们往往是人们关心的问题。

5.7.1　查找重复项查询

在数据维护过程中,人们常常需要对数据表或查询中一些数据进行查重处理,Access提供了查找重复项查询,它可以实现这个目的。

查找重复项查询是实现在数据表或查询中指定字段值相同的记录超过一个时,系统确认该字段有重复值的操作,查询结果中将根据需要显示重复的字段值及记录条数。

例如,要在"员工"表中按照部门编号和性别查找员工人数超过 1 人的部门和男女员工人数,即可采用"查询"向导的"查找重复项查询向导"来实现,具体的操作如图 5.30所示。

(1) 单击"创建"选项卡"查询"组中的"查询向导"按钮,打开"新建查询"对话框,选择"查找重复项查询向导"。

(2) 选择员工表为查询的数据源。

(3) 选择重复值字段:"部门编号"和"性别"。

(4) 以"员工编号"作为计数字段。

图 5.30　查找重复项查询操作过程

(5) 为查询命名。

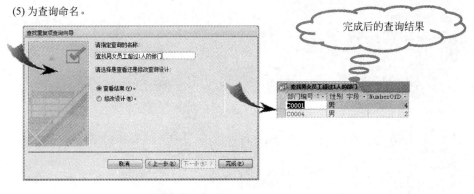

图 5.30(续)

注意：在使用查找重复项查询向导时，由于数据源只能来源于一个对象，而"员工"表中又没有"部门名称"，所以查询的结果只有部门编号、性别及人数。从结果看，没有一个部门的女员工人数是多于 1 个的。

如果希望查询的结果是部门名称和人数等，可采用的方法是先创建一个含"部门名称""性别""员工编号"字段的查询，再以这些查询作为向导的数据源，即可在查询结果中显示部门名称。

例如，要查找部门员工人数多于 1 人的部门名称和员工人数，可通过图 5.31 所示的操作过程来完成。

(1) 创建一个含部门名称和员工编号的查询。

(2) 单击"查询向导"按钮，打开"新建查询"对话框，选择"查找重复项查询向导"。

(3) 选择查询的数据源：查询，在列表中选中之前创建好的查询。

(4) 选择重复字段：部门名称。

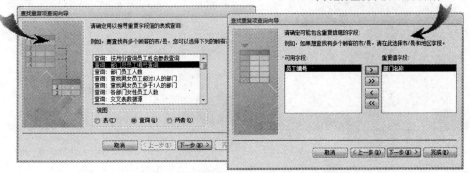

图 5.31　多表相关数据重复项查询操作过程

(5) 确定计数字段。   (6) 为查询命名。

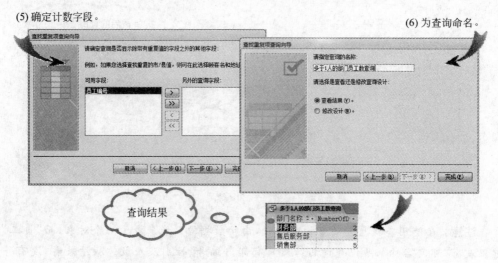

图   5.31(续)

5.7.2   查找不匹配项查询

在数据管理中,人们常常要对一些不匹配的数据进行查询,如没有订单的员工姓名,即员工表存在的员工,但在订单表中没有他的记录,同样,如没有交易信息的客户,即客户表中有的客户,但订单表中不存在该客户的记录等。

查找不匹配项的查询是在两个表或查询中完成的,即对两个视图下的数据的不匹配情况进行查询。Access 提供了"查找不匹配项查询向导"来实现该操作。

例如,要查找没有订单的员工姓名,即可采用查找不匹配项查询向导来实现,具体的操作如图 5.32 所示。

注意:在查找不匹配项记录的查询中,实现的是查找第一张基础数据表中的匹配字段在第二张表中不存在的记录的操作,因此,一定要明确查找的不匹配项的目标。如果上例的查找不匹配项查询中,将订单表作为查询的第一张表,即查询的基础表,则查询的结果会是什么呢?

(1) 打开"新建查询"对话框, 选中"查找不匹配项查询向导"。

(2) 选定员工表作为查询的主表,单击"下一步"按钮。

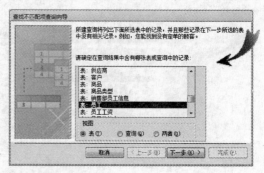

图 5.32   查找不匹配项查询操作过程

(3) 选定订单表作为查询的匹配表，单击"下一步"
按钮。

(4) 左右表中均以"员工编号"字段作为匹配字段。

(5) 选中结果表中显示的字段。

(6) 为查询命名。

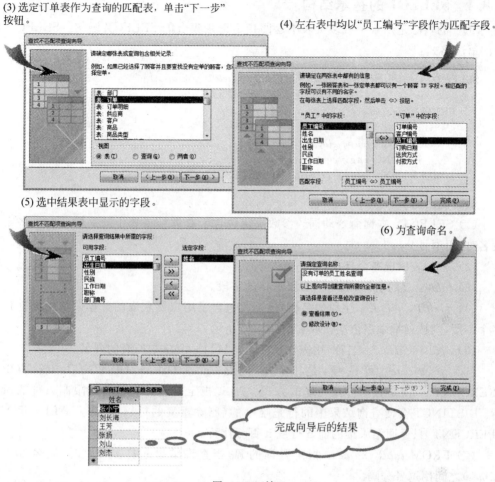

完成向导后的结果

图   5.32(续)

5.8 SQL 查询

SQL(Structured Query Language,结构化查询语言)是 DBMS 提供的对数据库进行
操作的语言。SQL 已经成为关系数据库语言的国际标准。SQL 包括 4 个部分：数据定
义语言(Data Definition Language)、数据查询语言(Data Query Language)、数据操纵语
言(Data Manipulation Language)、数据控制语言(Data Control Language)。

在 Access 中，每个查询就对应一个 SQL 命令。在 Access 中，绝大多数查询都可通
过查询设计器来实现，但也有一些特殊的操作是查询设计器所不能完成的，这里就需要借
助于 SQL 查询来实现，进行联合查询、数据定义查询和子查询等操作。

在本节里，我们只对 SQL SELECT 命令作简单介绍，需要深入了解的读者可以参阅
其他书籍。

5.8.1　SELECT 的基本结构

SQL 的核心是从一个或多个表中返回指定记录集合的 SELECT 语句。SELECT 命令的语法格式:

SELECT [*predicate*] { ＊ | *table.* ＊ | [*table.*] *field1* [AS *alias1*]
　　　　　　　　　　　　[, [*table.*] *field2* [AS *alias2*] [, ...]]}
　　FROM　*table_names*
　　[WHERE *search_criteria*]
　　[GROUP　BY *groupfieldlist*
　　　　[HAVING　*aggregate_criteria*]]
　　[ORDER　BY　*column_criteria* [ASC | DESC]]

语法说明如下。

(1) SELECT:查询命令动词。参数决定包含于查询结果表中的字段(列)。多个字段名时,用逗号分隔。

(2) ＊ :表示选择全部字段。

(3) *table*:表的名称,表中包含要选择的字段。

(4) *field1*, *field2*:字段的名称,该字段包含了用户要获取的数据。如果数据包含多个字段,则按列举顺序依次获取它们。

(5) *alias1*, *alias2*:名称,用来作列标头,以代替 *table* 中原有的列名。

(6) *predicate*:可选项,是下列谓词之一:[ALL | DISTINCT]或 TOP *n* [PERCENT]。决定数据行被处理的方式。ALL 指定要包含满足后面限制条件的所有行。DISTINCT 会使查询结果中的行是唯一的(删除重复的行)。默认为 ALL。TOP *n* [PERCENT]只返回结果集的前 *n* 行或 *n* 百分比行。

(7) FROM *table_names*:指定查询的源,当查询结果来自多个表时,表名(*table_names*)之间用逗号分隔。

(8) WHERE *search_criteria*:可选子句,指明查询的条件。*search_criteria* 是一个逻辑表达式。

(9) GROUP BY *groupfieldlist*:可选子句,将记录与指定字段中的相等值组合成单一记录。如果使 SQL 合计函数,例如 Sum 或 Count,蕴含于 SELECT 语句中,会创建一个各记录的总计值。

(10) HAVING *aggregate_criteria*:可选子句,对分组以后的记录显示进行限定。

(11) ORDER BY *column_criteria*:可选子句,为查询结果排序。*column_criteria* 为排序关键字,当有多个关键字时,关键字之间用逗号分隔。ASC 或 DESC 选项用来指定升序或降序。默认值为升序。

在 Access 中,一个查询只能有一条 SQL 命令,它可以在多行里实现。每个 SELECT 语句均是以分号(;)结束。

5.8.2　简单查询

查询是对数据库表中的数据进行查找,产生一个动态表的过程。在 Access 中可以方便地创建查询,在创建查询的过程中定义要查询的内容和规则,运行查询时,系统将在指定的数据表中查找满足条件的记录,组成一个新表。

在 Access 中,打开查询的 SQL 视图的操作方法如图 5.33 所示。

(1)打开查询设计视图。

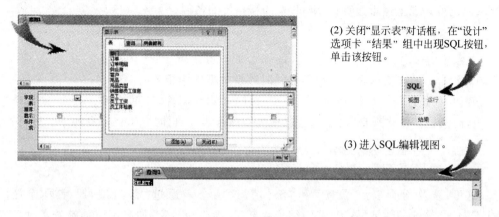

(2) 关闭"显示表"对话框, 在"设计"选项卡 "结果" 组中出现SQL按钮,单击该按钮。

(3)进入SQL编辑视图。

图 5.33　进入 SQL 视图的操作过程

在关闭了"显示表"对话框后,也可单击查询视图右下角的 SQL 按钮,进入 SQL 视图。

1. 选择字段

使用 SELECT 命令,可以选择表中的部分字段,建立一个新表。相当于关系运算中的投影运算。SELECT 语句的最短的语法如下。

SELECT *fields* FROM *table*

例如,在"员工"表中查询员工的编号、姓名、性别和出生日期,SQL 命令如下。

SELECT 员工编号,姓名,性别 FROM 员工;

这里,SELECT 指出要查询的字段,FROM 指出包含这些字段的表。每一个 SELECT 命令以分号(;)结束,遇到这个分号时就会认为该 SQL 语句结束。如果未添加分号,则 Access 的查询分析器会自动添加。

2. 选择记录

在 SELECT 命令中设定查询条件,查找满足条件的记录,这就是关系运行中的选择运算。SELECT 命令中用于完成选择记录(查询条件)的命令子句如下。

[WHERE *search_criteria*]

例如,要查看 1980 年以后出生的员工的信息,SQL 命令如下。

SELECT ＊ FROM 员工 WHERE 出生日期>= ♯1980-1-1♯;

例如,要查询职称为高工和工程师的员工信息,SQL 命令如下。

SELECT ＊ FROM 员工 WHERE 职称＝"高工" OR 职称＝"工程师";

在查询中还可以使用运算符,运算符 IN 和 NOT IN 用于检索属于(IN)或不属于(NOT IN)指定集合的记录。

如果在数值的列表中找到了满足条件的值,则 IN 运算符返回 True;否则返回False。也可以加上逻辑运算符 NOT 来计算相反的条件。

5.8.3　多表查询

关系不是孤立的,所以表也不是孤立的,表之间是有联系的。多表查询是指SELECT 命令的查询内容或查询条件同时涉及数据库中相关的多个表。

例如,要查询员工的编号、姓名、性别、部门名称和职称,这里,"部门名称"来源于"部门"表,而其他字段均来自"员工"表,这里涉及两个表。具体的 SQL 命令如下。

```
SELECT 员工编号,姓名,性别,部门名称,职称 FROM 员工,部门
    WHERE 员工.部门编号＝部门.部门编号;
```

这里,涉及两个表:"员工"和"部门",这两个表通过"部门编号"字段连接,即WHERE 的筛选条件是"员工.部门编号＝部门.部门编号"。如果不添加筛选条件,则查询的结果是无意义的,结果是两个表的乘积。

例如,要查询应发工资在 6000 以上的员工的编号、姓名和应发工资,SQL 命令如下。

```
SELECT 员工.员工编号,姓名,应发工资 FROM 员工,员工工资
WHERE 员工.员工编号＝员工工资.员工编号 AND 应发工资>=6000;
```

注意:在 SQL 命令中,如果涉及某个字段是在查询的多个表中出现,即在命令中,该字段出现时,必须要指定该字段来源于哪个表,即字段名前加上"表名.",表示该字段属性此表。如果不加表明,则运行时系统报错,原因是系统不知道该字段属于哪个表。

5.8.4　排序

SELECT 命令中用于对查询结果排序的命令子句是:

[ORDER BY < *fieldname 1* > [ASC | DESC] [, < *fieldname 2* > [ASC | DESC] …]]

完成排序功能的 ORDER BY 子句只能用于 SELECT 命令的最终查询结果。如果含有子查询,只能对外层查询的结果进行排序。命令中的选项 ASC 表示升序排序,DESC表示降序排序,默认为升序排序。排序关键字可以是属性名或属性在表中的排列序号 1、2 或 3 等。

按排序关键字在 ORDER BY 子句中出现的顺序,排序关键字分为第一排序关键字、第二排序关键字、第三排序关键字等;只有在第一排序关键字相同的情况下,第二排序关键字才会有效。以此类推,只有第二排序关键字相同时,第三排序关键字才会起作用。

例如,查询员工的基本信息,按年龄由大到小排列,SQL 命令如下。

SELECT ＊ FROM 员工 ORDER BY 出生日期;

注意:对于日期型数据,出生日期越小,说明出生越早,年龄越大,因此,这里对于出生日期是采用升序排序的。

当仅需要查询满足条件的部分记录时,需要用到[TOP *n* [PERCENT]]选项与

ORDER BY 子句共同使用,并且[TOP *n* [PERCENT]]选项只能与 ORDER BY 子句共同使用,才会有效。

例如,要查看商品表中价格最贵的三种商品的信息。

SELECT TOP 3 * FROM 商品 ORDER BY 销售价格 DESC;

5.8.5 子查询

在 SQL 查询语言中,一个 SELECT…FROM…WHERE 语句称为一个查询块,把一个查询块嵌套在另一个查询块的 WHERE 子句或 HAVING 子句的条件中的查询,就构成子查询。子查询的一般求解方法是由里向外处理,即每一个子查询在上一级查询处理之前求解,子查询的结果用于建立其父查询的查询条件。外层查询依赖于内层查询的结果,内层查询与外层查询无关。通常情况下,当查询的结果出自一个表,条件涉及多个表时,使用子查询。创建子查询的语法格式如下。

comparison [ANY | ALL | SOME] (*sqlstatement*)
expression [NOT] IN (*sqlstatement*)

语法说明如下。

(1) *comparison*:一个表达式及一个比较运算符,将表达式与子查询的结果作比较。

(2) *expression*:用以搜寻子查询结果集的表达式。

(3) *sqlstatement*:SELECT 语句,遵从与其他 SELECT 语句相同的格式及规则。它必须放在括号之中。

例如,要查看有订单的员工的基本信息,SQL 命令如下。

SELECT * FROM 员工 WHERE 员工编号 IN(SELECT 员工编号 FROM 订单);

这里,我们采用了嵌套的 SQL 查询,即子查询查出所有有订单的员工编号,然后对员工表的所有员工编号进行查看,如果在子查询的结果列表中有,表明该员工有订单,如果没有,则员工没有签过订单。

此查询也可通过多表查询来实现,SQL 命令如下。

SELECT 员工.* FROM 员工,订单 WHERE 员工.员工编号=订单.员工编号;

此命令为,如果有的员工签了多个订单,则他的信息会在结果表中出现多次,可在SELECT 后加上一个 DISTINCT 子句,即去重。

但不是所有的子查询都可用多表查询实现,如要查询没有订单的员工信息,就只能利用子查询来实现了。具体的 SQL 命令如下。

SELECT * FROM 员工 WHERE 员工编号 NOT IN(SELECT 员工编号 FROM 订单);

即如果员工的编号不在子查询的结果列表中,则表明该员工没有订单。

5.8.6 分组查询

利用 SELECT 命令还可以进行分组查询,分组查询是一种分类统计,语法格式如下。

```
SELECT [ALL | DISTINCT | DISTINCTROW]
        aggregate_function(field_name) AS  alias_name
        [,select_list ]
        FROM  table_names
        [WHERE  search_criteria ]
        GROUP  BY group fieldlist
            [ HAVING  aggregate_criteria]
        [ORDER  BY  column_criteria  [ASC | DESC]]
```

语法说明如下。

(1) aggregate_function 为聚集函数,用于对数据做简单的统计,常用的聚集函数包括以下几个。

① AVG(字段名)——计算数值字段的平均值。

② MIN(字段名)——找到指定选项的最小值。

③ MAX(字段名)——找到指定选项的最大值。

④ SUM(字段名)——计算数值字段的总和。

⑤ COUNT(字段名)——计数,统计选择项目的个数。SELECT 命令中的 COUNT(∗)形式将统计查询输出结果的行数。

(2) 在 SELECT 命令中使用 GROUP BY 子句,可以按一个字段(列 GroupColumn)或多个字段分组(分类),并利用前面列出的聚集函数进行分类统计。

(3) 用 HAVING 子句可以进一步限定分组条件。HAVING 子句总是跟在 GROUP BY 子句之后,不可以单独使用。

SELECT 命令中的 HAVING 子句和 WHERE 子句并不矛盾,查询过程中先用 WHERE 子句限定元组,然后进行分组,最后用 HAVING 子句限定分组。

例如,要统计男女员工的人数,SQL 命令如下。

SELECT 性别, Count(员工编号) FROM 员工 GROUP BY 性别;

如果希望查询的结果显示更友好,可给计算字段指定一个别名。命令可如下修改。

SELECT 性别, Count(员工编号) AS 员工人数 FROM 员工 GROUP BY 性别;

例如,要统计每个订单的金额。由于"订单"表中没有金额,具体的商品编号在"订单明细"表中,而商品销售价格却在"商品"表中,因此,本查询涉及 3 个表:"订单""订单明细"和"商品"。具体的 SQL 命令如下。

SELECT 订单.订单编号,SUM(销售价格 ∗ 数量) AS 金额
    FROM 订单,订单明细,商品
    WHERE 订单.订单编号＝订单明细.订单编号 AND 订单明细.商品编号＝商品.商品编号
    GROUP BY 订单.订单编号;

如果只想查看订单金额在 1000 元以上的订单,则可对总计的结果进行限定,具体 SQL 命令如下。

SELECT 订单.订单编号,SUM(销售价格 * 数量) AS 金额
　　　FROM 订单,订单明细,商品
　　　WHERE 订单.订单编号＝订单明细.订单编号 AND 订单明细.商品编号＝商品.商品编号
　　　GROUP BY 订单.订单编号 HAVING SUM(销售价格 * 数量)>＝1000；

即对查询的结果进行限定。这里要注意,Having 后面的表达式,不能写成"金额＞＝
1000",原因是因为金额不是字段,它只是查询结果的显示别名。

5.8.7　联合查询

联合查询的作用是可以将多个相似的选择查询结果合并为一个集合。具体操作是使
用联合查询运算 UNION,就可以把两个或更多个 SELECT 查询的结果集合并为一个结
果集。只使用 SQL 语句就可以创建联合查询。UNION 查询的通用格式如下。

SELECT　*select_statement*
　　　UNION　SELECT *select_statement*
　　　[UNION　SELECT *select_statement*
　　　[UNION …]]

联合查询的要求：联合查询中合并的选择查询必须具有相同的输出字段数、采用
相同的顺序并包含相同或兼容的数据类型。在运行联合查询时,来自每组相应字段中
的数据将合并到一个输出字段中,这样查询输出所包含的字段数将与每个 Select 语句
相同。

注意：根据联合查询的目的,"数字"和"文本"数据类型兼容。

例如,要将"客户"表和"供应商"表中的客户名称、地址和供应商名称和通信地址查询
出来,放在一个查询结果中,可采用联合查询来完成,SQL 命令如下。

SELECT 客户名称 AS 名称,地址 FROM 客户
UNION SELECT 供应商名称 AS 名称,通信地址 AS 地址 FROM 供应商；

注意：在联合查询时,要求目标结果的结构要相同,而我们的两个表中的字段名不
同,因此,这里采用别名的方式将两个表中需要的字段名统一起来。

5.8.8　连接查询

关系数据操作的主要操作之一是连接操作,两个表中记录按一定条件连接后,生成第
三个表。所谓两个表的连接,是用第一个表的每一条记录遍历第二个表的所有记录,当在
第二个表中找到满足连接条件的记录时,把记录连接在一起,写入第三个表(连接查询的
结果)。

SELECT 命令支持表的连接操作,连接的类型为普通连接(INNER JOIN)、左连接
(LEFT JOIN)和右连接(RIGHT JOIN),命令格式如下。

SELECT　[*predicate*]　*select_list*
　　　FROM *table*1 {INNER | LEFT | RIGHT }　JOIN　*table*2
　　　　　ON　*join_criteria*
　　　[WHERE *search_criteria*]
　　　[ORDER　BY　*column_criteria*　[ASC | DESC]]

　　需要注意的是,在这个命令子句中,所要连接的表和其连接类型是由 FROM 给出的,连接的条件是由 ON 给出的,ON 条件指出当 2 个表在公共字段上的值相匹配时,进行连接。

　　使用 SQL 的 WHERE 子句,可以创建等值连接,连接字段的表达式与 JOIN 命令的 ON 子句一样。使用 WHERE 子句编写 SQL 语句来创建关系比使用 JOIN 语句要简单得多。WHERE 子句也比 JOIN…ON 结构更灵活,原因是可以使用诸如 BETWEEN… AND、LIKE、<、>、= 和<>等操作符。当在 JOIN 语句的 ON 子句中用等号(=)代替时,这些操作符会产生错误消息。

1. 普通连接

　　命令选项 INNER JOIN 为普通连接,也称为内部连接。普通连接的结果是只有满足连接条件的记录才会出现在查询结果中。

　　例如,要查询员工的编号、姓名和所在部门名称,SQL 命令如下。

```
SELECT 员工编号,姓名,部门名称
    FROM 员工 INNER JOIN 部门 ON 员工.部门编号=部门.部门编号;
```

2. 左连接

　　左连接的查询结果是返回第一个表全部记录和第二个表中满足连接条件的记录。第一个表中所有没在第二个表中找到相应连接记录的那些记录,其对应第二个表的字段值为 NULL。

　　例如,对"员工"表和"订单"表进行左连接,"员工"表为左表,"订单"表为右表,SQL 命令如下。

```
SELECT 员工.*,订单.*
    FROM 员工 LEFT JOIN 订单 ON 员工.员工编号=订单.员工编号;
```

　　注意:在查询结果中显示两个表的所有字段,"员工"表的所有记录均出现在结果表中,没有订单的员工记录,对应的"订单"表字段的值为空。

3. 右连接

　　右连接的查询结果是返回第二个表全部记录和第一个表中满足连接条件的记录。同样,第二个表不满足连接条件的记录,其对应第一个表的字段值为 NULL。

　　例如,对"商品"表和"供应商"表进行右连接,以"供应商"表为右表,"商品"表为左表,SQL 命令如下。

```
SELECT 商品.*,供应商.*
    FROM 商品 RIGHT JOIN 供应商 ON 商品.供应商编号=供应商.供应商编号;
```

　　注意:结果表中,供应商表的所有记录均在结果表中出现,而商品表中没有对应的供应商信息时,对应字段的值为空。

习题

一、单选题

1. 假定姓名是文本型字段,则查找姓"李"的学生应该使用(　　　)。

    A. 姓名 LIKE "李"

    B. 姓名 LIKE "[! 李]"

    C. 姓名＝"李＊"

    D. 姓名 LIKE "李＊"

2. 内部计算函数 SUM(字段名)的作用是求同一组中所在字段内所有的值的(　　　)。

    A. 和　　　　　　B. 平均值　　　　　　C. 最小值　　　　　　D. 第一个值

3. 在查询设计视图中(　　　)。

    A. 只能添加数据库表

    B. 可以添加数据库表,也可以添加查询

    C. 只能添加查询

    D. 以上说法都不对

4. 连接 2 个字符串的是(　　　)。

    A. ＊　　　　　　B. ?　　　　　　C. ＃　　　　　　D. &

5. 返回某一天的年份的表达式是(　　　)。

    A. YEAR(12/1/1999)

    B. YEAR("12/1/1999")

    C. YEAR(％12/1/1999％)

    D. YEAR(＃12/1/1999＃)

6. Between 表达式的返回值是(　　　)。

    A. 数值型　　　　B. 逻辑型　　　　C. 文本型　　　　D. 备注型

7. 根据指定的查询条件,从一个或多个表中获取数据并显示结果的查询称为(　　　)。

    A. 交叉表查询　　B. 参数查询　　C. 选择查询　　D. 操作查询

8. 参数查询时,要在查询过程中输出提示信息,一般查询条件中写上(　　　)。

    A. ( )　　　　　　B. < >　　　　　　C. { }　　　　　　D. [ ]

9. 在员工表中,若要查询姓"张"的女员工的信息,正确的条件设置为(　　　)。

    A. 在"条件"单元格输入：姓名＝"张" AND 性别＝"女"

    B. 在"性别"对应的"条件"单元格中输入："女"

    C. 在"性别"的条件行输入"女",在"姓名"的条件行输入：LIKE "张＊"

    D. 在"条件"单元格输入：性别＝"女"AND 姓名＝"张＊"

10. 统计员工应发工资最高值,应在创建总计查询时,分组字段的总计项应选择(　　　)。

    A. 总计　　　　　　B. 计数　　　　　　C. 平均值　　　　　　D. 最大值

11. SELECT 命令中用于排序的关键词是(　　　)。

    A. GROUP BY　　B. ORDER BY　　C. HAVING　　D. SELECT

12. SELECT 命令中条件短语的关键词是(　　　)。

    A. WHILE　　　　B. FOR　　　　C. WHERE　　　　D. CONDITION

13. SELECT 命令中用于分组的关键词是(　　　)。

    A. FROM　　　　B. GROUP BY　　C. ORDER BY　　D. COUNT

14. 下列对 Access 查询叙述错误的是(　　　)。

    A. 查询的数据源来自于表或已有的查询

    B. 查询的结果可以作为其他数据库对象的数据源

    C. Access 的查询可以分析数据、追加、更改、删除数据

15. 根据关系模型 Students(学号,姓名,性别,专业)下列 SQL 语句中有错误的是(　　　)。

    A. SELECT ＊ FROM Students

    B. SELECT COUNT(＊) 人数 FROM Students

    C. SELECT DISTINCT 专业 FROM Students

    D. SELECT 专业 FROM Students

16. 根据关系模型 Students(学号,姓名,性别,专业)下列 SQL 语句中有错误的是(　　　)。

    A. SELECT ＊ FROM Students WHERE 专业＝"计算机"

    B. SELECT ＊ FROM Students WHERE 1 <> 1

    C. SELECT ＊ FROM Students WHERE "姓名"＝李明

    D. SELECT ＊ FROM Students WHERE 专业＝"计算机"&"科学"

17. 根据关系模型 Students(学号,姓名,性别,专业,成绩),查找成绩在 80 到 90 之间的学生应使用(　　　)。

    A. SELECT ＊ FROM Students WHERE 80<成绩<90

    B. SELECT ＊ FROM Students WHERE 80<成绩 OR 成绩<90

    C. SELECT ＊ FROM Students WHERE 80<成绩 AND 成绩<90

    D. SELECT ＊ FROM Students WHERE 成绩 IN (80,90)

18. 在 SQL 查询语句中,子句"WHERE 性别＝"女" AND 工资额＞2000"的作用是处理(　　　)。

    A. 性别为"女"并且工资额大于 2000(包含)的记录

    B. 性别为"女"或者工资额大于 2000(包含)的记录

    C. 性别为"女"并且工资额大于 2000(不包含)的记录

    D. 性别为"女"或者工资额大于 2000(不包含)的记录

19. 根据关系模型 Students(学号,姓名,性别,出生年月),统计学生的平均年龄应使用(　　　)。

    A. SELECT COUNT() AS 人数,AVG(YEAR(出生年月)) AS 平均年龄 FROM Students

    B. SELECT COUNT(＊) AS 人数,AVG(YEAR(出生年月)) AS 平均年龄 FROM Students

    C. SELECT COUNT(＊) AS 人数,AVG(YEAR(DATE())－YEAR(出生年月)) AS 平均年龄 FROM Students

    D. SELECT COUNT() AS 人数,AVG(YEAR(DATE())－YEAR(出生年月)) AS 平均年龄 FROM Students

    E. 查询不能生成新的数据表。

20. 根据关系模型 Students(ID,学号,课程,成绩),查找所有课程成绩在 70 分以上

学生的学号,应使用(　　)。

      A. SELECT 学号 FROM Students GROUP BY 学号 HAVING Min(成绩)＞70

      B. SELECT 学号 FROM Students GROUP BY 学号 HAVING 成绩＞70

      C. SELECT 学号 FROM Students HAVING Min(成绩)＞70

      D. SELECT 学号 FROM Students HAVING 成绩＞70

二、填空题

1. 在 Access 中,查询的运行一定会导致数据表中数据发生变化的查询是＿＿＿＿。

2. 在创建查询时,有些实际需要的内容在数据源的字段中并不存在,但可以通过在查询中增加＿＿＿＿来完成。

3. 如果要在某数据表中查找某文本型字段的内容以 S 开头号,以 L 结尾的所有记录,则应该使用的查询条件是＿＿＿＿。

4. 将所有职称为高工的员工的奖金设置为 2000,能使用的查询是＿＿＿＿。

5. 利用对话框提示用户输入参数的查询过程称为＿＿＿＿。

6. SQL 语言通常包括＿＿＿＿、＿＿＿＿、＿＿＿＿和＿＿＿＿。

7. SELECT 语句中用于计数的函数是＿＿＿＿,用于求和的函数是＿＿＿＿,用于求平均值的函数是＿＿＿＿。

8. SELECT 语句中的 ORDER BY 短语用于对查询的结果进行＿＿＿＿。

三、操作题

在教学管理数据库中,创建如下查询。

(1) 查看学生的年龄情况,结果包括:学号、姓名、性别、年龄。

(2) 统计每个学院的学生人数,结果包括:学院名称,人数。

(3) 统计每门课程的选课人数,结果包括:课程名称、人数。

(4) 显示选课人数在 4 人以上的课程名称,结果包括:课程名称,选课人数。

(5) 计算学生的平均成绩,结果包括:学号,姓名,平均成绩。

(6) 创建参数查询,输入月份号,显示该月出生的所有教师的姓名、学院名称、出生月份。

(7) 查询每门课程的最高分、最低分和平均分,结果包括:课程名称、最高分、最低分、平均分。

(8) 显示基本工资排在前 10％的教师信息,包括:教师编号、姓名、学院名称、职称。

(9) 查询所有姓"王"的学生信息,包括:学号、姓名、性别、学院名称。

(10) 查看各个学院每门课程的选修人数。(提示:用交叉表完成)

(11) 给所有职称为教授的教师的岗位工资增加 30％。

(12) 查找没有选课的学生,结果包括:学院名称、姓名。

(13) 查找没有开课的教师信息,结果包括:教师编号、姓名、学院名称。

利用 SQL 语句,再次完成上述操作。

第 **6** 章

学会应用窗体

　　学习了应用查询后,就已经能够较为方便地进行数据的应用了,并且可以创建各种各样的、满足不同需求的查询,并存储起来,供数据管理人员应用。一方面,普通的数据管理人员,确实能够通过运行不同的查询得到不同的数据,可是每当要得到一种数据时,就必须去运行一个指定的查询,那么完成一项业务就得依次运行一系列的查询,过于烦琐。另一方面,一旦数据源有所调整,或者查询条件有了变化,现有的查询由于只能完成相对固定的功能,而管理人员又没有开发能力,于是所有的业务将处于混乱状态。这就提出了一个问题,有没有支持人机交互的一种工具,使并不熟悉 Access 软件的用户能够方便地输入数据、编辑数据、显示和查询表中的数据。答案是肯定的,这就是"窗体"。

　　在 Access 数据库应用系统中,窗体对象是应用系统提供的最主要的操作界面对象,它是一种为人机操作而设计的界面。利用窗体不仅可以方便地进行各项操作,还可以将整个数据库中的功能组织起来,形成一个完整的应用系统。

　　人机界面设计的优劣将直接反映一个计算机应用系统的设计水平,对于计算机数据库应用系统的设计尤其如此。因此,为数据库应用系统设计操作性能良好的操作界面是一项至关重要的内容。

本章的知识体系:
- 窗体对象的概念
- 使用向导创建窗体
- 使用窗体设计视图创建窗体
- 修饰窗体
- 学会使用窗体控件
- 设计系统控制窗体
- 了解面向对象的基本概念

学习目标:
- 理解窗体的概念和作用
- 掌握窗体的向导创建方法
- 掌握使用窗体设计视图创建窗体
- 掌握窗体控件的应用方法

- 了解窗体的修饰功能
- 学会制作控制窗体
- 学会制作相对综合的窗体

6.1　认识窗体

窗体是人机交互的界面,用户可通过窗体完成对整个管理系统的使用。窗体本身并不存储数据,但应用窗体可以方便地对数据库中的数据进行输入、浏览和修改等。窗体中包含很多的控件,可以通过这些控件,对表、查询、报表等对象进行操作,也可执行宏和 VBA 程序等。

6.1.1　窗体的功能

窗体是 Access 数据库应用中的一个非常重要的对象,作为用户和 Access 应用程序之间的接口,窗体可以用于显示表和查询中的数据,输入和修改数据表中的数据、展示相关信息等,Access 窗体采用的是图形界面,具有用户友好的特性,它能够显示备注型字段和 OLE 对象型字段的内容。例如,"员工"窗体如图 6.1 所示。

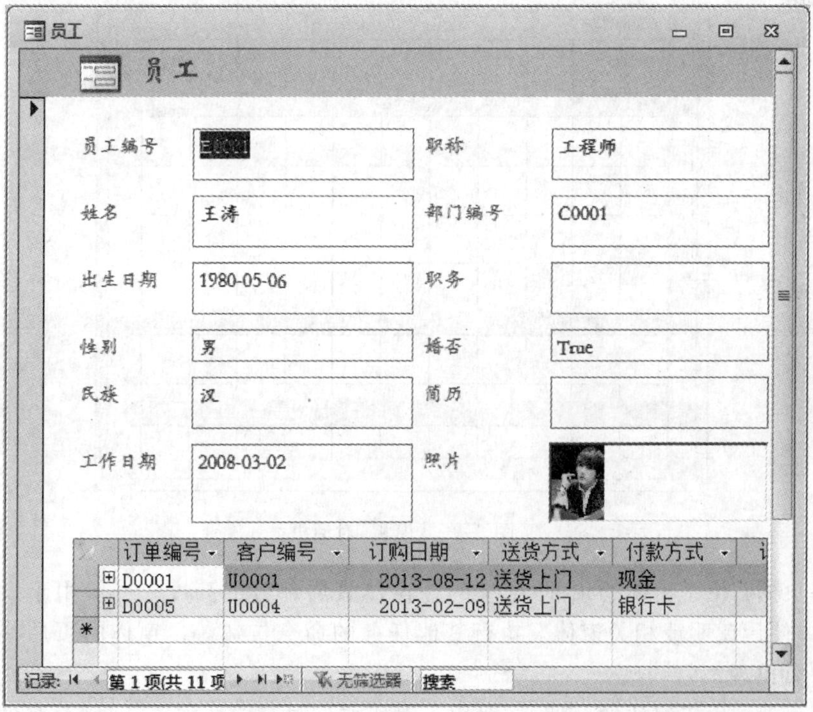

图 6.1　"员工"窗体

窗体的主要作用是接收用户输入的数据或命令,编辑、显示数据库中的数据,构造方便、美观的输入/输出界面。

6.1.2　窗体的结构

窗体有多种形式,不同的窗体能够完成不同的功能。窗体中的信息主要有两类:一类是设计者在设计窗体时附加的一些提示信息,如一些说明性的文字或一些图形元素如线条、矩形框等,使得窗体比较美观。这些信息对数据表中的每一条记录都是相同的,不随记录而变化。另一类是所处理表或查询的记录,这些信息往往与所处理记录的数据密切相关,当记录变化时,这些信息也随之变化。利用控件,可以在窗体的信息和窗体的数据来源之间建立链接。

窗体的主要作用是接收用户输入的数据或命令,编辑、显示数据库中的数据,构造方便、美观的输入/输出界面。

窗体由多个部分组成,每个部分称为一个“节”。多数窗体只有主体节,如果需要,也可包括窗体页眉、窗体页脚、页面页眉和页面页脚几个部分,如图 6.2 所示。

图 6.2　“模板”对话框

窗体页眉:位于窗体的顶部,定义的是窗体页眉部分的高度。一般用于设置窗体的标题、窗体使用说明或相关窗体及执行其他任务的命令按钮等。窗体的页眉在打印时只会在第一页出现。

窗体页脚:位于窗体的底部,一般用于对所有记录都要的内容、使用命令的操作说明等信息。它也可以设置命令按钮,以便于执行一些控制功能。同样,窗体的页脚若在打印时,也只会在打印的最后页出现。

窗体的主体:介于窗体页眉和窗体页脚之间的节。通常用于显示表和查询中数据以及静态数据元素(例如标签和标识语)的窗体控件都将显示在窗体主体。

页面页眉：用于设置窗体在打印时的页头信息，如标题等用户要在每一页上方显示的内容。

页面页脚：用于设置窗体在打印时的页脚信息，如日期、页码等用户要在每一页下方显示的内容。

注意：页面页眉和页面页脚只能在打印时输出，窗体在屏幕显示时不显示页面页眉和页面页脚内容。

在窗体的设计窗口中还包含垂直和水平标尺，用于确定窗体上的对象的大小和位置。

窗体中各节之间有一个节分隔线，拖动该分隔线可以调整各节的高低。

6.1.3　窗体的类型

Access 提供了 8 种类型的窗体，它们分别是纵栏式窗体、多项目窗体、数据表窗体、主/子窗体、图表窗体、数据透视表/数据透视图窗体、分割窗体和导航窗体。

1. 纵栏式窗体

纵栏式窗体是在一个窗体界面中显示一条记录，显示记录按列分隔，每列在左边显示字段名，右边显示字段内容。在纵栏式窗体中，可以随意地安排字段，可以使用 Windows 的多种控制操作，还可以设置直线、方框、颜色、特殊效果等。

2. 多项目窗体

利用多项目窗体可在窗体集中显示多条记录内容。如果要显示的数据很多，多项目窗体可以通过垂直滚动条来浏览。数据多项式窗体类似于数据表。

3. 数据表窗体

数据表窗体从外观上看与数据表和查询显示数据的界面相同，通常情况下，数据表窗体主要用于子窗体，用来显示一对多的关系。

4. 主/子窗体

窗体中的窗体称作子窗体，包含子窗体的窗体称作主窗体。主窗体和子窗体通常用于显示多个表或查询中的数据，这些表和查询中的数据具有一对多的关系。在主窗体中某一条记录的信息，在子窗体中与主窗体当前记录相关的记录信息。

主窗体为纵栏式的窗体，子窗体可以显示为数据表窗体，也可显示为表格式窗体。子窗体中还可包含子窗体。

主/子窗体包括一对多窗体、父/子窗体或分层窗体。

5. 图表窗体

图表窗体是利用 Microsoft Graph 以图表方式显示用户的数据信息。图表窗体的数据源可以是数据表，也可以是查询。

6. 数据透视表/数据透视图窗体

数据透视表窗体是为了指定的数据表或查询为数据源产生的一个 Excel 数据分析表而建立的窗体形式。数据透视表窗体允许用户对内的数据进行操作，也可改变透视表的布局，以满足不同的数据分析方式。

7. 分割窗体

分割窗体不同于窗体/子窗体的组合,它的两个视图连接到同一数据源,并且总是相互保持同步。如果在窗体的一个部分中选择了一个字段,则会在窗体的另一部分中选择相同的字段。可以从任一部分添加、编辑或删除数据。

分割窗体同时提供数据的两种视图:窗体视图和数据表视图。使用分割窗体可以在一个窗体中同时利用两种窗体类型的优势。例如,可以使用窗体的数据表部分快速定位记录,然后使用窗体部分查看或编辑记录。窗体部分以醒目而实用的方式呈现出数据表部分。

8. 导航窗体

导航窗体是一个管理窗体,是 Access 2010 新的浏览控件,可以通过该窗体可对数据库中的所有对象进行查看和访问。导航窗体是只包含导航控件的窗体,用来对数据库应用进行管理。

导航窗体的浏览器状态下无效。

6.1.4 窗体的视图

窗体的视图有 3 种:窗体视图、设计视图和数据表视图。

窗体视图是窗体的工作视图,用于显示数据、交互操作的窗口,在该窗口中可以对数据表或查询中的数据进行浏览或修改等操作。

窗体的设计视图用于创建窗体或修改窗体的窗口。

窗体的数据表视图是以行和列格式显示表、查询或窗体数据的窗口。在数据表视图中可以编辑、添加、修改、查找或删除数据。

6.2 快速创建窗体

Access 创建窗体有两种方式:利用窗体向导创建窗体或在窗体设计视图下创建窗体。利用窗体向导创建窗体的好处是可以根据向导提示一步一步地完成窗体的创建工作。利用设计视图创建窗体,则需要设计者利用窗体提供的控制工具来创建窗体,同时将控制与数据进行相应的联系,以达到窗体设计的要求。

Access 提供的制作窗体的向导有 8 种:窗体向导、自动创建窗体、多个项目、数据表、分割窗体、模式对话框、数据透视表、数据透视图。

6.2.1 自动窗体

自动窗体,即是创建一个选定表或查询中所有字段及记录的窗体,窗体的创建是一次完成,中间不能干预。且主窗体中的左侧以字段名作为该行的标签。

1. 利用"窗体"按钮创建自动窗体

要对数据表或查询数据进行展示,制作数据表的输入或浏览窗口,可通过"窗体"按钮来完成窗体的制作。

例如,要创建一个显示员工基本情况和其直接子表数据的窗体,可采用此方式来实现。具体的操作方法如图 6.3 所示。

(1) 选中"员工"表。

(2) 在"创建"选项卡"窗体"组中单击"窗体"按钮。

(3) 生成自动窗体，在主窗体中显示员工表的所有字段，在子表中显示订单表的相关数据。

(4) 选择"文件"|"选项"命令，打开"Access选项"对话框，切换到"当前数据库"选项卡，在"文档窗口选项"选项栏中选择"重叠窗口"单选按钮。

(5) 关闭数据库，再次打开数据，在窗体列表中双击"员工"窗体，创建的窗体由选项卡方式变为窗体方式。

图 6.3　创建自动窗体

注意：利用"窗体"按钮创建自动窗体时，只能选择一个数据对象作为窗体的数据源，如果这个对象是数据表，且该表中含有子表，则自动窗体是以选中表为主窗体，子表数据为子窗体的模式构建。

如果有多个表与用于创建窗体的表具有一对多关系，Access 将不会向该窗体中添加任何数据表。

2. 其他窗体的自动创建

除了利用"窗体"按钮创建窗体外,Access 还提供了多个项目、数据表、分割窗体、模式对话框、数据透视表和数据透视图的窗体自动创建。操作方式与"窗体"按钮方式相似。

例如,要利用自动窗体创建一个分割窗体,对客户信息进行查看。具体的操作如图 6.4 所示。

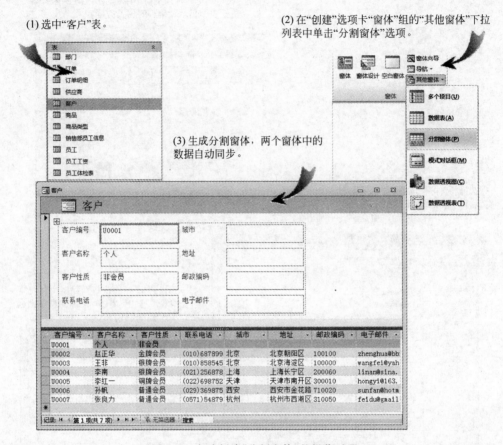

图 6.4   自动创建"分割窗体"的操作过程

分割窗体可以同时提供数据的两种视图:窗体视图和数据表视图。分割窗体不同于窗体/子窗体的组合,它的两个视图连接到同一数据源,并且总是相互保持同步。如果在窗体的一个部分中选择了一个字段,则会在窗体的另一部分中选择相同的字段。可以从任一部分添加、编辑或删除数据。

注意:在创建自动窗体时,数据源只能有一个,如果要创建窗体的数据来自多个数据表,则可先创建一个相关数据的查询,然后再以查询作为自动窗体的数据源。

6.2.2   使用向导创建窗体

使用自动窗体功能虽然可以快速地创建窗体,但所创建的窗体仅限于单调的窗体布局,不能对数据源中的数据的展示情况进行控制,即前面的方式会自动将数据源中的所有字段按表或查询的顺序进行一一展示,不能改变顺序或减少字段的展示,同时,也不能将多个数据表或查询中的数据在同一个窗体中进行展示，有一定的局限性。如果要拟对在窗体中显示的字段进行选择，则可以利用“窗体向导”来创建窗体。

例如，要创建一个员工基本情况以及他的订单情况的窗体，可以利用“窗体向导”来完成，具体操作如图 6.5 所示。

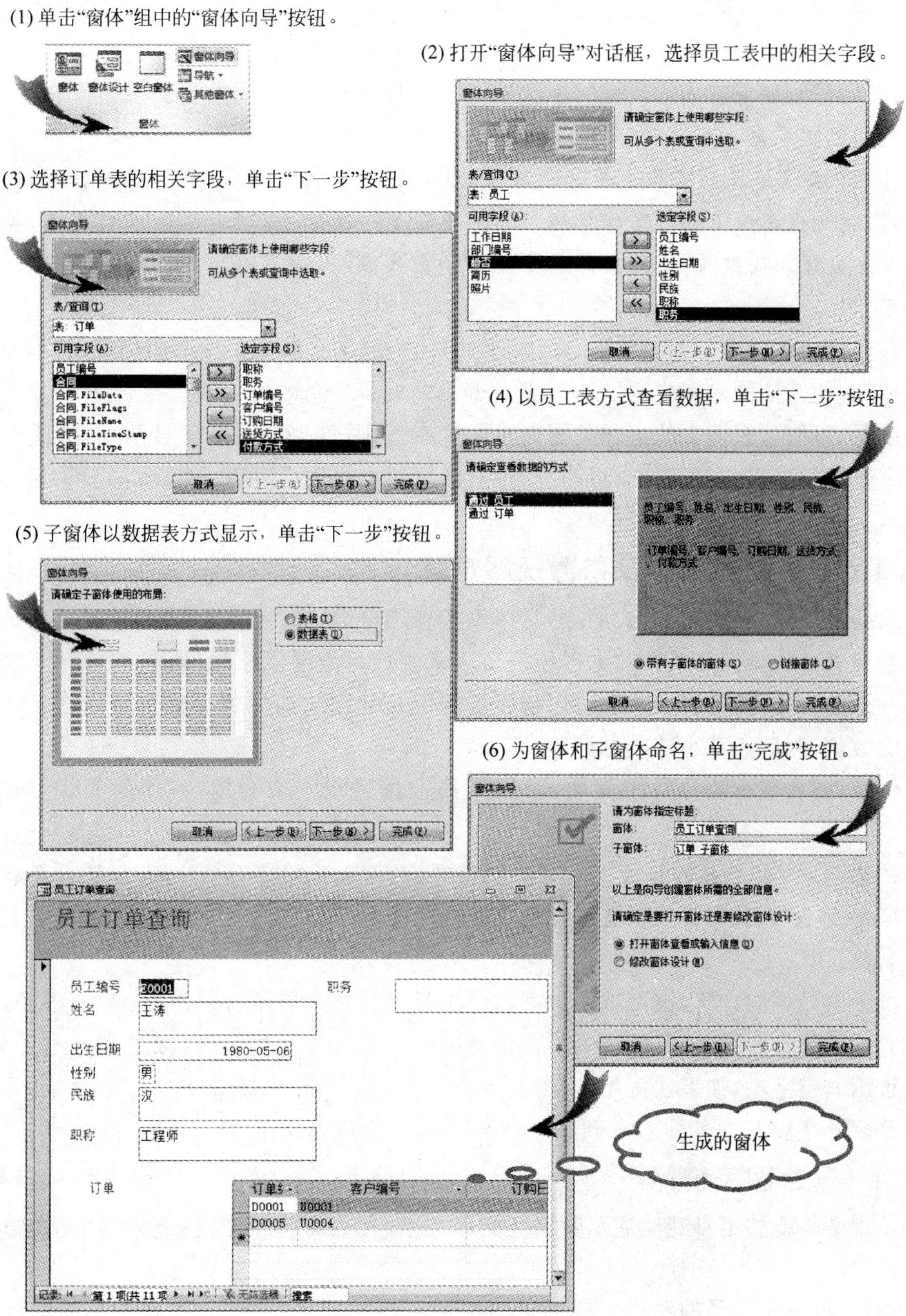
(1) 单击“窗体”组中的“窗体向导”按钮。
(2) 打开“窗体向导”对话框，选择员工表中的相关字段。
(3) 选择订单表的相关字段，单击“下一步”按钮。
(4) 以员工表方式查看数据，单击“下一步”按钮。
(5) 子窗体以数据表方式显示，单击“下一步”按钮。
(6) 为窗体和子窗体命名，单击“完成”按钮。
员工订单查询
生成的窗体

图 6.5　利用“窗体向导”创建窗体的操作过程

在使用窗体向导创建窗体时,如果所涉及的数据源与多个表相关,则需要预先建立数据库中数据表之间的关系,否则会造成数据表之间的数据无关而使数据源中数据出错。

如果窗体所涉及的数据字段来源于多个表,同时,它们之间存在一对多的关系,则在窗体向导中将会出现"请确定查看数据的方式"向导,在此,可对数据查看的方式进行选择。如果选择按"一方"查看,则窗体会产生子窗体;如果选择按"多方"查看,则不会产生子窗体。另外,如果窗体的数据源来源于一个数据表或查询,或数据虽然来源于多个表,但表之间的关系是一对一的,则不会出现子窗体。

注意:如果建立的窗体中带有子窗体,则会在窗体对象卡中产生两个窗体对象,而对象名,系统会根据所设定的窗体标题而定。子窗体一旦建立,则不应该对它更名,否则会造成与主窗体间的链接出错,当然也不能将子窗体删除,如果删除,则打开主窗体时会出现错误。

在使用窗体向导创建窗体时,可以更加自主地选择在窗体中显示的字段,将不想要的字段放弃,使窗体的效率更高。这里要注意,Access 对窗体的格式进行设置是基于字段的宽度等,可能与窗体中的实际数据显示宽度有区别,如果有些字段显示太宽,或有些字段没有被显示出来,都可回到设计视图中对窗体的格式进行调整,使窗体的显示更加准确美观。

6.2.3　创建数据透视表和透视图窗体

数据透视表是一种交互式的表,它可以实现用户选定的计算,所进行的计算与数据在数据透视表中的排列有关。数据透视表可以水平或垂直显示字段的值,然后计算每一行或每一列的合计,数据透视表也可以将字段的值行标题或列标题在每个行列交叉处计算各自的数值,然后计算小计或总计。

例如,要按职称统计员工人数,可以采用数据透视表来实现,具体的操作如图 6.6 所示。

注意:在制作数据透视表或数据透视图时,数据来源只有一个对象,如果需要展示的数据来自多个表,则需要选创建基于展示数据的查询,然后再进行数据透视表和数据透视图的制作。

员工编号列的计算,也可选中该列,在"工具"组单击"自动计算"下拉列表中的计数,完成人数的统计。这里的计数字段,与前面的总计查询是相同的,如果是统计员工人数,则应该用非空字段,如果这里用"职务"字段作为汇总字段,则统计出来的人数是不对的,原因是职务字段有许多员工由于没有职务,所以该字段是空值。

6.2.4　创建图表窗体

使用图表能够更直观地展示数据之间的关系,Access 提供了"图表向导"创建窗体的功能。

例如,要展示商品的销售价格高低情况,可采用"图表向导"来实现。具体的操作如图 6.7 所示。

(1) 选择 "员工" 表。

(2) 在"创建"选项卡"窗体"组中的"其他窗体"下拉列表中单击"数据透视表"按钮，打开数据透视表窗体。

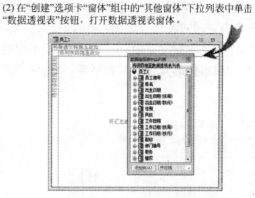

(3) 将"职称"字段拖至行字段处

(4) 将"员工编号"字段拖至汇总区域。

(5) 在员工编号上右击，单击"自动计算"|"计数"。

(6) 显示各职称的员工编号和人数。

(7) 单击"显示/隐藏"组的"隐藏详细信息"按钮。

(8) 显示各职称的员工人数。

(9) 在"职称"字段上右击，在快捷菜单中选择"删除"命令，将"职称"从行字段上移出。

(10) 将"性别"字段拖至行字段处，显示男、女员工人数。

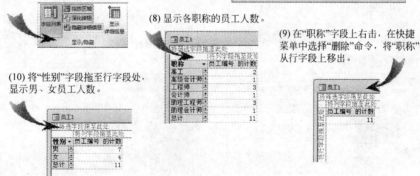

图 6.6　创建数据透视表窗体操作过程

图表制作完成后,如果对图表中的一些对象进行修改,可以切换到设计视图,即可以对一些不需要的对象进行删除,也可改变对象的格式等。由于本图表中要表示的商品种类较多,而窗体的宽度有限,所以数据显示不完整,甚至出现重叠情况,可以再回到窗体设计视图下,对窗体的宽度进行调整等,可以使窗体图表显示完整。

(1) 单击"窗体"组中的"窗体设计"按钮。

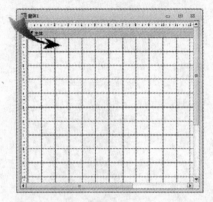

(2) 在"设计"选项卡"控件"组中单击"图表"按钮。

(3) 打开"图表向导",选中"商品"表。

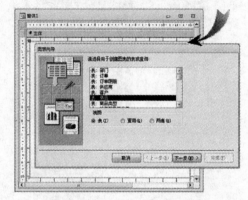

(4) 选中商品名称和销售价格。

(5) 选择图表类型为"三维柱形图"。

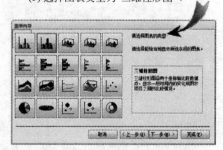

(6) 双击图表区域的"销售价格合计"按钮。

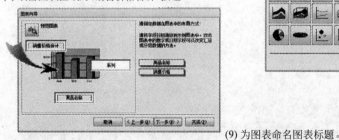

(7) 选择汇总方式为"无"。

(9) 为图表命名图表标题。

(8) 图表的柱形图为销售价格。

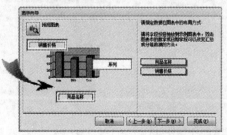

图 6.7　创建图表窗体操作过程

(10) 单击"完成"按钮, 回到窗体设计视图。

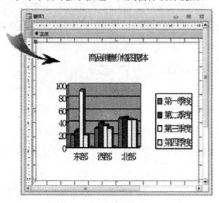

(11) 在"视图"组单击"视图"按钮, 显示图表窗体。

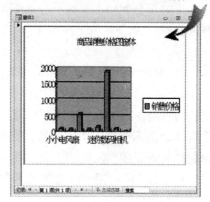

图 6.7(续)

6.3 利用设计视图创建窗体

利用窗体向导创建窗体可以很方便地创建各种窗体,但它们都有一些固有的模式,不能满足用户个性化的需求,因此,Access 提供了窗体设计工具,方便用户根据自身的不同要求,利用各种控件来实现各种功能。

6.3.1 窗体设计视图

窗体的设计视图是用于对窗体进行设计的视图,人们常常会在利用窗体向导设计好窗体后,再切换到设计视图来对它进行修改和调整。同样,也常直接打开一个窗体设计视图进行窗体的设计。

在"创建"选项卡"窗体"组中单击"窗体设计"按钮,即可打开窗体设计视图,在打开窗体设计视图的同时,选项卡中会出现 3 个跟随选项卡:"设计""排列"和"格式",系统会自动切换到"设计"选项卡,如图 6.8 所示。

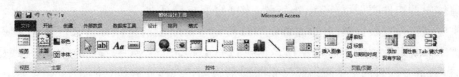

图 6.8 窗体的"设计"选项卡

(1)"视图"组。可对窗体的视图进行切换通常包括"窗体视图""设计视图"和"布局视图"。

(2)"主题"组。提供窗体的主题效果、窗体的颜色搭配和文本字体的设置。它们均是由系统预先设置并搭配好的。

主题为窗体或报表提供了更好的格式设置选项,用户还可以自定义、扩展和下载主题,还可以通过 Office Online 或电子邮件与他人共享主题。此外,还可将主题发布到服务器。

(3)"控件"组。提供窗体设计所需的控件工具。在"控件"组的列表框中,单击列表框的下拉按钮,可打开整个控件列表,在列表中还可对插入控件时是否启动向导进行设置。如果要重复使用工具箱上的某个控件,双击该控件将它锁定,则可重复使用该控件,若要取消锁定,按 Esc 键即可。控件列表中还有一个常用的工具"选取对象",单击该按钮,鼠标指针变成空心箭头时,单击窗体上的对象,即可选中该对象,将鼠标指针划过一个矩形区域,可同时选中该区域中的所有对象。

(4)"页眉/页脚"组。提供对窗体的页眉、页脚的设置。当打开窗体设计视图时,窗体默认的只有主体,单击"标题"按钮,即可添加窗体页眉和窗体页脚;单击"徽标"按钮,可在窗体的页眉中插入的一个标记图片,作为窗体的徽标;"日期和时间"是用于在窗体的标题栏插入日期和时间的工具按钮。

(5)"工具"组。用于对窗体的各控件和属性进行设置。包括"添加现有字段""属性表"和"Tab 次序"等工具按钮。

改变窗体的大小,可以通过调整窗体的宽度和高度来实现。调整窗体的宽度,将鼠标指针置于窗体浅灰色区域的右边,当鼠标指针变成双向箭头时,按住鼠标左键左右拖动,即可调整窗体的宽度;将鼠标指针置于窗体浅灰色区域的下侧,当鼠标指针变成双向箭头时,按住鼠标左键上下拖动,即可调整节的高度;如果将鼠标指针指向窗体浅灰色区域的右下角,按住鼠标左键斜向拖动,即可调整该节窗体的高度和宽度。

当窗体存在多节时,将鼠标指针指向窗体区域的左侧滚动条上的节选择按钮位置,鼠标指针变成双向箭头时,按住鼠标左键上下拖动,则可调整节的高度。

将鼠标指针指向窗体设计视图的窗口边界,当鼠标变成双向箭头时,可调整窗体边界的大小。

6.3.2　常用控件的功能

控件是窗体上用于显示数据、执行操作、修饰窗体的对象。在窗体中添加的每一个对象都是控件。Access 窗体中常用的控件包括:文本框、标签、选项组、列表框、组合框、复选框、切换按钮、命令按钮、图像控件、绑定对象框、非绑定对象框、子窗体/子报表、分页符、选项卡和线条、矩形框等。

窗体中的控件类型可分为:绑定型、未绑定型与计算型。

绑定型控件有数据源,其数据源是表或查询中的字段的控件称为绑定控件。使用绑定控件可以显示数据库中字段的值。值可以是文本、日期、数字、是/否值、图片或图形。例如,显示员工姓名的文本框就是从员工表的"姓名"字段获取信息的。

未绑定型控件没有数据源,用于显示信息、图形或图像等,如窗体标题标签就是未绑定控件。

计算型控件用表达式(而非字段)作为数据源,表达式可以利用窗体所引用的表或查询字段中的数据,也可利用窗体上其他控件中的数据。

1. 标签控件 Aa

标签控件主要用于在窗体上显示说明性文本。例如窗体的标题、各种控件前的说明文字等都是标签控件。

标签不显示字段或表达式的值,它没有数据源。窗体中的标签常常与其他控件一起出现,如文本框前面的文字等,也可创建单独的标签。

2. 文本框控件

文本框控件主要用来输入、显示或编辑数据,它是一种交互式的控件。它具有 3 种类型：绑定型、未绑定型与计算型。绑定型文本框能够从表、查询或 SQL 语言中获得所需要的内容;未绑定型文本框,没有与任何字段相链接,通常用来显示提示信息或接受用户输入数据等;计算型文本框中,与表达式相链接,用于显示表达式的值。

Access 提供了文本框控件向导,可以对文本框的格式、输入法和名称等进行定义。

3. 按钮控件

按钮控件用于执行某项操作或某些操作。Access 提供了命令按钮向导,可以创建 30 多种不同类型的命令按钮。

4. 选项卡控件

当窗体中要显示的内容太多,而窗体空间有限时,可采用选项卡将内容进行分类,分别放入不同的选项卡中。

在使用选项卡时,用户只需要单击选项卡标签即可进行切换。

5. 超链接控件

超链接控件用于在窗体上插入超链接。

6. Web 浏览器控件

Web 浏览器控件是 Access 2010 中新增的控件,通过它可以在 Access 应用程序中创建新的 Web 混合应用程序并显示 Web 内容。

7. 导航控件

导航控件用于在窗体的上下部或侧面创建导航按钮。

8. 选项组控件

选项组控件是由一个组框、一组复选框或切换按钮组成的,选项组可以提供给用户某一组确定的值以备选择,界面十分友好,易于操作。选项组中每次选择一个选项。

如果选项组绑定到某个字段,则只有组合框架本身绑定到该字段,而不是组框内的某一项。选项组可以设置为表达式或非绑定选项组,也可以在自定义对话框中使用非结合选项组来接受用户的输入,然后根据输入的内容来执行相应的操作。

Access 提供了选项组向导,对选项组各项的标签、默认值、各选项的值、控件类型及样式、选项组标题等进行定义。

9. 组合框控件 和列表框控件

组合框控件和列表框控件是用于在一个列表中获取数据的控件。如果在窗体上输入的数据总是一组固定的值列表中的一个或是取自某一个数据表或查询中的记录时,可以使用组合框或列表框控件来实现,这样既保证数据输入的快捷,同时也保证了数据输入的准确性。例如,部门表中的部门名称字段,可通过组合框或列表框控件来实现,以免造成数据输入的不唯一。

窗体中的列表框可以包含一列或多列数据,用户从列表中选择一行,而不能输入新值。组合框的列表由多行组成,但只能显示一行数据,如果需要从列表中选择数据,可单击列表框右侧的下拉按钮,在打开的列表中进行选择即可。

列表框和组合框的区别在于,列表框中的数据在列表中可以显示多条值,而组合框只显示一条值,列表框只能在列表中选择数据,而不能输入新数据;组合框可以输入新值,也可以从列表中选择值。

Access 提供了组合框向导和列表框向导,对控件的获取数据的方式或值进行定义。

10. 图表控件 📊

图表控件用于在窗体中显示图形。

11. 复选框控件 ☑ 、切换按钮控件 🔳 和选项按钮控件 ⦿

复选框控件、切换按钮控件和选项按钮控件是作为单独的控件来显示表或查询中的"是"或"否"的值。当选中复选框或选项按钮时,设置为"是",如果不选中则为"否";切换按钮如果按下为"是",否则为"否"。

12. 子窗体/子报表控件 🗔

子窗体/子报表控件是用于在主窗体/主报表中显示与其数据相关的子数据表中数据的窗体/报表。

13. 未绑定对象框 📷 和绑定对象框控件 🖼

未绑定对象框控件和绑定对象框控件用于显示 OLE 对象。绑定对象框用于绑定窗体数据源中的 OLE 对象类型字段,未绑定对象框用于显示 OLE 对象类型的文件。

在窗体中插入未绑定对象框时,Access 会弹出一个对话框对插入对象进行创建或选择插入文件等。

14. 直线控件 ╲ 和矩形控件 □

在窗体中,可以利用直线控件或矩形控件在窗体中添加图形以美化窗体。

15. 分页符控件 🗠

分页符控件用于在窗体上开始一个新的屏幕,或在打印窗体上开始一个新页。

16. 附件 📎

附件用于在窗体中插入数据表中的附件。

6.3.3　常用控件的使用

窗体中添加控件,通常可采用两种方式:将窗体数据源中的字段通过字段列表拖放到窗体的适当位置,得到与相关字段相绑定的控件;在窗体中利用工具箱添加到窗体中的控件。

通过拖放的控件是与数据源的字段相绑定的,系统也会自动给该控件选择适当的控件类型和标签。创建控件的方式取决于要创建的控件的类型是绑定型的,非绑定型的还是计算型的控件,它们的方法是不同的。

1. 利用字段列表创建绑定型控件

绑定型的控件和非绑定型控件的区别是:如果要保存控件的值,通常采用绑定型控件;如果控件的值不需要保存,而只是用于展示或为其他控件提供值,则通常采用非绑定型控件来实现。

在窗体中创建绑定型控件,最简单、最直接的方法就是将窗体数据源中的字段通过拖放方式放置到窗体的适当位置,系统会根据原字段的数据类型和格式选择适当的控件类型,同时,系统会自动将字段的名称作为控件的标签。

如果原字段类型是普通的文本型字段、日期型或数值型字段,则系统会使用文本框控件来绑定该字段;如果源字段的类型是 OLE 对象,则系统会提供绑定对象框;如果字段的数据来源是由数据列表或查询来构成的,则系统会使用组合框来绑定该字段;如果是是/否型字段,则系统会使用复选框控件来绑定该字段。

注意:在利用拖动方式将字段添加到窗体中时,如果该表中有子表,则也可将该表的子表中的字段拖动到窗体中,系统自动建立之间的数据关系。

在窗体中通过拖动的方式创建绑定型控件,还可先在"属性表"中设置窗体的数据源,然后再打开"字段列表",通过拖动方式来实现。如果窗体中的数据来源于查询,则在创建窗体前必须做要先设置窗体的数据源。

图 6.9 所示为在窗体中添加绑定型控件的操作方法。

(1) 打开窗体设计视图。

(2) 在"工具"组中单击"添加现有字段"按钮,打开字段列表。

(3) 单击展开"员工"表。

(4) 将需要的字段拖至窗体设计视图适当位置。

(5) 切换到窗体视图。

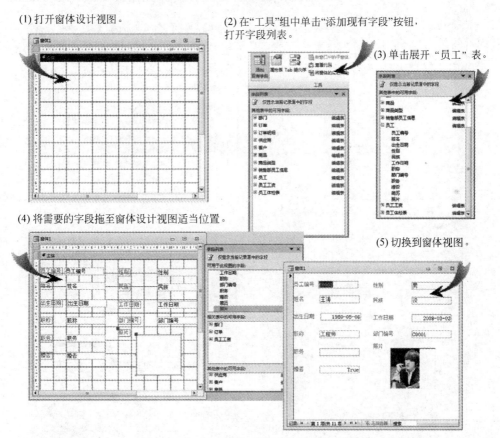

图 6.9　在窗体中添加绑定型控件操作过程

2. 利用控件向导创建绑定型列表

在窗体中添加控件时,系统会对一部分控件提供向导支持,如文本框控件、选项组控件、组合框控件、列表框控件和命令按钮等。

　　为窗体创建绑定型控件,还可以利用控件向导方式来实现。要使用控件向导创建控件,必须是"控件"组中的"使用控件向导"处于选中状态,选中工具箱中的控件向窗体中添加控件时,系统才会自动打开控件向导来指导控件的创建。

　　Access 工具箱为文本框控件、组合框控件和列表框控件等提供了控件向导。利用控件向导创建控件,即是在添加该控件时,系统会弹出相应的向导对话框,用户可根据向导的提示按照设计的要求,一步一步地进行设置,直到控件的创建完成。利用控件向导创建控件的方式均有相似之处。

　　利用控件向导创建绑定型字段的前提与利用字段列表拖放方式创建绑定型字段相同,必须是窗体当前有数据源,要添加的字段正好是数据源中的字段。图 6.10 所示为利用控件向导创建一个绑定型组合框控件以实现"职称"字段的输入控件。

(1) 打开窗体设计视图,打开"属性表"对话框的"数据"选项卡,单击"记录源"右侧的下拉按钮,在打开的数据源列表中选择"员工"表。

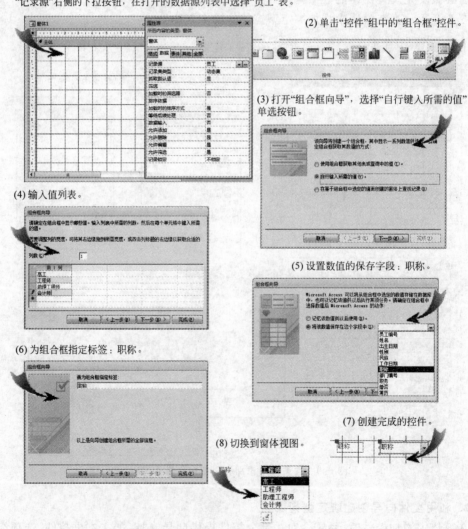

(2) 单击"控件"组中的"组合框"控件。

(3) 打开"组合框向导",选择"自行键入所需的值"单选按钮。

(4) 输入值列表。

(5) 设置数值的保存字段:职称。

(6) 为组合框指定标签:职称。

(7) 创建完成的控件。

(8) 切换到窗体视图。

图 6.10　利用控件向导创建绑定型组合框控件

3. 利用控件向导添加非绑定控件

向窗体中添加控件时，如果工具箱中的"使用控件向导"按钮处于选中状态，则添加具有向导支持的控件时，系统会自动打开相应的向导以指导控件的创建过程。

利用控件向导创建控件，即是在添加该控件时，系统会弹出相应的向导对话框，用户可根据向导的提示按照设计的要求，一步一步地进行设置，直到控件的创建完成。利用控件向导创建控件的方式均有相似之处。

图 6.11 所示为利用控件向导创建选项组控件的操作方法。

(1) 在窗体中添加一个选项组控件。

(2) 打开"选项组向导"，输入各个标签的名称。

(3) 设置默认值。

(4) 为每个选项设置默认值。

(5) 选择选项组的外观效果。

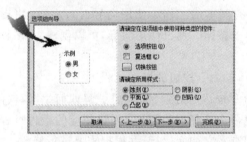

(6) 为选项组设定标签：性别。

(7) 完成控件创建。

(8) 切换到窗体视图，选项组效果。

图 6.11 利用控件向导创建选项组控件

注意：利用控件向导创建绑定型控件和非绑定型控件的方式是相似的。在利用控件向导创建控件时，如果当前窗体中没有数据源，则创建的控件均为非绑定型控件，它与字段无关，但如果当窗体中存在数据源，在向导中系统会提示该控件的值存于哪一个字段，如果不绑定字段，则应选择随后使用该控件值的方式。

如果窗体中没有数据源，则向导中就不会有选择控件与字段绑定这一步骤，所创建的控件均是非绑定型控件。如果窗体当前有数据源,则向导中会出现选择控件与字段是否绑定的一步,如果选择与字段相关,则为绑定型字段;如果选择无关,则为非绑定型控件。

4. 在窗体中添加标签控件

在窗体中添加一个标签控件,操作方式是单击工具箱中的"标签"控件,将鼠标指针移至窗体上时,指针变成"十"字形状,按住鼠标左键在窗体的相应位置画出一个方框,输入要插入的标签文本,即在该位置插入了一个标签。

图 6.12 所示为在窗体的页眉区域添加一个标签。

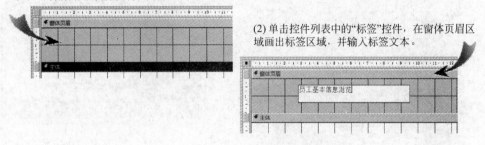

图 6.12　插入标签控件操作过程

5. 在窗体中添加命令按钮

命令按钮是为了实现对窗体进行操作的按钮。Access 提供了一些使用向导可以加快命令按钮的创建过程,因为向导可完成所有基本的工作。使用向导时,Access 将提示输入所需的信息并根据用户的回答来创建命令按钮。通过使用向导,可以创建 30 多种不同类型的命令按钮。

图 6.13 所示为窗体添加"关闭窗体"窗体的命令按钮的操作过程。

在窗体中添加命令按钮时,建议使用"命令按钮向导"。如果要了解如何编写事件过程,当 Access 使用向导在窗体或报表中创建命令按钮时,向导会创建相应的事件过程并将其附加到该按钮上。可以打开此事件过程查看它如何运行,并根据需要进行修改。

6. 在窗体中添加一个浏览器

在信息管理系统中,可能常需要在系统中去访问某些指定网站,但又不希望切换出管理系统,那么,在窗体中嵌入一个 Web 浏览器,就可以实现相应的要求。

嵌入 Web 浏览器的具体操作如图 6.14 所示。

切换到窗体视图后,即可打开指定网站的网页,在窗体中,就可像在浏览器里一样,可以访问网站资源。

6.3.4　窗体中控件的常用操作

在窗体设计中,常常需要对控件进行各种操作,如控件的选中、调整位置、大小等。

1. 窗体中控件的选定

在对窗体中控件进行操作时,需要首先选定控件。可以选定单个控件,也可以选定多

(1) 在控件列表中单击"按钮"控件，在窗体适当位置添加命令按钮。

(2) 添加命令按钮时自动打开"命令按钮向导"对话框，选择命令按钮"窗体操作"的"关闭窗体"选项。

(3) 指定窗体的标签方式为文本，可输入窗体标签。

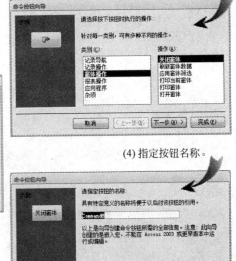

(4) 指定按钮名称。

(5) 完成控件创建。

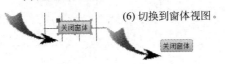

(6) 切换到窗体视图。

图 6.13　利用控件向导创建命令按钮

个控件。

（1）选定单个控件

单击该控件，在控件四边和四角出现控制点（黑色小方块）时，该控件被选中。

控件左上角的较大控制点为移动控制点，将鼠标指针移至该位置处，鼠标指针呈手型，按住鼠标左键拖动即可移动该控件；其他控制点即为大小控制点，将鼠标指针移至大小控制点时，指针变成双向箭头，按住鼠标左键拖动，即可对控件的大小进行调整。

在窗体中，控件通常由该控件的附加标签控件和控件两个部分组成。因此，在单击控件时，会同时选中标签和控件，图 6.15 所示为文本框控件的选定操作。

当鼠标指针移至控件区域，鼠标指针变成手型时按住鼠标左键拖动鼠标，则将拖动该控件与其附加标签控件，如果要分别移动附加的标签控件或控件时，则必须通过鼠标拖动该控件的移动点时完成。

窗体本身及窗体的各个节也可以作为控件来选定。要选定窗体本身，单击"窗体选定器"（位于窗体设计器左上角水平与垂直标尺交汇处）。要选定窗体中的各节，则可单击各节区域或单击该节名称栏或节选定器（节名称栏与左标尺交汇处）。

（2）选定多个控件

① 利用 Shift 键。单击第一个控件，按住 Shift 键，再单击其他要选定的控件即可完成。如果某控件选错了，也可在按住 Shift 键的同时，再单击该控件，即可取消该控件的选中。

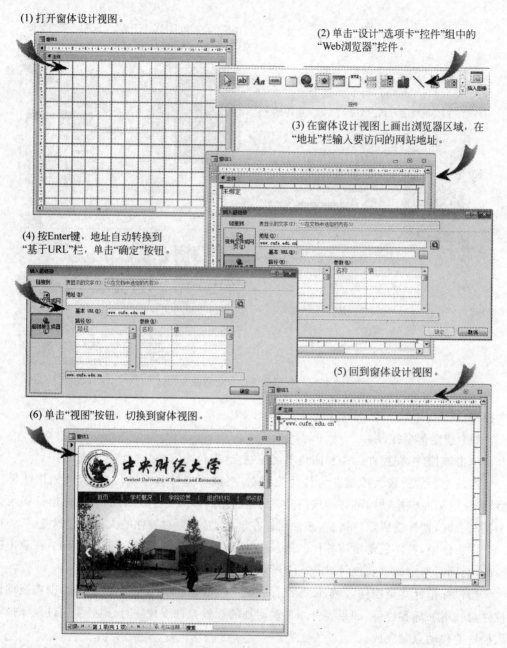

(1) 打开窗体设计视图。

(2) 单击"设计"选项卡"控件"组中的"Web浏览器"控件。

(3) 在窗体设计视图上画出浏览器区域,在"地址"栏输入要访问的网站地址。

(4) 按Enter键,地址自动转换到"基于URL"栏,单击"确定"按钮。

(5) 回到窗体设计视图。

(6) 单击"视图"按钮,切换到窗体视图。

图 6.14 插入 Web 浏览器控件的操作过程

(a) 单击文本框,文本框四周出现控制点,文本框与附加标签的左上角出现移动控制点

(b) 单击附加标签,附加标签四周出现控制点,文本框与附加标签的左上角出现移动控制点

图 6.15 文本框控件的选定

② 利用标尺。将鼠标指针置于窗体的水平标尺或垂直标尺上,鼠标指针变成垂直向下或水平向右的箭头时,按住鼠标左键拖过标尺,窗体中出现垂直或水平的两条直线,则区域内的所有控件均被选中。

③ 按住鼠标左键拖动。将鼠标指针指向要选定控件区域的左上角或右下角,按住鼠标左键向右下或左上拖动,鼠标指针画过的矩形方框内的控件均被选中。

2. 复制控件

选定要复制的一个或多个控件(如果要复制带有附加标签的控件,需要选定控件本身而不是附加标签),再执行"复制"操作,操作方式与 Office 的复制方式相同,通过"开始"选项卡"剪贴板"组中的"复制"按钮、Ctrl+C 键、快捷菜单的"复制"命令等,将选定的控件复制到剪贴板中,再将控件"粘贴"到目标节,粘贴的操作可通过"剪贴板"的"粘贴"按钮、快捷菜单的"粘贴"命令,或 Ctrl+V 键来实现。

如果控件的复制是在本节中完成,可选定该件,按住 Ctrl 键,用鼠标指针拖动控件到目标位置即可。

3. 删除控件

在选定要删除的控件后,按 Delete 键即可删除,如果控件有附加标签,也将同时被删除。如果只是想删除控件的附加标签,则应选定附加标签,即附加标签的四周出现控制点时,按 Delete 键将标签删除。

4. 调整控件的大小

控件的大小可以通过拖动控件的大小控制点来调整,也可通过设置控件的属性来完成,控件属性的设置将在后面介绍。

利用鼠标指针指向控件的大小控制点,当鼠标指针变成双向箭头时,按动鼠标左键向双方向拖动,即可调整控件的大小;如果希望控件的大小根据内容来自动调整高度和宽度,当设置控件的字体、字号和字形后,双击大小控制点,则控件的大小会自动调整为控件合适的大小。

在控件的大小调整时,系统在"调整大小和排序"组还提供了:"正好容纳""至最高""至最短""对齐网格""至最宽""至最窄"等自动调整功能,对控件的大小等进行自动调整。

5. 控件边距

在创建了控件后,有的控件上有标题,如标签;有的控件用于显示内容,如文本框,我们希望对内容与控件之间的位置关系进行调整,在"排列"选项卡"位置"组中的"控件边距"列表中,提供了"无""窄""中""宽"选项,它们对内容与控件的边距之间的关系进行了设置,可以对控件的外观效果进行调整。

6. 移动控件

控件的位置可以通过属性来进行精确的定位,也可通过拖动鼠标来完成。

当鼠标指针变成手型时,按动鼠标左键即可拖动该控件至目标位置。但这里需要注意,通过拖动的方式改变控件的位置只能在同节中,如果要将控件移到其他的节,则只能采用"剪切",再"粘贴"的方式来完成。

如果要将某控件的标签移动到其他节,只能先选定该附加标签,然后将该控件"剪切",到目标节中将它"粘贴"。附加标签移到其他节后,则与原来的控件没有关系了,变成一个独立的标签控件。

7. 对齐控件

要将窗体中多个控件对齐,可先选定控件,然后得用"排列"选项卡的"调整大小组"中的"对齐"命令按钮来完成。"对齐"命令有多种:靠上、靠下、靠左、靠右、对齐网格。

控件对齐还可能通过控件的属性来完成。

8. 调整间距

当窗体中放置多个控件,要调整多个控件之间水平和垂直间距时,可先选定控件,然后在"窗体设计工具"的"排列"选项卡中,单击"调整大小和排列"组中的"大小/空格"按钮,在打开的列表中选择"水平相等""水平增加""水平减少""垂直相等"和"垂直减少"等选项。

6.4   修饰窗体

窗体的基本功能完成后,要对窗体及控件进行格式设定,使得窗体的界面看起来更加合理、美观,除了通过对窗体和控件的"格式"属性表进行设置外,还可利用主题和条件格式等对窗体进行修饰。

6.4.1   利用主题

"主题"是修饰和美化窗体的一种快捷方法,它是由系统设计人员预先设计好的一整套配色方案,能够使数据库中的所有窗体具有相同的配色方案。

主题是在窗体处于设计视图时,在"设计"选项卡的"主题"组中,共包括"主题""颜色"和"字体"3 个功能按钮。

Access 提供了 44 套主题以供使用。

图 6.16 所示为利用主题修饰窗体的操作过程。

6.4.2   利用属性

窗体的整体效果,除了利用主题进行设置外,还可利用窗体属性对窗体的外观进行设置,如窗体的边框、导航按钮、背景、标题等。

这里,以员工窗体为例,介绍如何利用窗体的属性对窗体外观进行设置。具体操作如图 6.17 所示。

在利用属性表对窗体进行外观修饰时,还可对窗体的位置、大小、背景图等进行详细设置。

6.4.3   利用条件格式

除了可以利用属性表、主题等设置窗体的格式外,还可根据控件值作为条件,设置相应的显示格式。

要想突出显示商品的销售价格超过购入价格 50% 的商品销售价格,我们可以利用条件格式来完成,具体的操作过程如图 6.18 所示。

(1) 打开员工窗体。

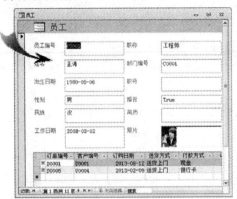

(2) 切换到窗体设计视图。

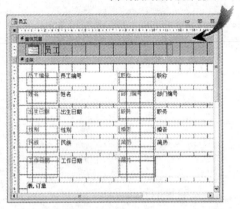

(3) 在"设计"选项卡"主题"组中单击"主题"按钮的下拉按钮，打开主题列表，选择"华丽"主题。

(4) 窗体的配色方案发生了变化，同时，窗体主体中的标签和内容的字体都发生了变化。

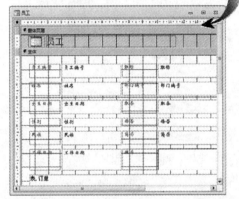

(5) 在"设计"选项卡"主题"组中单击"字体"按钮的下拉按钮，打开字体列表，选择字体。

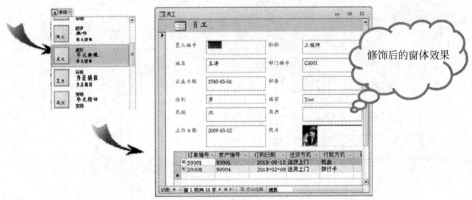

图 6.16　利用"主题"工具修饰窗体

注意：在设置条件格式时，可以在"条件格式规则管理器"对话框中，单击"新建规则"按钮，打开"新建格式规则"对话框添加条件。

条件格式中的条件表达式也可直接在文本框中输入，而不用通过打开表达式生成器来完成。

(1) 打开"员工"窗体。

(2) 切换到设计视图，单击"设计"选项卡"工具"组中的"属性表"按钮，打开"属性表"对话框。

(3) 在标题栏输入窗体标题。

(4) 拖动滚动条向下，设置记录选择器为"否"，滚动条为"两者均无"。

(5) 单击主体选择器，设置主体的背景色。

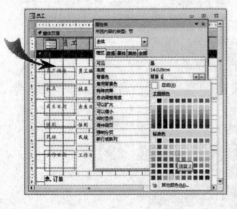

(6) 切换到窗体视图，查看窗体效果。

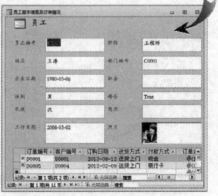

图 6.17 利用属性表修饰窗体

6.4.4 提示信息的添加

为了提升窗体界面的可用性，最好在窗体中为一些特殊字段添加帮助信息，方便用户能够直接了解信息，以达到提供帮助的目的。

(1) 创建一个员工销售商品的信息窗体。

(2) 切换至设计视图，选中子窗体中的"销售价格"字段。

(3) 单击"格式"选项卡"控件格式"组中的"条件格式"按钮，打开"条件格式规则管理器"对话框。

(4) 单击"新建规则"按钮，弹出"新建格式规则"对话框，设置"字段值"为"大于"。

(5) 单击右侧的"表达式生成器"按钮，打开"表达式生成器"对话框，输入条件表达式。

(6) 回到"新建格式规则"对话框，设置填充格式为"红"。

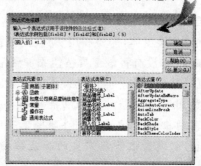

(7) 回到"条件格式规则管理器"对话框，完成格式设置。

窗体效果

图 6.18　窗体设置条件格式的操作过程

添加提示信息的操作方法是：打开窗体设计视图，选中要添加提示信息的控件，打开"属性表"，切换到"其他"选项卡，在"状态栏文字"属性行中输入提示文字信息，保存设置。切换到窗体视图中，当焦点移至该控件时，则会在状态栏中显示该提示信息。

6.5　定制系统控制窗体

窗体是应用程序和用户之间的接口，是为用户提供数据的输入、查询、修改和查看数据等操作的用户界面，为用户提供一个应用程序功能选择的操作控制界面。

Access 提供的切换面板管理器和导航窗体即可将各种功能集成在一起，创建一个应用系统的控件界面。

6.5.1　创建切换窗体

使用"切换面板管理器"创建的窗体是一个特殊的窗体，即切换窗体，它实质上是一个控件菜单，通过选择菜单实现对所有集成数据库对象的调用。每一级控件菜单对应一个界面，即控件面板页；每个切换面板页上提供相应的切换项，即菜单项。创建切换窗体时，首先启动"切换面板管理器"，然后创建所有的切换面板页和每页上的切换项，设置默认的切换面板项，并为每个切换项设置相应的控件内容。

此处，以创建一个"如意公司管理系统"切换窗体为例，介绍切换窗体的操作方法。

1. 自定义功能组

要创建切换窗体，需要利用"切换面板管理器"工具按钮来启动切换窗体的创建，但由于 Access 2010 没有将该工具按钮添加到常用工具选项卡中，因此，需要先将该功能按钮添加到工具选项卡中。具体的操作方法如图 6.19 所示。

注意：由于系统将常用的功能按钮按照功能进行分组，放置在不同的选项卡中，同时，在不同的状态下，也会有一些跟随选项卡出现在功能区中，以便使用。如果有一些特殊的功能按钮或自己常常需要的功能按钮没有在功能区中出现，则可将它添加到功能区中。

新添加的功能组或功能按钮，如果不需要，可以在打开"自定义功能区"选项卡时，在"自定义列表区"列表框中选中要删除的功能按钮或功能组，右击快捷菜单，单击"删除"命令即可删除。

2. 创建切换面板页

默认的切换面板页是启动切换窗体时最先打开的切换面板，也是应用系统的主切换面板，它由"默认"来标识。

要创建"教学管理"的切换窗体，则应先创建它的切换面板页，具体的操作如图 6.20 所示。

3. 为切换面板页创建切换面板项目

在"如意公司管理系统"的主切换面板页上有 5 个切换项目，即员工管理、商品管理、客户管理、供应商管理和订单管理。在主切换面板上加入切换项目页，其目的是在单击其项目时，可打开新的项目切换页，实现切换面板页间的跳转，以实现切换面板之间的切换操作。

图 6.21 所示为切换面板创建切换项目的具体操作。

(1) 选择"文件"|"选项"命令，打开"Access选项"对话框。切换到"自定义功能区"
选项卡，在"自定义功能区"列表中选中"数据库工具"复选框。在列表框下方单击
"新建组"按钮，在该选项卡中添加一个新功能组。

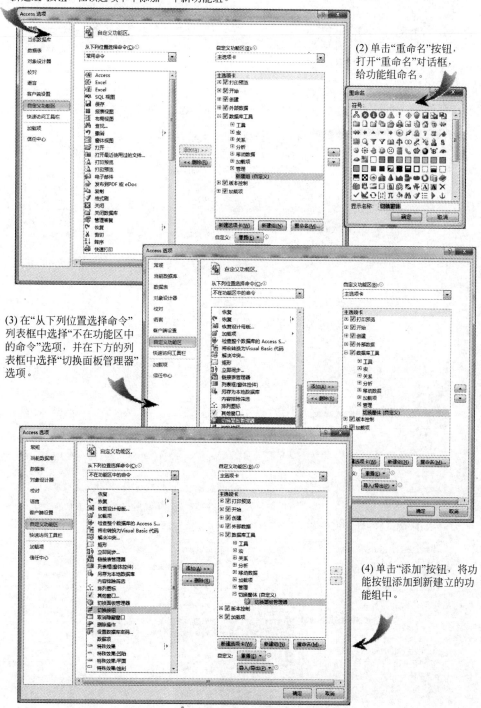

(2) 单击"重命名"按钮，
打开"重命名"对话框，
给功能组命名。

(3) 在"从下列位置选择命令"
列表框中选择"不在功能区中
的命令"选项，并在下方的列
表框中选择"切换面板管理器"
选项。

(4) 单击"添加"按钮，将功
能按钮添加到新建立的功
能组中。

图 6.19 在选项卡上自定义功能组操作

(1) 在自定义的"数据库工具"选项卡的"切换
窗体"组中单击"切换面板管理器"按钮。

(2) 打开"切换面板管理器"对话框。

(3) 单击"新建"按钮，输入切换
面板页名称。

(4) 按相同方式依次输入切换面板页的名称。

(5) 单击"主切换面板"选项，单击"编辑"
按钮，编辑主面板的名称。

完成

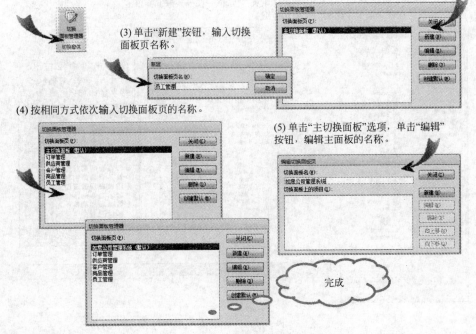

图 6.20   创建默认的切换面板页操作过程

(1) 在"切换面板管理器"对话框中选中
默认项，单击"编辑"按钮。

(2) 在打开的"编辑切换面板页"对话框中
单击"新建"按钮。

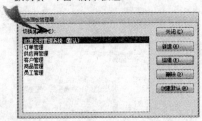

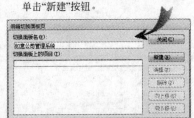

(4) 按相同方式，将所有项目添加到切换面板。

(3) 在打开的对话框中设置项目名称和切换目标项。

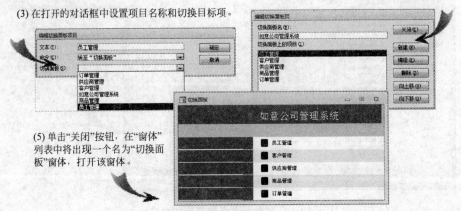

(5) 单击"关闭"按钮，在"窗体"
列表中将出现一个名为"切换面
板"窗体，打开该窗体。

图 6.21   创建切换面板项操作过程

4. 为切换项目设置具体操作内容

虽然前面创建了主切换面板和切换项目之间的跳转操作,但还未加入具体的切换项目,以直接实现系统中的具体操作。这里以"员工管理"为例,在"员工管理"切换面板上,需要有员工信息浏览、员工信息录入、员工订单情况和部门员工人数统计等切换项目,当单击某一项目时,即可直接打开相应的操作内容,如单击"员工"窗体时,即可打开已创建好的"员工基本信息及订单情况"等。

这里,以创建"员工管理"切换面板为例,介绍在切换面板页中如何创建切换项目的操作,具体操作过程如图 6.22 所示。

(1) 打开切换面板管理器,选择"员工管理"选项,
单击"编辑"按钮。

(2) 打开"员工管理"的编辑切换面板页,
单击"新建"按钮。

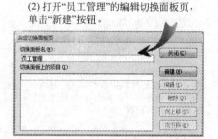

(3) 在文本栏中添加面板中的显示文字,在命令列表中选择要运行的对象类型及模式,这里选择窗体,在窗体列表中选择要打开的窗体对象,单击"确定"按钮完成一个项目的添加。

(4) 按照相同的方式将需要添加的项目均添加到切换器面板中。

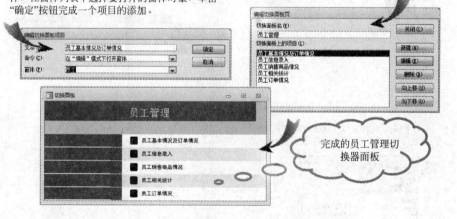

图 6.22　为切换面板的切换项目设置切换内容

在添加切换面板的内容时,如果是添加窗体,有两种方式:编辑方式和添加方式,如果打开窗体就希望进行添加,可选择添加方式;否则,采用编辑方式就可以。切换内容的类型,还包括宏、报表等。

6.5.2　创建导航窗体

切换面板工具虽然可以直接将数据库中的对象进行集中管理,形成一个操作简单、方便应用的应用系统,但创建前需要设计每一个切换面板页及每一页上的切换面板项,还需要设计每个切换页之间的关系,创建过程较复杂。Access 2010 提供了一种新型的导航按钮,即导航窗体。在导航窗体中,可以选择导航按钮的布局,并可在布局上直接创建导航

按钮,并连接已建立好的数据库对象,更为方便地将系统进行集成。

　　导航窗体的创建,是通过"创建"选项卡的"导航"按钮来实现的,提供了 6 种模板的导航窗体,窗体的创建和修改都很方便,在窗体的创建过程中,即可看到窗体运行时的效果,因此使用非常方便。

　　具体的导航窗体的创建过程如图 6.23 所示。

(1) 在"设计"选项卡"窗体"组的"导航"下拉列表中选择导航窗体的布局类型。

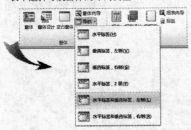

(2) 打开导航窗体设计视图。

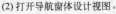
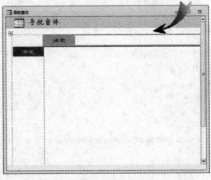

(3) 在水平栏依次单击"新增"按钮,输入水平导航内容,再依次选中水平项目,在垂直栏中依次输入对应的操作内容。

(4) 在水平导航栏选择"客户管理"选项卡,在垂直列表中的"客户信息录入"上右击,在快捷菜单中选择"属性"命令。

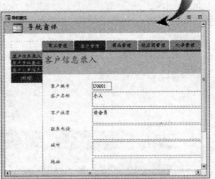

(5) 在打开的"属性表"对话框的"数据"选项卡的"导航目标名称"下拉列表中选择目标窗体选项。

(6) 完成所有项目的设置后,保存窗体。

窗体执行效果

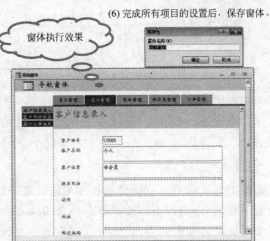

图 6.23　导航窗体的创建过程

6.5.3　设置启动窗体

当导航窗体或切换窗体创建完成后,希望在启动 Access 的同时,自动启动导航窗体或切换窗体,则可通过设置窗体的启动属性来实现。

具体的操作是:打开"Access 选项"对话框,切换到"当前数据库"选项卡,设置"应用程序的标题"为"如意公司管理系统",也可为应用程序添加图标;在"显示窗体"下拉列表中选择要自动启动的窗体,这里选择"导航窗体",即可将导航窗体设置为自动启动的窗体,如图 6.24 所示。单击"确定"按钮,保存设置,关闭如意公司管理系统数据库,再次打开时,则导航窗体自动启动。

图 6.24　设置自动启动窗体

注意:如果不希望窗口中打开数据库对象的导航窗格,则可在当前选项卡的"导航"栏中取消"显示导航窗格"的选中状态。

如果在打开数据库时,不希望自动启动窗体被启动,可在打开数据库的过程中按住 Shift 键,阻止自动窗体被启动。

6.6　对象与属性

在应用领域中有意义的、与所要解决的问题有关系的任何事物都可以作为对象,它既可以是具体的物理实体的抽象,也可以是人为的概念,或者是人和有明确边界和意义的东西。

6.6.1 面向对象的基本概念

对象译自英文 object,object 也可以翻译成物体,只需要理解为一样物体即可。早期编写程序时,过多地考虑计算机的硬件工作方式,以致程序编写难度大。经过不断地发展,主流的程序语言转向了人类的自然语言,不过在程序编写的思想上仍然没有突破性改变。面向对象编程思想即以人的思维角度出发,用程序解决实际问题。对象即为人对各种具体物体抽象后的一个概念,人们每天都要接触各种各样的对象,如手机就是一个对象。

在面向对象的编程方式中,对象拥有多种特性,如手机有高度、宽度、厚度、颜色、重量等特性,这些特性被称为对象的属性。对象还有很多功能,如手机可以听音乐、打电话、发信息、看电影等工作功能,这些功能被称为对象的方法,实际上这些方法是一种函数。而对象又不是孤立的,有父子关系,如手机属于电子产品,电子产品属于物体等,这种父子关系称为对象的继承性。

对象把事物的属性和行为封装在一起,是一个动态的概念,对象是面向对象编程的基本元素,是基本的运行实体。

如果把窗体看成是一个对象,则它具有一些属性和行为特征,如窗体的标题、大小、颜色、窗体中容纳的控件、窗体的事件和方法等。

命令按钮也可以看成是窗体中的一个对象,命令按钮也有相应的属性和行为,如命令按钮的标题、大小、在窗体中的位置、按钮的事件和方法等。

因此,对象是一个封闭体,它是由一组数据和施加于这些数据上的一组操作构成,表示如下。

(1) 对象名:对象的名称,用来在问题域中区分其他对象。

(2) 数据:用来描述对象忏悔的存储或数据结构,它表明了对象的一个状态。

(3) 操作:即对象的行为,分为两类,一类是对象自身承受的操作,即操作结果修改了自身原有属性状态;另一类是施加于其他对象的操作,即将产生的输出结果作为消息发送的操作。

(4) 接口:主要指对外接口,是指对象受理外部消息所指定的操作的名称集合。

归纳起来,对象的特征有以下 4 点。

(1) 名称/标识唯一,以区别于其他对象。

(2) 某一时间段内,有且只有一组私有数据,用以表述一个状态,且状态的改变只能通过自身行为实现。

(3) 有一组操作,每一个操作决定对象的一种行为,操作分自动和使动两类。

(4) 对象内部填充装数据、操作,外部以消息通信方式进行相互联系作用。

6.6.2 对象属性

属性(Attribute)是对象的物理性质,是用来描述和反映对象特征的参数。一个对象的属性,反映了这个对象的状态。属性不仅决定对象的外观,而且决定对象的行为。

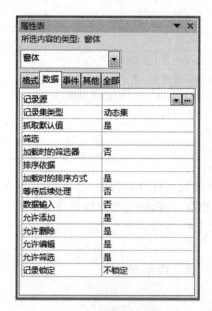

图 6.25　"属性表"对话框

1. 利用属性表设置对象属性

在窗体设计器中，要设计控件的属性，可通过属性表来完成。打开控件的属性表的方法是：选中相应控件，单击"常用"工具栏的"属性"按钮，或在快捷菜单中选择"属性"命令，即可打开该控件的属性表。

图 6.25 所示为一个标签控件的属性表。通常，控件的属性表中，系统根据类别分别对属性采用不同的选项卡进行管理，通常有"格式""数据""事件""其他"和"全部"几种，如果不能确定属性属于哪一类，则可在"全部"选项卡中进行查看。

在选项卡中，左侧为属性的中文名称，右侧则可以对该属性进行设置。在属性表中，可通过下拉列表框提供的参数选择对象设置属性，可由用户为对象设置属性，也可通过对话框为对象设置属性。具体采用哪种方式，可根据不同的属性要求来确定。

对象常用属性如表 6.1 所示。

表 6.1　对象常用属性表

属性名称	编码关键字	说　　明
标题	Caption	对象的显示标题，用于窗体、标签、命令按钮等控件
名称	Name	对象的名称，用于节、控件
控件来源	ControlSource	控件显示的数据，编辑绑定到表、查询和 SQL 命令的字段，也可显示表达式的结果，用于列表框、组合框和绑定框等控件
背景色	BackColor	对象的背景色，用于节、标签、文本框、列表框等控件
前景色	ForeColor	对象的前景色，用于节、标签、文本框、命令按钮、列表框等控件
字体名称	FontName	对象的字体，用于标签、文本框、命令按钮、列表框等控件
字体大小	FontSize	对象的字体大小，用于标签、文本框、命令按钮、列表框等控件
字体粗细	FontBold	对象的文本粗细，用于标签、文本框、命令按钮、列表框等控件
倾斜字体	FontItalic	指定对象的文本是否倾斜，用于标签、文本框和列表框等控件
边框样式	BorderStyle	对象的边框显示，用于标签、文本框、列表框等控件
背景风格	BockStyle	对象的显示风格，用于标签、文本框、图像等控件
图片	Picture	对象是否用图形作为背景，用于窗体、命令按钮等控件
宽度	Width	对象的宽度，用于窗体、所有控件
高度	Height	对象的高度，用于窗体、所有控件
记录源	RecordSource	窗体的数据源，用于窗体
行来源	RowSource	控件的来源，用于列表框、组合框控件等
自动居中	AutoCenter	窗体是否在 Access 窗口中自动居中，用于窗体
记录选定器	RecordSelectors	窗体视图中是记录选定器，用于窗体
导航按钮	NavigationButtons	窗体视图中是否显示导航按钮和记录编号框，用于窗体

续表

属性名称	编码关键字	说　明
控制框	ControlBox	窗体是否有"控件"菜单和按钮,用于窗体
最大化按钮	MaxButton	窗体标题栏中最大化按钮是否可见,用于窗体
最大/小化按钮	Min/MaxButtons	窗体标题栏中最大、最小化按钮是否可见,用于窗体
关闭按钮	CloseButton	窗体标题栏中关闭按钮是否有效,用于窗体
可移动的	Moveable	窗体视图是否可移动,用于窗体
可见性	Visible	控件是否可见,用于窗体、所有控件

　　窗体控件属性的设置可通过属性表来实现。选定要设置属性的控件,打开属性表,在属性表中选择要设置的属性,根据要求给各属性设置相应的值,即完成属性的设置。要对其他控件进行属性设置,可在窗体设计视图中单击该属性,也可在属性表的上侧的对象列表框中选择要设置的控件对象。

　　图 6.26 所示为利用属性表设置窗体和控件属性的具体操作方法。

(1) 创建一个窗体设计视图,在窗体中添加一个标签控件,并输入文本。

(2) 切换到窗体视图。

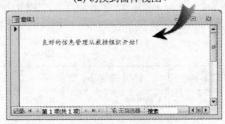

(3) 回到设计视图,打开"属性表",设置窗体的标题:欢迎使用;记录选择器:否;导航按钮:否;滚动条:两者均无。

(4) 选定标签控件,设置标签控件的属性,字体名称:微软雅黑;字号:16。

图 6.26　利用"属性表"对话框设置窗体

2. 属性设置语句

对象属性值的设置,可采用属性设置的方式,也可以在编码时通过属性设置语句来实现。

设置属性值的语句格式一:

[<集合名>].<对象名>.属性名=<属性值>

设置属性值的语句格式二:

With <对象名>
    <属性值表>
End with

其中,<集合名>是一个容器类对象,它本身包含一组的对象,如窗体、报表和数据访问页等。

例如,要定义窗体中的标签(Label0)的"字体名称"为"华文琥珀","字号"为 22,可采用语句格式一定义方式。

Label0.FontName ="华文琥珀"
Label0.FontSize ="22"

也可采用语句格式二定义。

With Label0
    FontName ="华文琥珀"
    FontSize ="22"
End with

6.6.3 对象事件和方法

方法是一个执行,是可以由对象或类完成的计算或行为的成员。事件指的是一个类有可能会引发的一个调用。

1. 事件

事件(Event)就是每个对象可能用以识别和响应的某些行为和动作。在 Access 中,一个对象可以识别和响应一个或多个事件,这些事件可以通过宏或 VBA 代码定义。

利用 VBA 代码定义事件过程的语句格式如下。

Private Sub 对象名称_事件名称([(参数列表)])
    <程序代码>
End Sub

其中,对象名称指的是对象(名称)属性定义的标识符,这一属性必须在"属性"窗口定义。

事件名称是某一对象能够识别和响应的事件。

程序代码是 VBA 提供的操作语句序列。

表 6.2 为对象核心事件及其功能。

表 6.2　对象核心事件及功能

事　　件	触 发 时 机
打开(Open)	打开窗体,未显示记录时
加载(Load)	窗体打开并显示记录时
调整大小(Resize)	窗体打开后,窗体大小更改时
成为当前(Current)	窗体中焦点移到一条记录(成为当前记录)时;窗体刷新时;重新查询
激活(Activate)	窗体变成活动窗口时
获得焦点(GetFocus)	对象获得焦点时
单击(Click)	单击鼠标时
双击(DbClick)	双击鼠标时
鼠标按下(MouseDown)	按下鼠标键时
鼠标移动(MouseMove)	移动鼠标时
鼠标释放(MouseUP)	松开鼠标键
击键(KeyPress)	按下并释放某键盘键时
更新前(BeforeUpdate)	在控件或记录更新前
更新后(AfterUpdate)	在控件或记录更新后
失去焦点(LostFocus)	对象失去焦点时
卸载(Unload)	窗体关闭后,从屏幕上删除前
停用(Deactivate)	窗体变成不是活动窗口时
关闭(Close)	当窗体关闭,并从屏幕上删除时

2. 方法

方法(Method)是附属于对象的行为和动作,也可以将其理解为指示对象动作的命令。方法在事件代码中被调用。

调用方法的语法格式如下。

［<对象名>］.方法名

方法是面向对象的,所以对象的方法调用一般要指明对象。

3. 利用代码窗口编辑对象的事件和方法

打开代码窗口有以下两种方法。

(1) 在窗口设计视图下,在“设计”选项卡“工具”组中单击“查看代码”按钮,或选择“视图”|“查看代码”命令,即可打开代码的编辑窗口。

(2) 选中某一控件,在该控件的属性窗口中选择“事件”选项卡,在相关的事件属性框右侧单击“生成器”按钮,在打开的“选择生成器”对话框中选择“代码生成器”选项,单击“确定”按钮,打开该事件的代码窗口,即可进行代码的编辑。

图 6.27 所示为在窗口中添加一个命令按钮,单击该命令按钮时改变窗体中标签的标题属性和字体的过程。

(1) 在窗体中添加一个命令按钮，设置标题：切换。

(2) 打开属性表，单击"事件"选项卡的"单击"栏右侧的"生成器"按钮。

(3) 在打开的"生成器"对话框中选择"代码生成器"选项。

(4) 打开代码编辑器，输入代码。

(5) 保存并关闭代码编辑器，切换到窗体视图。

(6) 单击"切换"按钮，标签内容和字体均发生了变化。

图 6.27　利用代码编辑器编辑事件代码

在命令按钮（Command1）的 Click()事件中，完成了标签（Label0）的标题（Caption）属性和字体（FontName）属性的设置。

在代码窗口中，如果还要对其他对象及事件进行编码，可在代码窗口的上方左侧的对象名称框中单击下拉按钮，在打开的控件列表（列表中包含本窗体中所有的对象）中选择，在其右侧的事件列表中选择需要驱动的对象，在下方的编辑窗口中就会出现该对象的事件驱动函数，即可在插入光标输入相应的事件代码。

6.7　窗体设计实例

【例 6.1】　创建如图 6.28 所示的利用选项卡查看员工基本情况的窗体。在窗体的第一个选项卡中显示员工的基本信息，第二个选项卡中显示员工的简历和照片。相关控件及属性如表 6.3 所示。

图 6.28　员工基本情况分布显示窗体

表 6.3　员工情况窗体的相关控件及属性

控件类型	属性名称	属 性 值
主窗体	标题	员工基本情况分页显示窗体
	记录源	员工
	滚动条	两者均无
	分隔线	否
	记录选择器	否
	导航按钮	否
	边框样式	对话框边框
页 1	标题	基本信息
	字号	11
文本框	字号	11
	控件来源	员工编辑、姓名、出生日期、性别、民族、工作日期、职称、部门编号、职务、婚否
组合框	字号	11
	控件来源	所属院系
标签	字号	11
	字体粗细	加粗
页 2	标题	其他信息
	字号	11
绑定对象框	控件来源	照片
	缩放模式	缩放
文本框	控件来源	简历
	字号	11
	滚动条	垂直

　　该窗体的创建分为两个部分：主窗体的属性设置和记录源的添加。选项卡控件的添加及各选项卡上相关控件的添加。

　　选项卡控件也是一种容器控件,在选项卡控件的页上添加控件时,应该是选中该页为当前页,在页中插入控件时,页对象会显示为黑色,表示该页为当前页。在窗体中添加控件时,如果要添加的控件来源于某个表或某个查询时,最简单的方法是将该表或查询设置为窗体的记录源,然后打开记录源的字段列表,将相应的字段拖放到窗体的适当位置,再根据要求进行属性的设置即可完成。如果记录源中的字段类型是备注型,该字段在窗体中即为自动为"文本框"控件,同时自动将"滚动条"属性设置为"垂直",如果记录源中的某字段的来源是列表或查询,则窗体中该控件会自动设置为"组合框"控件。如果希望采用的控件与系统的不一致,可采用添加控件再进行设置的方法来实现。

本窗体的具体操作步骤如图 6.29 所示。

(1) 打开窗体设计器,按照窗体属性要求设置窗体。在窗体中添加一个选项卡控件。

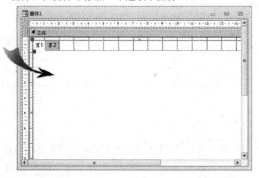

(2) 设置窗体的记录源为"员工",在窗口中打开字段列表。

(4) 切换到"页2",将标签设置为"其他信息",将"简历"和"照片"两个字段拖放到选项卡中,并设置绑定对象框的"缩放模式"为"拉伸",调整各控件相应的大小和字体字号等。

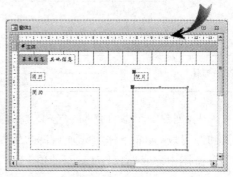

(3) 切换到"页1",将选项卡标签设置为"基本信息"。从字段列表中将相应的字段拖放到选项卡中,调整大小和相应的位置,设置字体、字号等,并按照要求设置字体和字号,并调整相应的位置。

图 6.29　设置分页窗体的操作过程

【**例 6.2**】　创建如图 6.30 所示的按部门名称浏览员工情况窗体,窗体左侧是列表框,窗体右侧是子窗体,在列表框中选定部门名称后,子窗体中立即显示筛选后该部门的员工基本信息。

图 6.30　按部门名称浏览员工情况窗体视图

该窗体分为两个部分,即部门名称列表和子窗体,子窗体以参数查询为条件,即列表框的值作为查询的条件。按部门名称浏览员工情况窗体的基本属性如表 6.4 所示。

表 6.4　按部门名称浏览员工情况窗体的基本属性

控件类型	属性名称	属 性 值
主窗体	标题	按部门名称浏览员工情况
	滚动条	两者均无
	分隔线	否
	记录选择器	否
	导航按钮	否
	宽度	19 厘米
列表框	名称	List0
	行来源类型	值列表
	行来源	"全体";" * ";"销售部";"销售部";"财务部";"财务部";"仓储部";"仓储部";"售后服务部";"售后服务部";"总经理办公室";"总经理办公室"
	绑定列	2
	默认值	*
	列数	2
	列宽	3.5 厘米;0 厘米
子窗体	记录源	窗体查询数据(参数查询)
	名称	员工基本情况子窗体

首先,创建一个参数查询:"窗体查询数据"。利用查询设计器创建查询,数据源为员工表和部门表,查询条件为"部门名称"条件为"Like [List0]",如图 6.31 所示。查询的条件即为窗体中列表框控件 List0 的值。

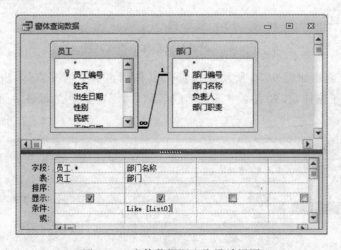

图 6.31　窗体数据源查询设计视图

利用窗体设计视图新建一个窗体,根据窗体的属性要求设置窗体属性。再在窗体上添加一个列表框控件:List0,列表框控件用于显示学院名称列表。

　　这里,列表框中属性值为 2 列,第一列为:全体、销售部、财务部、仓储部、售后服务部、总经理办公室,这列数据在列表框中显示;第二列的值为: ∗、销售部、财务部、仓储部、售后服务部、总经理办公室,第二列的第一个数据为通配符:" ∗ ",这列数据不显示,是列表框的值。

　　注意:对 List0 控件的列宽设置为"3.5cm;0cm",即第二列不显示;否则,在列表框中将显示第二列的信息。

　　具体操作步骤如图 6.32 所示。

(1)打开窗体设计视图,在窗体中添加一个列表框控件,选择"自行键入所需的值"单选按钮。

(2)列数为2,分别输入两列值列表,注意,第一列的第一个数值为"全体",第二列的第一个数值为"∗",其余两列的值相同,顺序输入所有部门名称。

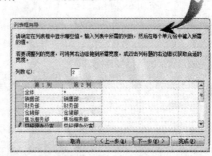

(3)选择Col2为可用字段。

　(4)为值列表设置标签,单击"完成"按钮。

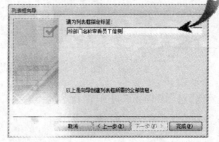

图 6.32　添加列表框控件操作过程

　　其次,在窗体中添加子窗体,以"窗体查询 1"查询为记录源,将所需字段添加到子窗体中,完成窗体的创建。具体操作步骤如图 6.33 所示。

　　为了使控件的标签与内容有所区分,这里将所有标签的"字体粗细"属性设置为"加粗","字号"属性值均设置为 10。在打开该窗体时,如果子窗体中的数据为空,是因为当前没有选中的列表框值,当在列表框中选中某一个部门名称或全体时,则在右侧的子窗体中显示相应的记录数据。要解决这一问题,则应该对列表框的默认值进行设置,即默认值为" ∗ ",再打开窗体时,右侧子窗体中将显示所有员工的信息,同时,列表框中将选中"全体"。

　　【例 6.3】　创建如图 6.34 所示的窗体,在窗体上显示出员工表中的数据,在窗体的右上方有一个"订单情况"命令按钮,单击该按钮弹出"订单情况"窗体。"订单情况"窗体中显示当前员工的所有订单,并在订单金额低于 1000 时,"金额"文本框中的文字显示为红色、加粗,"订单情况"下方显示该员工所有订单的总金额。该窗体的设计分为两个部分:

(1) 在窗体控件组中单击"子窗体"按钮。

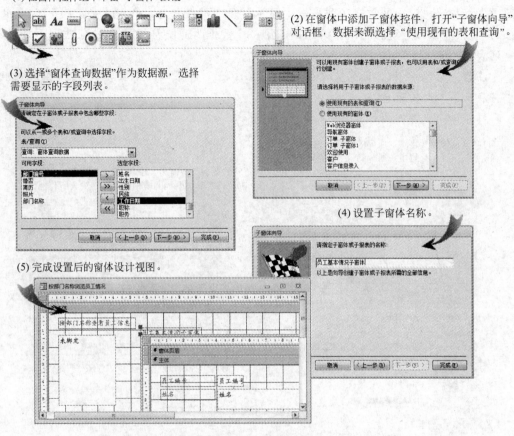

(2) 在窗体中添加子窗体控件，打开"子窗体向导"对话框，数据来源选择 "使用现有的表和查询"。

(3) 选择"窗体查询数据"作为数据源，选择需要显示的字段列表。

(4) 设置子窗体名称。

(5) 完成设置后的窗体设计视图。

图 6.33　为窗体添加子窗体操作过程

"员工基本信息"窗体和"订单情况"窗体。

首先，对"订单情况"窗体进行设计。"订单情况"窗体的相关属性如表 6.5 所示。

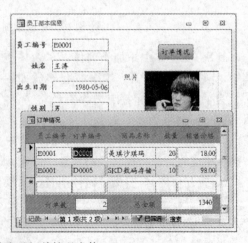

图 6.34　员工基本信息及订单情况窗体

表 6.5 "订单情况"窗体的相关属性

控件类型	属性名称	属性值	说　明
窗体	记录源	订单情况查询	利用"订单"表、"订单明细"表和"商品"表等创建的"订单情况查询"为窗体的数据源
	默认视图	连续窗体	窗体中可同时显示多条记录
	分隔线	否	
	宽度	9 厘米	
	标题	订单情况	
主体节	高度	0.9 厘米	
窗体页眉	高度	0.9 厘米	
	背景色	标准色：浅蓝 3	
窗体页脚	高度	1 厘米	
	背景色	标准色：浅蓝 3	

窗体的"默认视图"属性值包含 3 种，它们各自的效果如表 6.6 所示。

表 6.6 窗体的"默认视图"属性值说明

属性值	显示记录情况	页眉页脚显示情况
单个窗体	窗体中一次只能显示一条记录	窗体视图可以显示页眉页脚区域
连续窗体	窗体中可以显示多条记录	窗体视图可以显示页眉页脚区域
数据表	可同时显示多条记录	窗体视图不能显示页眉页脚区域

在创建订单情况窗体时，创建一个窗体设计视图，在窗体中添加窗体页眉和页脚，然后根据窗体属性表的要求对窗体的格式进行设置，再添加窗体的记录源，利用查询设计器生成相关数据的查询，通过字段列表将相关字段拖到窗体的主体节，将各字段的附加标签剪切后粘贴到窗体的页眉处，将字体加粗，对位置进行调整。最后在窗体的页脚添加两个文本框控件，分别对附加标签进行设置，并在属性窗口中对各文本框的"控件来源"进行设置，可用表达式生成器，也可直接输入表达式，订单数的控件来源值为"＝Count（＊）"，总金额的控件来源值为"＝Sum（［数量］＊［销售价格］）"。具体的操作步骤如图 6.35 所示。

其次，对"员工基本信息"窗体进行设计，员工基本情况窗体的内容包括员工表中的数据，还包括一个命令按钮，用于打开已创建的"订单情况"窗体。员工基本信息窗体属性如表 6.7 所示。

表 6.7 员工基本信息窗体属性

控件类型	属性名称	属性值
窗体	记录源	员工
	标题	员工基本信息
	滚动条	两者均无
	分隔线	否
	记录选择器	否
	宽度	12 厘米
主体节	高度	10 厘米
绑定对象框	缩放模式	拉伸
命令按钮	标题	订单情况

(1) 在窗体设计视图中添加窗体页眉/页脚，利用
属性表参照要求完成对窗体属性的设置。

(2) 窗体默认视图：连续窗体；
标题：订单情况。

(3) 切换到"数据"选项卡，
设置窗体的数据源。

(4) 单击"记录源"左侧的"生成器"按钮，
打开 "查询生成器" 窗口。

(5) 完成设计，关闭查询设计器。

(6) 完成窗体数据源的创建，
打开字段列表。

(7) 在窗体设计视图下添加窗体页眉和窗体页脚，将相关数据拖放到
窗体的主体，将附加标签剪切后，粘贴到窗体的页眉，分别按要求设
置窗体页眉和页脚的格式。

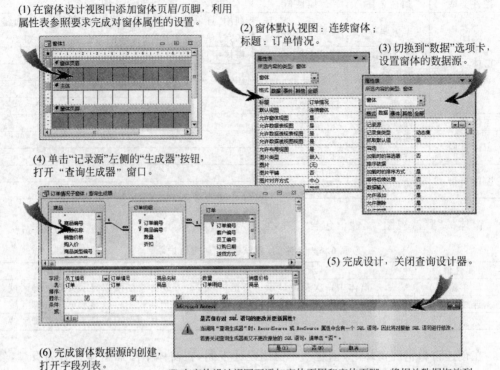

(8) 在窗体的页脚添加两个文本框控件，
分别输入计算表达式。

(9) 选中窗体页脚的总金额文本框，打开条件格式
设置，低于1000时，显示数字加粗、红色。

切换到窗体
视图

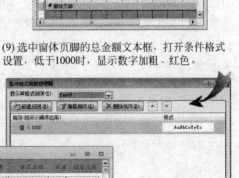

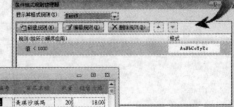

图 6.35　创建订单情况窗体操作过程

如图 6.34 所示,在窗体设计视图中创建窗体,在窗体中绑定记录源为"员工",将相关字段拖放到窗体的主体中,并按照窗体的相关属性要求进行属性的设置。窗体基本信息设置完成后,在窗体中添加命令按钮,利用命令按钮控件向导完成命令按钮的设置,具体操作如图 6.36 所示。

(1) 在窗体设计视图中添加相关字段。

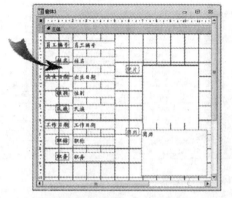

(2) 在窗体的照片框上添加命令按钮控件,打开"命令按钮向导"对话框,选择"类别"为"窗体操作","操作"为"打开窗体"。

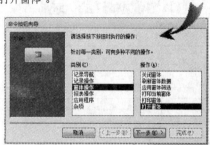

(4) 选中"打开窗体并查找要显示的特定数据"单选按钮。

(3) 在窗体列表中选中"订单情况"窗体。

(5) 选中匹配字段。

(6) 设置按钮标题。

完成窗体设计

图 6.36　主窗体设计过程

在窗体创建完成后保存窗体。在窗体选项卡中双击窗体名称,即可打开窗体,在打开窗体时单击按钮,则可打开"订单情况"的链接窗体。

【例 6.4】 创建如图 6.37 所示的一个窗体,在窗体中添加一个标签控件、一个日期控件和一个媒体播放控件,媒体播放器在打开窗体时自动播放一段音乐,日历控件可以查询日期。

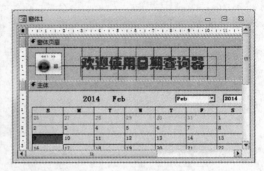

图 6.37　日历查询窗体及设计视图

在"设计"选项卡的"控件"组中,没有媒体播放控件和日历控件,这些控件可以通过单击"控件"组的列表滚动条的下拉按钮,在打开的控件列表中单击"ActiveX 控件"按钮,在打开的"插入 ActiveX 控件"对话框的列表中查找需要的控件,媒体播放器可以使用 Windows Media Player,日历使用 Calendar Control 8.0。这里的控件列表中,控件是以名称进行排序的,拖动滚动条可上下浏览控件。万年历窗体属性如表 6.8 所示。

表 6.8　万年历窗体属性

控件类型	属性名称	属 性 值
窗体	标题	万年历
	滚动条	两者均无
	记录选择器	否
	导航按钮	否
	分隔线	否
	边框样式	对话框边框
	宽度	13.5 厘米
主体节	高度	7 厘米
标签	标题	欢迎使用日期查询器
	字体名称	华文琥珀
	字号	22
	前景颜色	标准色:红色
媒体播放器	URL	音乐文件的存放地址
	可见性	否
日历控件	宽度	12.5 厘米
	高度	5 厘米

　　窗体的设计操作过程可先新建一个窗体,根据表 6.8 所示的属性要求对窗体属性进行相应的设置,然后在适当的位置添加一个标签控件,对标签控件的相关属性进行设置,最后,添加一个日历控件 Calendar Control 8.0,单击"设计"选项卡的"控件"列表中的"ActiveX 控件"按钮,在打开的"插入 ActiveX 控件"对话框中选择,选定,将鼠标指针移至窗体上,鼠标指针变成"十字"形,在窗体中画出一个矩形,即为日历控件的占位。

　　在窗体中添加一个媒体播放器,这里采用的是 Windows Media Player,该播放器可以播放声音文件,是从"插入 ActiveX 控件"对话框中得到的,在窗体主体的任意位置添加媒体播放控件,然后设置与该控件链接的声音文件,链接声音文件可以直接对该控件的URL 属性进行设置,将声音文件的地址直接输入到该属性的文本框中,也可以单击"自定义"属性右侧的"生成器"按钮,在打开的对话框中对链接的声音文件进行设置。

　　注意:这里的声音文件是链接到播放器中,如果将数据库文件搬移到其他机器上进行使用,会由于找不到声音文件而使播放音乐背景不能正常工作。

习题

一、单选题

1. "切换面板"属于(　　)。

　　A. 表　　　　　　　　B. 查询　　　　　　　C. 窗体　　　　　　　D. 页

2. 不是用来作为表或查询中"是/否"值的控件是(　　)。

　　A. 复选框　　　　　　B. 切换按钮　　　　　C. 选项按钮　　　　　D. 命令按钮

3. 决定窗体外观的是(　　)。

　　A. 控件　　　　　　　B. 标签　　　　　　　C. 属性　　　　　　　D. 按钮

4. 主窗体和子窗体通常用于显示多个表或查询中的数据,这些表或查询中的数据关系是(　　)。

　　A. 一对一　　　　　　B. 一对多　　　　　　C. 多对多　　　　　　D. 关联

5. 属于交互式控件的是(　　)。

　　A. 标签控件　　　　　B. 文本框控件　　　　C. 命令按钮控件　　　D. 图像控件

6. 表格式窗体同一时刻能显示(　　)条记录。

　　A. 1　　　　　　　　B. 2　　　　　　　　C. 3　　　　　　　　D. 多

7. 不是窗体文本框控件的格式属性的选项是(　　)。

　　A. 标题　　　　　　　B. 可见性　　　　　　C. 前景颜色　　　　　D. 背景颜色

8. 主/子窗体中,主窗体只能显示为(　　)窗体。

　　A. 纵栏式　　　　　　B. 表格式　　　　　　C. 数据表式　　　　　D. 图表式

9. 纵栏式窗体同一时刻能显示(　　)条记录。

　　A. 1　　　　　　　　B. 2　　　　　　　　C. 3　　　　　　　　D. 多

10. 图表窗体的数据源是(　　)。

A. 数据表　　　　　B. 查询　　　　　C. 数据表或查询　　D. 以上都不是

11. Access 的窗体由多个部分组成,每个部分称为一个(　　　)。

　　A. 控件　　　　　　B. 子窗体　　　　　C. 节　　　　　　D. 页

12. 用于显示线条、图像控件类型的是(　　　)。

　　A. 结合型　　　　　B. 非结合型　　　　C. 计算控件　　　D. 图像控件

13. 当窗体中的内容较多而无法在一页中显示时,可以使用的控件是(　　　)。

　　A. 按钮控件　　　　　　　　　　　　　B. 组合框控件

　　C. 选项卡控件　　　　　　　　　　　　D. 选项组控件

14. 在计算控件中,每个表达式前都要加上(　　　)。

　　A. =　　　　　　　B. !　　　　　　　C. ,　　　　　　　D. Like

15. 主窗体和子窗体的链接字段不一定在主窗体或子窗体中显示,但必须包含在(　　　)。

　　A. 表中　　　　　　　　　　　　　　　B. 查询中

　　C. 数据源中　　　　　　　　　　　　　D. 外部数据库中

二、填空题

1. 计算控件以_____作为数据来源。

2. 在窗体设计视图中,窗体由上而下被分成 5 个节:_____、页面页眉、_____、页面页脚和_____。

3. 窗体属性对话框有 5 个选项卡:_____、_____、_____、_____和全部。

4. 窗体中的数据来源主要包括表和_____。

5. 在创建主/子窗体之前,要确定主窗体的数据源与子窗体的数据源之间存在着_____的关系。

6. _____窗体从外观上看与数据表和查询的界面相同。数据表窗体的主要作用是作为一个窗体的子窗体。

三、操作题

1. 分别创建学生、教师、课程的录入窗体。

2. 创建一个主/子窗体,在主窗体中显示学生的基本信息,在子窗体中显示该学生所以选的课程信息和成绩。

3. 创建一个主/子窗体,在主窗体中显示教师的基本信息,在子窗体中显示他所有授课程的信息。

4. 参照图 6.28,创建一个教师基本信息分页显示窗体。

5. 参照图 6.30,创建一个按学院名称查看学生信息的窗体。

6. 参照图 6.34,创建一个窗体,在主窗体中显示学生的基本信息,在弹出窗体中显示该学生所选的课程信息,在窗体页脚显示他所选课程的平均分和总学分。

7. 创建一个“欢迎”窗体,效果图如图 6.38 所示。

在窗体中,插入一个不可见的播放器,打开窗体时自动播放音乐。单击“关闭窗体”按钮,将关闭该窗体。

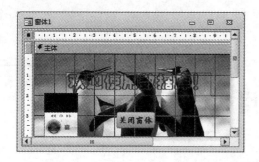

图 6.38　"欢迎"窗体的效果图

第 7 章

学会应用报表

报表是 Access 数据库对象之一，报表根据用户设定的格式在屏幕上显示或打印输出格式化的数据信息，通过报表可以对数据库中的数据进行分组、计算、汇总，以及控制数据内容的大小和外观等，但是报表不能对数据源中的数据进行维护，只能在屏幕上显示或在打印机上输出。

本章的知识体系：
- 报表的视图和结构
- 报表的创建和编辑
- 报表的排序和分组
- 计算控件的使用
- 子报表

学习目标：
- 了解报表的相关知识
- 熟悉报表的工具和功能
- 掌握报表的创建和编辑
- 熟悉报表的排序、分组和汇总
- 掌握报表的计算

7.1 概述

报表是数据内容显示和输出的重要形式。本节将介绍报表的概念、报表的主要功能、报表的主要类型以及 Access 中报表的结构和视图。

7.1.1 报表的功能

报表是数据库中的数据通过屏幕显示或打印输出的特有形式。尽管多种多样的报表形式与数据库窗体、数据表十分相似，但它的功能却与窗体、数据表有根本的不同，它的作用只是用来输出数据。

报表的功能主要包括：呈现格式化的数据；分组组织数据，进行汇总；包含子报表及图表数据；打印输出标签、发票、订单和信封等多种样式的报表；进行计数、求平均、求和等统计计算；嵌入图像或图片来丰富数据显示，等等。

7.1.2　报表的视图

　　Access 的报表操作提供了 4 种视图：报表视图、打印预览视图、布局视图和设计视图。报表视图用于显示报表数据内容，如图 7.1 所示；打印预览视图用于查看报表的页面数据输出形态，即打印效果预览，如图 7.2 所示，在该视图中默认打开打印预览选项卡；布局视图的界面风格与报表视图类似，但是在该视图中可以移动各个控件的位置，重新进行控件布局，如图 7.3 所示，在该视图中默认打开报表布局工具选项卡；设计视图用于创建和编辑报表的结构，添加控件和表达式，美化报表等，如图 7.4 所示，在该视图中默认打开"报表设计工具"选项卡。

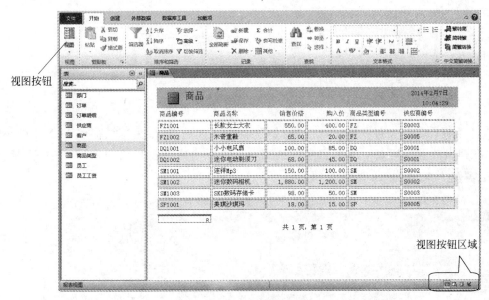

图 7.1　报表视图

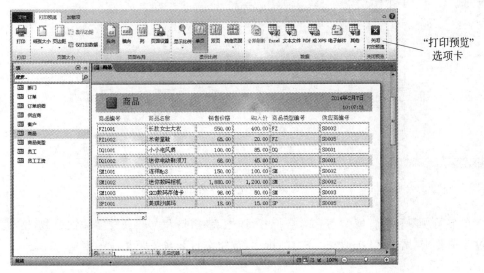

图 7.2　打印预览视图

图 7.3   布局视图

4 个视图的切换可以通过单击"开始"选项卡"视图"组中的"视图"按钮下面的小箭头,在弹出的下拉列表中选择相应的视图命令。或者在数据库窗口右下角的视图区域 中选择相应的视图按钮。

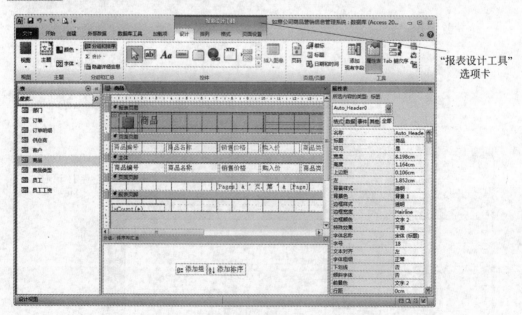

图 7.4   设计视图

在布局视图和设计视图下有时会打开"属性表"窗格和"分组、排序和汇总"窗格,可以通过分别单击"属性表"按钮和"分组和排序"按钮来打开或关闭相应的窗格。

7.1.3 报表的结构

报表的结构和窗体类似,通常由报表页眉、报表页脚、页面页眉、页面页脚和主体 5 部分组成,每个部分称为报表的一个节。如果对报表进行分组显示,则还有组页眉和组页脚两个专用的节,这两个节是报表所特有的。报表的内容是以节来划分的,每个节都有特定的用途。所有报表都必须有一个主体节。

在报表设计视图中,视图窗口被分为许多区段,每个区段就是一个节,如图 7.5 所示。其中显示有文字的水平条称为节栏。节栏显示节的类型,通过双击节栏可访问节的属性表,通过上下移动节栏可以改变节区域的大小。报表右上方的按钮是"报表选择器",通过双击"报表选择器"可访问报表的属性表。

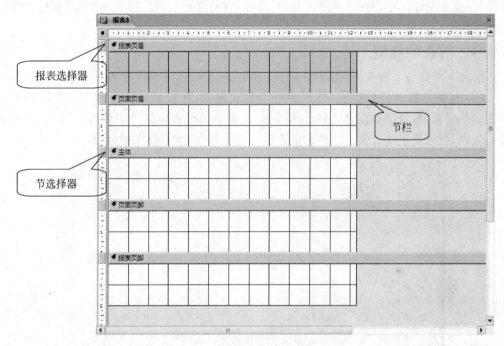

图 7.5 报表的组成

报表中各节的功能如下。

(1)报表页眉:是整个报表的页眉,只能出现在报表的开始处,即报表的第一页打印一次,用来放置通常显示在报表开头的信息,如标题、日期或报表简介。在报表设计区中,右击节栏,在弹出的快捷菜单中单击"报表页眉/页脚"命令,可添加或删除报表页眉页脚及其中的控件。

(2)页面页眉:用于在报表中每页的顶部显示标题、列标题、日期或页码,在表格式报表中用来显示报表每一列的标题。在报表设计区中,右击节栏,在弹出的快捷菜单中单击"页面页眉/页脚"命令,可添加或删除页面页眉/页脚及其中的控件。

(3)主体:显示或打印来自表或查询中的记录数据,是报表显示数据的主要区域,是整个报表的核心。数据源中的每一条记录都放置在主体节中。

(4)页面页脚:用于在报表中每页的底部显示页汇总、日期或页码等。页面页脚和页面页眉可用同样的命令被成对地添加或删除。

（5）报表页脚：用来放置通常显示在页面底部的信息，如报表总计、日期等，仅出现在报表最后一页页面页脚的上方。报表页脚和报表页眉可用同样的命令被成对地添加或删除。

（6）组页眉：在分组报表中，可以使用"排序和分组"属性设置"组页眉/组页脚"区域，以实现报表的分组输出和分组统计。组页面显示在记录组的开头，主要用来显示分组字段名等信息。要创建组页眉，在报表设计区中，右击"排序和分组"命令，在打开的"分组、排序和汇总"窗格中进行设置。

（7）组页脚：显示在记录组的结尾，主要用来显示报表分组总计等信息。要创建组页脚，在报表设计区中，右击"排序与分组"命令，在打开的"分组、排序和汇总"窗格中进行设置。

7.1.4　报表的类型

报表主要分为4种类型：纵栏式报表、表格式报表、标签式报表和两端对齐式报表。

（1）纵栏式报表：也称为窗体报表或堆积式报表，一般是在报表的主体节区显示一条或多条记录，而且以垂直方式显示，如图7.6所示。报表中每个字段占一行，左边是字段的名称，右边是字段的值。纵栏式报表适合记录较少、字段较多的情况。

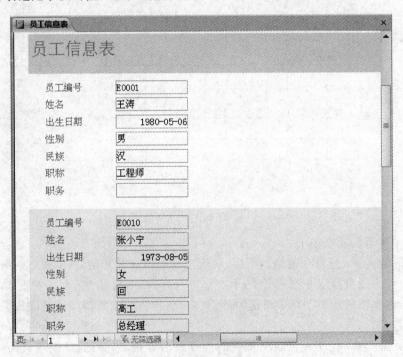

图7.6　纵栏式报表

（2）表格式报表：是以整齐的行、列形式显示记录数据，一行显示一条记录，一页显示多行记录，如图7.7所示。字段的名称显示在每页的顶端。表格式报表与纵栏式报表不同，其记录数据的字段标题信息不是被安排在每页的主体节区内显示，而是安排在页面页眉节区显示。表格式报表适合记录较多、字段较少情况。

员工编号	姓名	出生日期	性别	民族	职称	职务
E0001	王涛	1980-05-06	男	汉	工程师	
E0010	张小宁	1973-08-05	女	回	高工	总经理
E0011	刘长海	1981-07-25	男	汉	助理工程师	
E0002	刘明	1970-06-12	男	汉	高工	部门经理
E0003	王芳	1977-05-09	女	满	会计师	部门经理
E0004	张扬	1975-09-16	女	汉	高级会计师	部门经理
E0005	刘山	1985-02-21	男	汉	助理会计师	
E0006	刘杰	1981-12-12	男	汉	工程师	部门经理
E0007	洪飞飞	1982-08-02	女	蒙	工程师	
E0008	李晓东	1988-09-17	男	汉	助理工程师	
E0009	张山峰	1987-12-22	男	回	助理工程师	

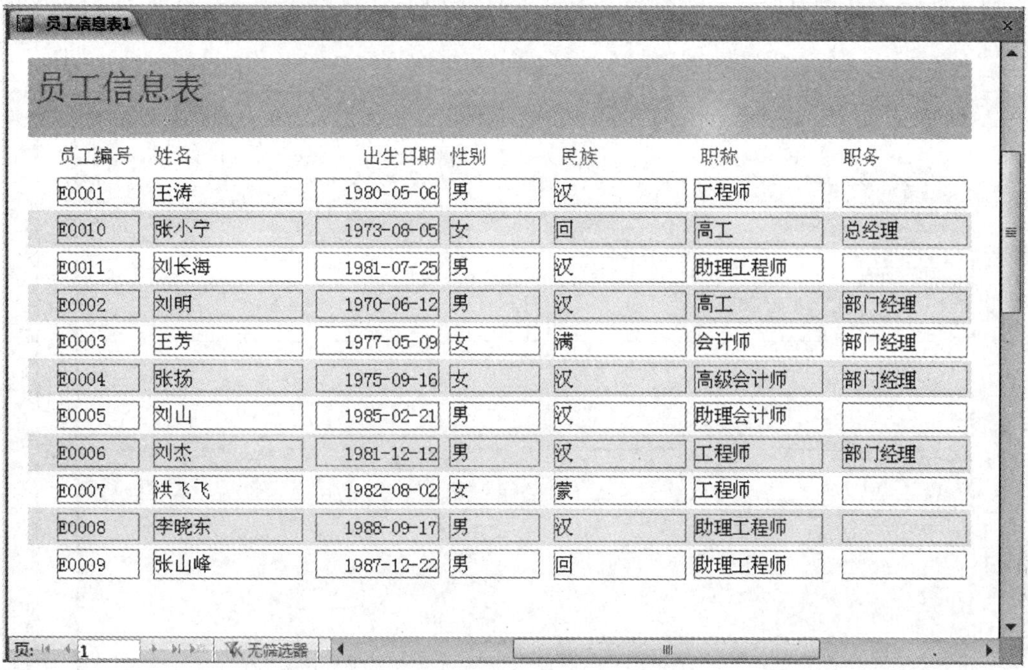

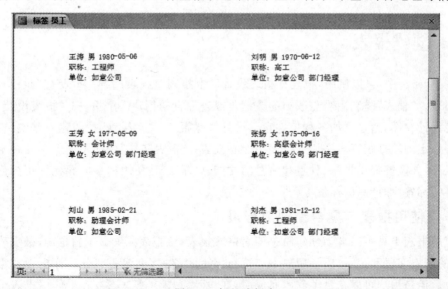

图 7.7　表格式报表

(3) 标签式报表：是一种特殊类型的报表，将报表数据源中少量的数据组织在一个卡片似的小区域，如图 7.8 所示。标签报表通常用于显示名片、书签、邮件地址等信息。

图 7.8　标签式报表

(4) 两端对齐式报表：与纵栏式报表类似，两端对齐式报表也是在报表的主体节区显示一条或多条记录，但通常是以两端对齐的方式来布局显示字段名称和字段的值，如

图 7.9 所示，单个记录形成一个表格，字段的值通常在字段名称的右侧或下方。两端对齐式报表实质上是对纵栏式报表中字段布局的重新组织，往往更适合记录较少、字段较多的情况。

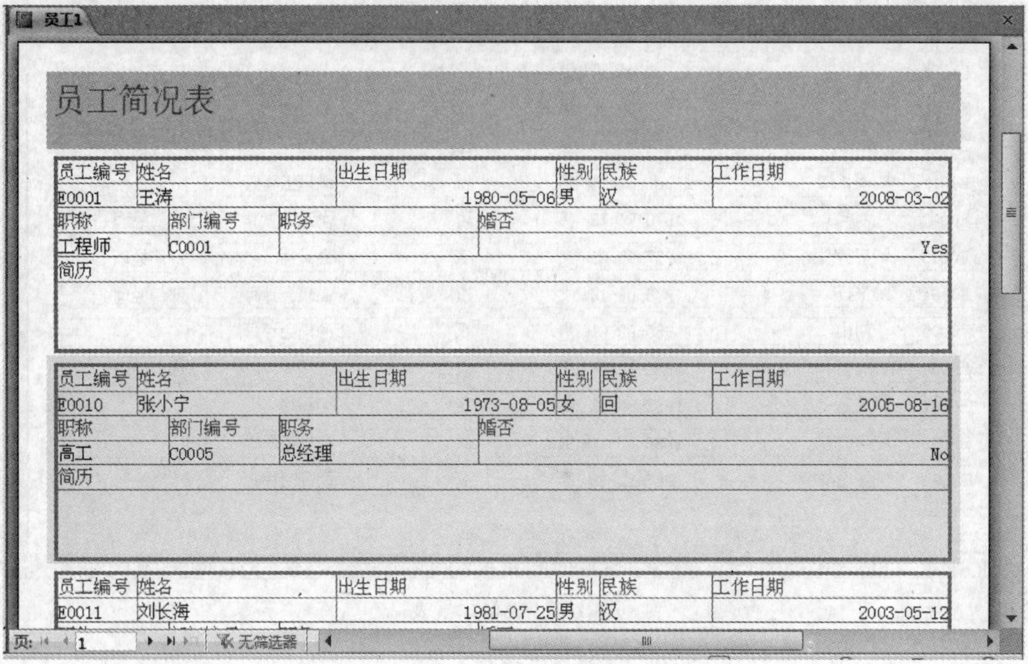

图 7.9　两端对齐式报表

7.2　创建报表

在 Access 中，可以使用"报表""报表设计""空报表""报表向导"和"标签"5 种方式来创建报表。"报表"是利用当前选中的数据表或查询自动创建一个报表；"报表设计"是打开报表设计视图，通过添加各种控件自己设计一张报表；"空报表"是创建一张空白报表，通过将选定的数据表字段添加进报表中建立报表；"报表向导"允许用户创建几种不同风格的报表，并能够提供排序、分组和汇总的功能；"标签"是使用标签向导允许用户创建各种规格的标签，如产品的标签等。

7.2.1　使用报表工具自动创建报表

使用报表工具可以自动创建简单的表格式报表，该报表能够显示数据源（数据表或查询）中的所有字段和记录，但是用户不能选择报表的格式，也无法部分选择出现在报表中的字段。但是用户可以在自动创建完成后，在设计视图中修改该报表。使用报表工具创建报表，需要预先在导航窗格中选择数据源。

【例 7.1】　以数据表"员工"为数据来源使用报表工具自动创建报表。操作步骤如图 7.10 所示。

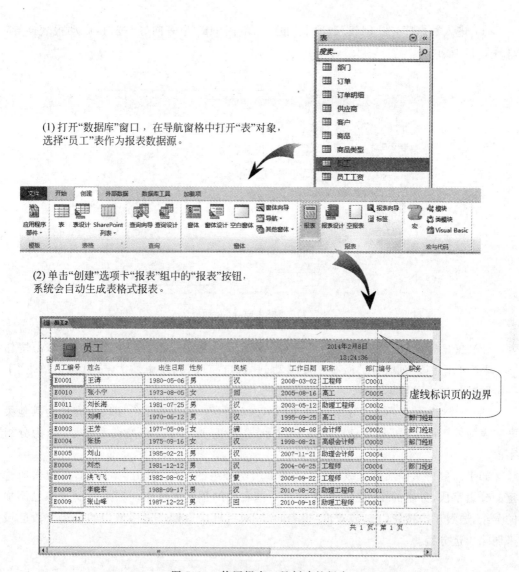

(1) 打开"数据库"窗口，在导航窗格中打开"表"对象，选择"员工"表作为报表数据源。

(2) 单击"创建"选项卡"报表"组中的"报表"按钮，系统会自动生成表格式报表。

虚线标识页的边界

图 7.10　使用报表工具创建的报表

自动创建报表完毕后，系统会自动进入报表的布局视图，并且自动打开"报表布局工具"功能区，使用该功能区中的工具可以对报表进行简单地编辑和修改。

注意：在报表的布局视图中有贯穿整个页面的横向和纵向的虚线，该虚线用来标识整个页面的边界。根据这些边界标识，便于用户调整布局控件。

7.2.2　使用报表向导创建报表

使用"报表向导"创建报表时，向导将提示用户输入有关记录源、字段、版面以及所需的格式，并且可以在报表中对记录进行分组或排序，并计算各种汇总数据等。用户在报表向导的提示下可以完成大部分报表设计的基本操作，加快了创建报表的过程。

【例 7.2】 以数据表"商品"为数据源，使用报表向导创建报表"商品信息表"。操作步骤如下。

(1) 进入数据库,在"创建"选项卡"报表"组中单击"报表向导"按钮,启动报表向导,如图 7.11 所示。

图 7.11　"报表向导"对话框

(2) 在"表/查询"下拉列表中,选择报表所需的数据来源"商品"数据表,单击按钮 ，将"可用字段"列表中的所有字段移动到"选定字段"列表中。选定字段后,单击"下一步"按钮,进入向导第二步。

(3) 向导提示是否添加分组级别,如图 7.12 所示。如果选定的字段中有作为其他关联主表的外键的字段,向导自动添加分组字段,图 7.12 中的"商品类型编号"作为分组字段。

如果需要再次添加分组级别,可以选定用于分组的字段,单击按钮 ，或双击所选定的分组字段,分组的样式就会出现在对话框右侧的预览区域中。如果需要删除已添加的分组,通过单击按钮 ，或双击"报表向导"对话框中右侧预览区域中的分组字段区域来删除所选分组。

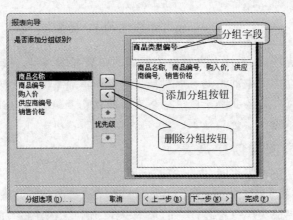

图 7.12　"报表向导"之添加分组级别 1

在本例中暂不添加任何分组级别，单击删除分组级别按钮 <kbd><</kbd>，删除分组级别，如图 7.13 所示。如果"商品"表未与其他表建立任何关系，则报表向导不会显示图 7.12，而是直接显示图 7.13。

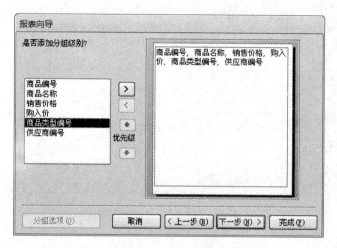

图 7.13　"报表向导"之添加分组级别 2

（4）在下一步向导中，需要为记录指定排序次序，最多可以按 4 个字段对记录进行排序。图 7.14 所示为按照"商品编号"升序。

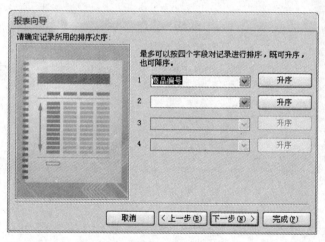

图 7.14　"报表向导"之确定排序

（5）在下一步向导中，选择设置报表的布局方式。布局样式有"纵栏表""表格"和"两端对齐"，布局方向有"横向"和"纵向"两种。这里设置布局样式为"表格"，布局方向为"纵向"，如图 7.15 所示。

（6）在下一步向导中，指定报表的标题为"商品信息表"，选择报表完成后的状态，如图 7.16 所示。

（7）单击"完成"按钮，即可完成报表的创建。图 7.17 所示为创建好的显示商品信息的表格式报表。

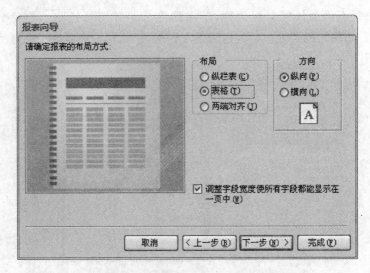

图 7.15　"报表向导"之确定布局

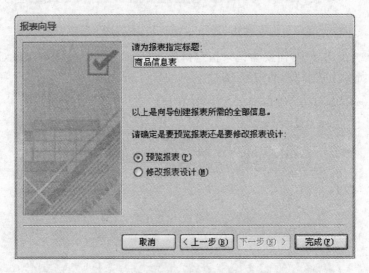

图 7.16　"报表向导"之指定标题

【例 7.3】　参考例 7.2 创建以数据表"商品"为数据源的报表"商品信息简况表",该报表以"商品编号"进行分组。本例的操作步骤与例 7.2 类似,只是增加了分组级别和汇总项。具体操作步骤如下。

(1)参照例 7.2,启动报表向导,选择数据来源为"商品"数据表,并将所有字段添加到"选定字段"列表中。之后进入报表向导之添加分组级别设置,如图 7.12 所示。

如果需要再次添加分组级别,可以选定用于分组的字段,单击按钮 ⊳ ,或双击所选定的分组字段,分组的样式就会出现在对话框右侧的预览区域中。可选定多个字段来设定多级分组,这时还可以使用"优先级"按钮 ⬆ 或 ⬇ 来调整分组的级别。

(2)如果要另行设置分组间隔,可单击"分组选项"按钮,在弹出的对话框中对分组字

商品信息表					
商品编号	商品名称	销售价格	购入价	商品类型编号	供应商编号
DQ1001	小小电风扇	100.00	85.00	DQ	S0001
DQ1002	迷你电动剃须刀	68.00	45.00	DQ	S0001
FZ1001	长款女士大衣	550.00	400.00	FZ	S0003
FZ1002	米奇童鞋	65.00	20.00	FZ	S0005
SM1001	连祥Mp3	150.00	100.00	SM	S0002
SM1002	迷你数码相机	1,880.00	1,200.00	SM	S0002
SM1003	SKD数码存储卡	98.00	50.00	SM	S0003
SP1001	美琪沙琪玛	18.00	15.00	SP	S0005

图 7.17 基于"报表向导"方式创建的报表

段进行分组间隔的设置,如图 7.18 所示。这里按照选项默认值进行设置。

"分组间隔"属性会根据分组字段的不同数据类型给出不同选项。对文本类型字段,分组间隔有"普通""第一个字母""两个首写字母"等选项。"普通"选项表示按整个字段值进行分组,"第一个字母"和"两个首写字母"分别是按照字段值的第一个字母和前两个字母进行分组。例如,商品编号有 SM1001 和 SM1002,如果想按照 SM 分组,则应该选择"两个首写字母"进行分组。

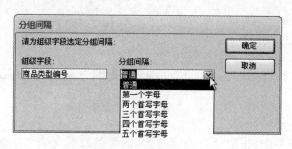

图 7.18 "分组间隔"对话框

(3) 在下一步向导中,设置报表按照"商品编号"升序。与图 7.14 不同的是,由于之前设置了分组级别,在此步中的对话框中,除了排序外,多增加了一个"汇总选项"按钮。

(4) 如果报表所选字段中包含数值型的字段,还可以通过单击"汇总选项"按钮,在弹出的"汇总选项"对话框中设置需要计算的汇总值,如图 7.19 所示。选择分组计算"购入价"字段的平均值。

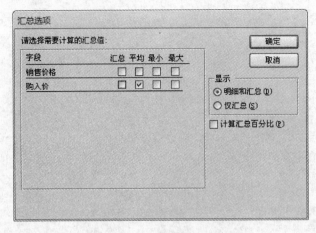

图 7.19 "汇总选项"对话框

(5) 单击"确定"按钮返回后,再进入下一步向导,选择设置报表的布局方式。布局样式有"递阶""块"和"大纲",布局方向有"横向"和"纵向"两种。这里设置布局样式为"块",布局方向为"纵向",如图 7.20 所示。选择某种布局样式就会在对话框中的左侧样式预览区域中显示相应的布局样式,用户可以根据需要选择相应的布局样式。

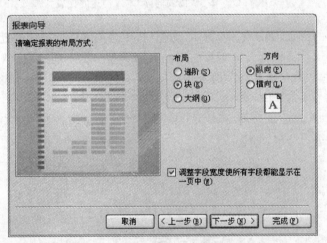

图 7.20 "报表向导"之报表布局

(6) 在下一步向导中,指定报表的标题为"商品信息简况表",单击"完成"按钮,即可完成报表的创建。图 7.21 所示为创建好的报表打印预览视图。

注意:如果要在报表中包括来自多个表和查询的字段,则在报表向导的第一步中的"报表向导"对话框中选择第一个报表或查询的字段后,不要单击"下一步"按钮或"完成"按钮,而是重复执行选择表或查询的步骤,并挑选要在报表中包括的字段,直至已选择所有所需的字段。之后的下一步向导中则会提示选择查看数据的方式(指定基于那个表),如果选择了通过主表查看,则自动添加了分组字段;如果选择通过子表查看,或多个表之间未建立关系,则之后的向导同样会显示添加分组级别对话框。

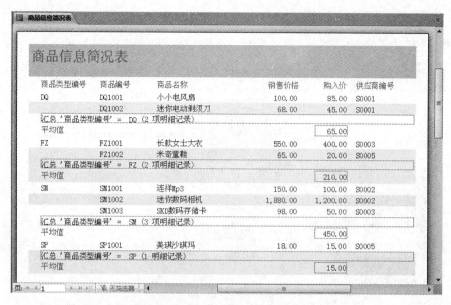

图 7.21 基于"报表向导"方式创建的分组报表

7.2.3 使用标签向导创建报表

在日常生活与工作中,标签的应用范围很广,比如,书签、产品标签、邮件标签、名片等。Access 提供了标签向导来方便地创建标签报表。

【例 7.4】 采用标签向导创建以数据表"员工"为数据源的标签式报表。其操作步骤如图 7.22 所示。

7.2.4 使用报表设计视图创建报表

除了可以使用自动报表和向导功能创建报表外,还可以从设计视图中手动创建报表。在设计视图下可以灵活建立或修改各种报表。主要操作过程有:创建空白报表并选择数据源;添加页眉页脚;布置控件显示数据、文本和各种统计信息;设置报表排序和分组属性;设置报表和控件外观格式、大小、位置和对齐方式等。

【例 7.5】 以数据表"客户"为数据源使用设计视图创建报表"客户信息表"。创建步骤如下。

(1) 在"数据库"窗口中,单击"创建"选项卡的"报表"组中的"报表设计"按钮,生成一个空白的报表,并进入报表设计视图,如图 7.23 所示。

(2) 在"报表设计工具"|"设计"选项卡中,单击"工具"组中的"添加现有字段"按钮,则在窗口右侧打开"字段列表"窗格,如图 7.24 所示。在"字段列表"窗格中选择报表的数据源为"客户"表。

(3) 除了通过"添加现有字段"在"字段列表"窗格中选择数据源外,也可以在报表的"属性表"窗格中的"数据"选项卡或"全部"选项卡中,设置报表的"记录源"属性,如图 7.25 所示。单击"工具"功能组中的"属性表"按钮,打开"属性表"窗格设置其"数据"选项卡下的"记录源"属性为"客户"表。

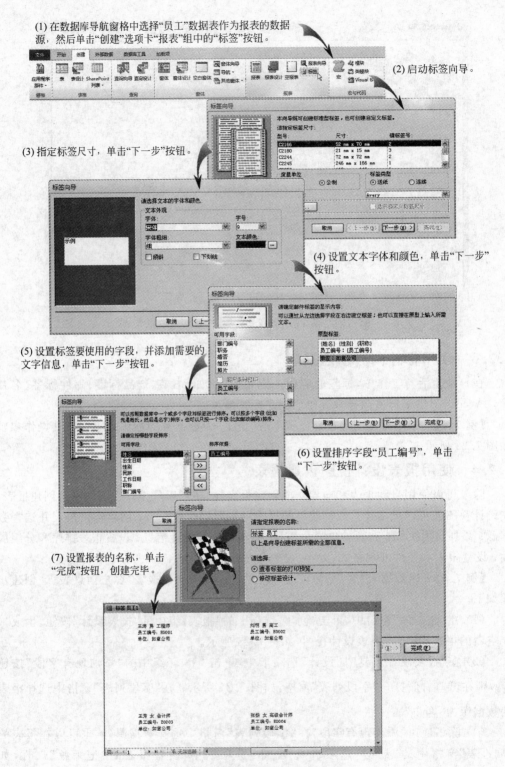

(1) 在数据库导航窗格中选择"员工"数据表作为报表的数据源，然后单击"创建"选项卡"报表"组中的"标签"按钮。

(2) 启动标签向导。

(3) 指定标签尺寸，单击"下一步"按钮。

(4) 设置文本字体和颜色，单击"下一步"按钮。

(5) 设置标签要使用的字段，并添加需要的文字信息，单击"下一步"按钮。

(6) 设置排序字段"员工编号"，单击"下一步"按钮。

(7) 设置报表的名称，单击"完成"按钮，创建完毕。

图 7.22　使用标签工具创建标签报表

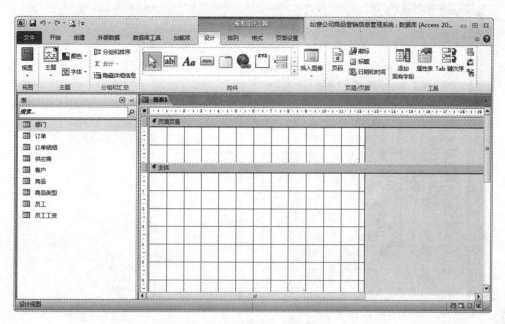

图 7.23　报表设计视图

图 7.24　选择"客户"表

图 7.25　设置报表数据记录源

　　如果现有的数据源不能满足报表需要,用户也可以通过新建数据源来设置"记录源"的属性。单击"记录源"属性右侧的"…"按钮,在打开的查询设计器中新建查询对象,作为报表的记录源。

　　(4) 在第(2)中打开了"字段列表"窗格,从中选择要在报表中显示的字段,拖到主体节中。或者双击该字段,将自动添加到主体节中,如图 7.26 所示。

　　(5) 调整控件对象的布局和大小,方法和窗体中的控件对象类似。

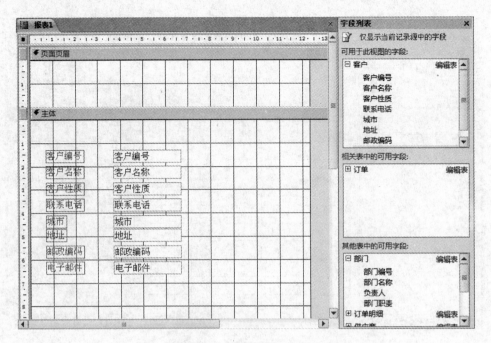

图 7.26　报表中添加字段

(6) 在报表的"报表页眉"中添加一个标签控件,输入标题"客户信息表","报表设计工具"选项卡的"格式"子选项卡中,设置控件的属性为:华文仿宋、字号 20、加粗、黑色字体,或者在该控件的"属性表"中设置相关属性。并在主体节的底部添加一个直线控件,如图 7.27 所示。

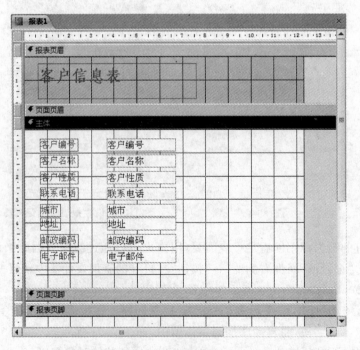

图 7.27　报表设计布局

（7）修改报表"报表页眉"节和"主体"节的高度，以合适的尺寸容纳其中包含的控件。保存并命名该报表为"客户信息表"，并预览所创建的报表，如图 7.28 所示。

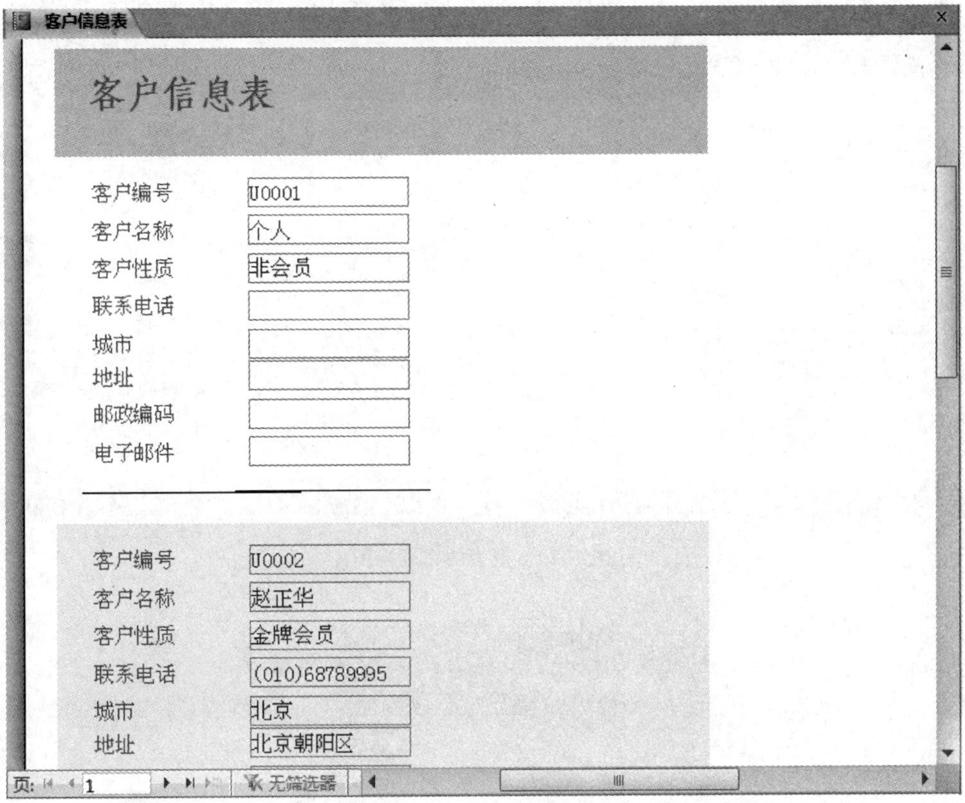

图 7.28 报表预览显示

7.2.5 从空报表开始创建报表

从空报表开始创建报表与使用报表设计工具创建报表类似。从空报表开始创建报表时默认进入布局视图，并且主要在布局视图下进行报表设计。在报表视图下更方便建立纵栏式报表，而布局视图下更方便设置表格式报表。

【例 7.6】 以数据表"供应商"为数据源从空报表开始创建报表"供应商信息表"。其操作步骤如下。

（1）在"数据库"窗口中，单击"创建"选项卡"报表"组中的"空报表"按钮，生成一个空白的报表，并进入报表的布局视图，如图 7.29 所示。

（2）打开"字段列表"窗格选项卡下的"设计"子选项卡中，单击"工具"功能组中的"添加现有字段"，如图 7.30 所示。在"字段列表"窗格中选择报表的数据源为"供应商"表。

（3）在"字段列表"窗格中选择要在报表中显示的字段，拖到主体节中。或者双击该字段，将自动添加到主体节中，如图 7.31 所示。

（4）切换到报表的设计视图，打开"报表页眉"区域，并在其中添加一个标签控件，

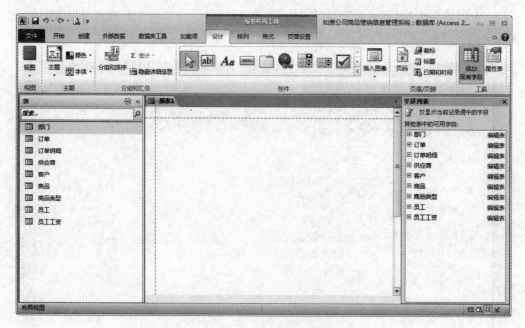

图 7.29　报表的布局视图

图 7.30　选择"供应商"表

输入标题"供应商信息表",设置控件的属性为:华文仿宋、字号 20、加粗、黑色字体,如图 7.32 所示。

(5) 根据需要进一步设置控件的属性和风格,设置方式同前述介绍的"报表设计"工具中报表创建的内容,最后保存该报表为"供应商信息表",并预览所创建的报表,如图 7.33 所示。

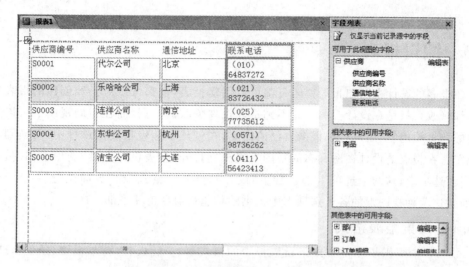

图 7.31 设置报表数据记录源

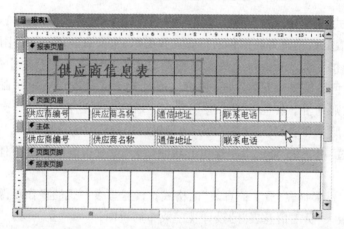

图 7.32 在报表页眉中添加标签控件

图 7.33 "供应商信息表"报表预览

7.3   编辑报表

在报表的设计视图和布局视图下都可以创建报表,也都可以对已经创建的报表进行编辑和修改。只是在设计视图下看不到报表控件关联的数据,而在布局视图下可以呈现控件的数据源内容,用户可以根据自己的需要,在创建和编辑报表的过程中,切换到不同的视图。在报表的设计视图和布局视图下将分别打开"报表设计工具"选项卡和"报表布局工具"选项卡,这两个选项卡都包含了"设计""排列""格式"和"页面设置"4 个子选项卡,而且这两种视图下的各子选项卡中提供的功能组命令也几乎都一样。

7.3.1   设置报表格式

Access 中提供了多种方式来设置报表的格式,如主题设置、背景设置、条件格式、页面设置等。

1. 设置格式

Access 报表的格式设置与窗体的格式设置类似,主要通过 Access"主题"功能设置报表的主题、颜色和字体。Access 中的主题功能与其他 Office 应用程序中的主题类似,不仅可以设置,还可以扩展和下载主题,还可以通过 Office Online 或电子邮件与他人共享主题,并且主题则可用于其他 Office 应用程序。通过主题设置,可以一次性更改整个报表内容的主题、颜色和字体。"主题"功能的设置位于"设计"子选项卡中。

还可以通过"格式"子选项卡中提供的功能命令,设置报表内容的字体、背景,以及控件的格式等。

【例 7.7】   设置报表"员工信息表"的格式。设置报表格式的操作步骤如下。

(1) 进入报表"员工信息表"的设计视图或布局视图。

(2) 单击"设计"子选项卡中的"主题"按钮,在打开的下拉列表中选择主题为"暗香扑面",报表内容将根据所需主题更改风格,如图 7.34 所示。

(3) 在报表页眉的空白区域中单击,选中整个报表页眉区域。然后,单击"格式"子选项卡的"控件格式"组中的"形状填充"按钮,在弹出的下拉列表中,选择设置报表页眉的"标准色"为"中灰 2"。接着再选中报表页面中的标签控件,在"格式"子选项卡的"字体"功能组中设置该控件的字体颜色为红色,设置结果如图 7.35 所示。

2. 设置条件格式

使用条件格式,可以对字段值本身或包含字段表达式的值设置条件规则,从而对报表中的各个值应用不同的格式。

以下将以报表"商品信息表"中设置条件格式为例,介绍设置条件格式的操作步骤。

【例 7.8】   在报表"商品信息表"中设置条件格式,将销售价格大于 500 元的记录设置为红色背景。具体的操作步骤如图 7.36 所示。

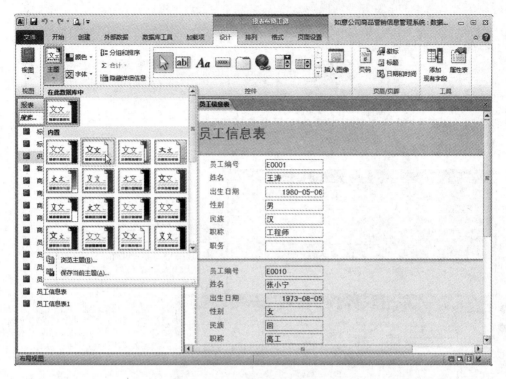

图 7.34 设置报表主题

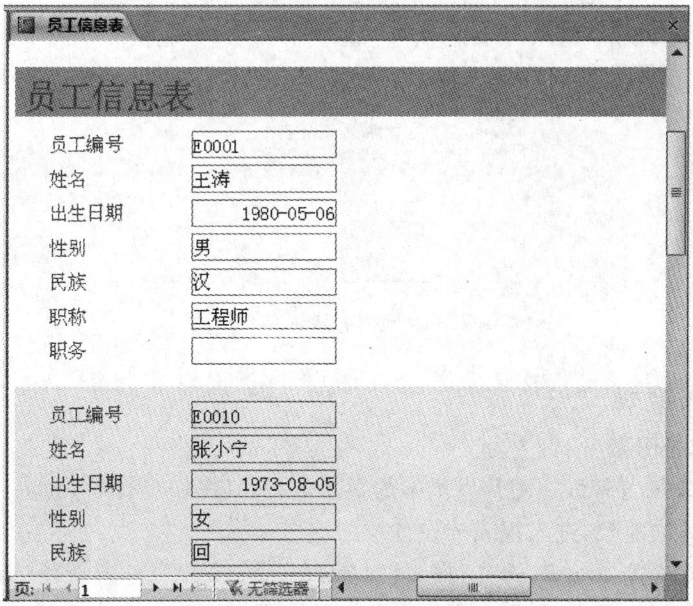

图 7.35 设置控件格式

(1) 进入报表的布局视图,在"格式"子选项卡中单击"条件格式"按钮,弹出"条件格式规则管理器"对话框。

(2) 设置格式规则为"销售价格",单击"新建规则"按钮,打开"新建格式规则"对话框。

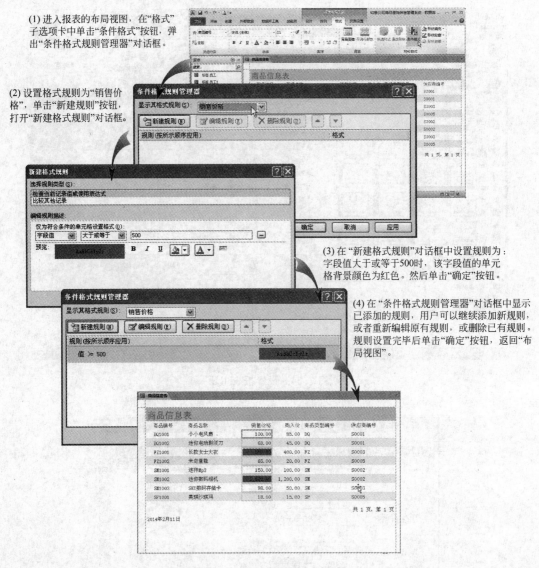

(3) 在"新建格式规则"对话框中设置规则为:字段值大于或等于500时,该字段值的单元格背景颜色为红色。然后单击"确定"按钮。

(4) 在"条件格式规则管理器"对话框中显示已添加的规则,用户可以继续添加新规则,或者重新编辑原有规则,或删除已有规则。规则设置完毕后单击"确定"按钮,返回"布局视图"。

图 7.36　设置报表的条件格式

7.3.2　修饰报表

1. 添加背景图案

可以给报表的背景添加图片以增强的显示效果,其操作步骤如下。

(1) 打开报表对象,进入报表的设计视图或布局视图。

(2) 打开报表的属性表,选择"报表"对象,在"格式"选项卡中选择"图片"属性,设置背景图片,如图 7.37 所示。

(3) 在"格式"选项卡中继续设置背景图片的其他属性,在"图片类型"下拉列表中选择"共享""嵌入"或"链接",在"图片缩放模式"下拉列表中选择"剪辑""拉伸"或"缩放"等,此外还可以设置"图片对齐方式""图片平铺"和"图片出现的页"等属性。

2. 添加当前日期和时间

可以在报表中添加当前日期和时间,其操作步骤如下。

(1) 打开报表对象,进入报表的设计视图或布局视图。

(2) 在"设计"子选项卡的"页眉/页脚"组中,单击"日期和时间"选项,打开"日期和时间"对话框,如图 7.38 所示。

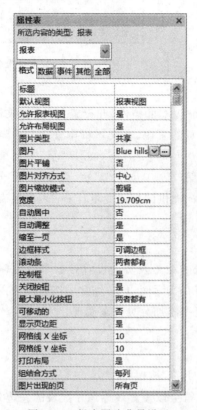

图 7.37　报表图片背景设置

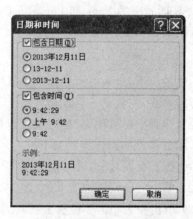

图 7.38　"日期和时间"对话框

(3) 在"日期和时间"对话框中,选择显示日期以及时间,并选择显示格式,单击"确定"按钮完成插入。

(4) 插入后,默认在报表的设计视图中自动添加了一个文本框(如果同时选择插入了日期和时间,则添加两个文本框),其"控件来源"属性为日期或时间的计算表达式,即"=Date()"或"=Time()"。同时,也默认添加了若干个设好了布局的"空单元格",这些空单元格可以用来承载日期和时间所在的文本框控件。用户也可以重新调整该文本框的位置。

当然,用户也可以在报表上手动添加一个文本框控件,通过设置其"控件来源"属性为日期或时间的计算表达式,来显示日期或时间。该文本框控件的位置可以安排在报表的任何节区中。

3. 添加页码

在报表中添加页码的操作步骤如下。

（1）打开报表对象，进入报表的"设计视图"或"布局视图"。

（2）在"设计"子选项卡的"页眉/页脚"组中，单击"页码"命令，打开"页码"对话框。

（3）在"页码"对话框中，根据需要选择相应的页码格式、位置、对齐方式和是否首页显示页码，如图 7.39 所示。

（4）单击"确定"按钮后，则自动在报表设计视图中插入一个显示页码计算表达式的文本框

| | | ="页" & [Page] | | |

图 7.39　"页码"对话框

用户也可以在报表的设计视图中手动添加一个文本框控件，并设置其"控件来源"属性（也可以直接在文本框中输入）。如果打印每一页的页码，在文本框中输入"　="第"& [Page]&"页""，如果打印总页码，在文本框中输入"　="共"&[Pages]&"页""，如果要同时打印页码和总页码，则在文本框中输入"　="第"& [Page]&"页，共"&[Pages]& "页""。表达式中的 Page 和 Pages 可看作是 Access 提供的页码变量，Page 表示报表当前页的页码，Pages 表示报表的总页码。

4. 添加分页符

一般情况下，报表的页码输出是根据打印纸张的型号及页面设置参数来决定输出页面内容的多少，内容满一页才会输出至下一页。但在实际使用中，经常要按照用户需要在规定位置选择下一页输出，这时就可以通过在报表中添加分页符来实现。

添加分页符的操作步骤如下。

（1）打开报表对象，进入报表的"设计视图"。

（2）单击"设计"子选项卡的"控件"组中的"分页符"按钮 。

（3）单击报表中需要设置分页符的位置，分页符会以短虚线标识在报表的左边界上。

分页符应该设置在某个控件之上或之下，以免拆分了控件中的数据。如果要将报表中的每个记录或记录组都另起一页，可以通过设置组页眉、组页脚或主体节的"强制分页"属性来实现。

7.3.3　创建多列报表

在默认的设置下，系统创建的报表都是单列的，为了实际的需要还可以在单列报表的基础上创建多列报表。在打印多列报表时，组页面、组页脚和主体占满了整个列的宽度，但报表页眉、报表页脚、页面页眉、页面页脚却占满了整个报表的宽度。

创建多列报表的操作操作步骤如下。

（1）打开报表对象，进入报表的设计视图或布局视图。

（2）在"页面设置"子选项卡的"页面布局"组中单击"页面设置"选项，打开"页面设置"对话框。

（3）在"页面设置"对话框中选择"列"选项卡，如图 7.40 所示。在"列数"文本框中输入所需的列数，并指定合适的行间距、列间距、列尺寸和列布局。

图 7.40　"页面设置"对话框

（4）根据多列的设置，在"页"选项卡中选定打印方向和纸张大小。单击"确定"按钮后，完成多列的页面设置。

7.4　报表的高级应用

Access 中可以对已经创建的报表进行更复杂的编辑和功能设计。例如，可以对报表进行排序、分组、汇总计算，还可以对报表进行控件计算以及创建子报表等。

7.4.1　报表的排序和分组

报表的排序和分组是对报表中数据记录的排序和分组。在报表中对数据记录进行分组是通过排序实现的，排序是按照某种顺序排列数据，分组是把数据按照某种条件进行分类。对分组后的数据可以进行统计汇总计算。

1. 报表的排序

默认情况下，报表中的记录是按照自然顺序，即数据输入的先后顺序来排列，但是可以对报表重新排序。报表中最多可以按 10 个字段或字段表达式对记录进行排序，也就是说报表最大的排序级别为 10 级。报表记录排序的操作步骤如下。

（1）打开报表对象，进入报表的设计视图或布局视图。

（2）单击"设计"子选项卡的"分组和汇总"组中的"排序和分组"按钮，在报表窗口的下方打开"分组、排序和汇总"窗格。该窗格中有"添加组"和"添加排序"两个按钮，如图 7.41 所示。

（3）在"分组、排序和汇总"窗格中，单击"添加排序"按钮，打开"字段列表"窗格，如图 7.42 所示。在该窗格中选择一个字段，则该排序字段插入"分组、排序和汇总"窗格中，产生一个"排序功能栏"。如果报表的排序依据为一个字段表达式，则选择"字段列表"窗格中的"表达式"命令，在弹出的"表达式生成器"对话框中设置字段表达式。用户也可以在该字段的"排序功能栏"中设置其排序次序（升序或降序）。

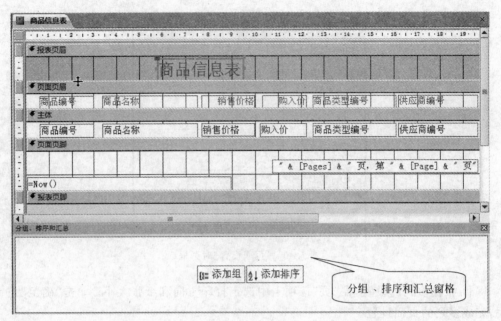

图 7.41　添加报表排序

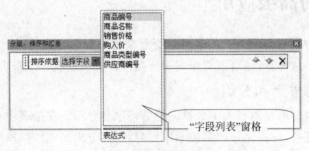

图 7.42　选中排序字段

（4）插入排序字段后，可以在"分组、排序和汇总"窗格插入相应的"排序功能栏"，若有多个"排序功能栏"，则这些"排序功能栏"根据排序优先级别分级显示。第一行的字段或表达式具有最高的排序优先级，第二行则具有次高的排序优先级，以此类推。图 7.43 所示是对"商品编号"字段和"销售价格"字段进行排序。

图 7.43　"分组、排序和汇总"窗格

如继续设置字段的排序方式，单击"排序功能栏"中的"更多"按钮 ，会展开更多的功能设置命令，包括"排序方式""是否汇总""标题设置""页眉页脚显示"等，用户可以根据需要设置。"排序功能栏"最右侧有"上移" ⬆ 、"下移" ⬇ 和"删除" ✕ 三个按钮,可以调整该排序的优先级或删除该排序。

2. 报表的分组

分组是指报表设计时按选定的某个或几个字段值是否相等而将记录划分成组的过程。操作时,先选定分组字段,在这些字段上字段值相等的记录归为同一组,字段值不等的记录归为不同组。报表通过分组可以实现同组数据的汇总和显示输出,增强了报表的可读性和信息的利用。一个报表最多可以对 10 个字段或表达式进行分组。

【例 7.9】　对报表"商品信息表"进行分组设置。其操作步骤如下。

(1) 打开报表对象,进入报表的设计视图或布局视图。

(2) 单击"设计"子选项卡的"分组和汇总"组中的"排序和分组"按钮,在报表窗口的下方打开"分组、排序和汇总"窗格。单击该窗格中的"添加组"按钮。

(3) 在弹出的"字段列表"窗格中,选择一个字段名称(或在表达式生存器中输入字段表达式),则在"分组、排序和汇总"窗格插入所选字段作为分组依据的"分组功能栏",默认会打开该字段的分组页眉,如图 7.44 所示,设置了分组字段"供应商编号"。

(4) 在"供应商编号页眉"节中插入"直线"控件,如图 7.44 所示。

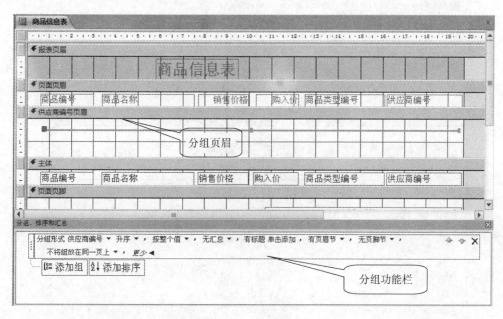

图 7.44　报表分组

(5) 在"分组功能栏"中设置"有页脚节",则在报表设计窗口创建"供应商编号"分组页脚节。

单击"分组功能栏"中的"更多"按钮,会展开更多的功能设置命令来设置组属性,因为要分组,所以必须设置"有页眉节"或"有页脚节",使得创建组页眉或组页脚。是否对该组进行汇总计算,以及其他属性的设置,则根据需要来设置,设置方式与窗体中的分组汇总类似。

(6) 从"字段列表"中拖动"供应商编号"字段到组页眉节中,拖动"购入价"字段到组页脚中,修改组页脚中文本框的"控件来源"属性为"=Sum([购入价])"(可直接在文本框中输入),如图 7.45 所示。

(7) 调整报表中控件的布局,保存并预览报表,如图 7.46 所示。完成对报表的分组与排序。

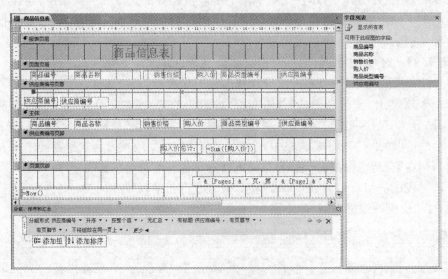

图 7.45　修改"控件来源"属性

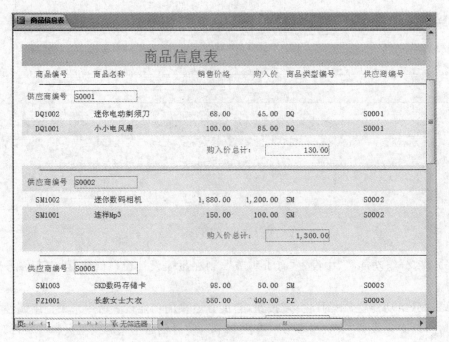

图 7.46　"商品信息表"报表预览

在上述报表分组操作设置字段"分组功能栏"中的"分组形式"属性时,属性值是由分组字段的数据类型决定的,具体如表 7.1 所示。

表 7.1 "分组形式"选项说明

分组字段数据类型	选 项	记录分组形式
文本	按整个值	分组字段表达式上,值相同的记录
	前缀字符	分组字段表达式上,前面第 1 个字符或第 2 个字符相同的记录
	自定义	分组字段表达式上,与自定义前缀字符数相同的记录
数字、货币	按整个值	分组字段表达式上,值相同的记录
	按文本字符前缀	分组字段表达式上,前面若干个字符数相同的记录
	按数字或日期间隔	分组字段表达式上,指定数字或日期间隔值内的记录
Yes/No	先"选定"后"清除"	分组字段表达式上,先是选定(或 YES)的记录,后是未选定记录
	先"清除"后"选定"	分组字段表达式上,先是未选定(或 NO)的记录,后是选定记录
日期/时间	按整个值	分组字段表达式上,值相同的记录
	年	分组字段表达式上,日历年相同的记录
	季度	分组字段表达式上,日历季相同的记录
	月	分组字段表达式上,月份相同的记录
	周	分组字段表达式上,周数相同的记录
	日	分组字段表达式上,日子相同的记录
	时	分组字段表达式上,小时数相同的记录
	分	分组字段表达式上,分钟数相同的记录
	自定义	分组字段表达式上,指定日期(以天、小时或分钟为单位)间隔值内的记录

7.4.2 使用计算控件

报表设计过程中,除在版面上布置绑定控件直接显示字段数据外,还经常要进行各种运算并将结果显示出来。例如,报表设计中的页面输出、分组统计数据的输出等均是通过设置绑定的"控件来源"属性为计算表达式形式而实现,这些控件就称为"计算控件"。计算控件往往利用报表数据源中的数据,生成新的数据在报表中体现出来。

1. 报表添加计算控件

计算控件的"控件来源"属性是以"="开头的计算表达式,当表达式的值发生变化时,会重新计算结果并输出显示。文本框是最常用的计算控件。

【例 7.10】 以数据表"员工"作为数据源创建一个"员工信息汇总表"报表,并根据员工的"出生日期"字段值使用计算控件来计算员工的年龄。其操作步骤如图 7.47 所示。

(1) 使用前述"报表向导"设计方法，创建一个以表格式"员工信息汇总表"报表，数据源为"员工"，并适当调整控件的布局。

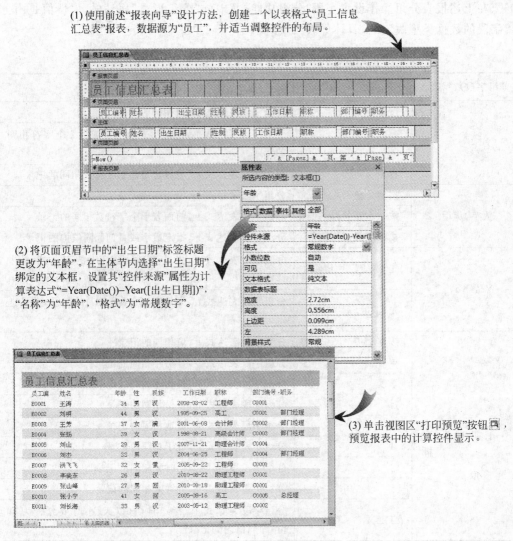

(2) 将页面页眉节中的"出生日期"标签标题更改为"年龄"。在主体节内选择"出生日期"绑定的文本框，设置其"控件来源"属性为计算表达式"=Year(Date())–Year([出生日期])"，"名称"为"年龄"，"格式"为"常规数字"。

(3) 单击视图区"打印预览"按钮，预览报表中的计算控件显示。

图 7.47　添加计算控件

2. 报表统计计算

报表设计中，可以根据需要进行各种类型统计计算并输出显示，操作方法就是使用计算控件设置其"控件来源"属性为合适的统计计算表达式。

在 Access 中利用计算控件进行统计计算并输出结果操作主要有以下 3 种形式。

(1) 主体节内添加计算控件

在主体节中添加计算控件对每条记录的若干字段值进行求和或求平均计算时，只要设置计算控件的"控件来源"为不同字段的计算表达式即可。

例如，当在一个报表中列出员工的工资发放情况时，若要对每位员工的岗位工资进行计算，则需要在主体节中添加一个新的文本框控件，且设置新添计算控件的"控件来源"为"=[基本工资]+[任务工资]"即可。

注意：主体节的计算是对一条记录的横向计算，Access 的统计函数不能出现在此位置。

（2）在报表页眉/报表页脚区内添加计算字段

在报表页眉/报表页脚区内添加计算字段，可对某些字段的所有记录进行统计计算。这种形式的统计计算一般是对报表字段列的所有纵向记录数据进行统计，而且要使用 Access 提供的内置统计函数（例如，Count 函数完成计数，Sum 函数完成求和，Avg 函数完成求平均）来实现相应的计算操作。

例如，通过报表对商品的价格信息进行展示，如果要在报表中计算商品销售价格的总平均分，则应在报表的页眉或页脚区域添加一个计算控件，并在新添计算控件中设置其"控件来源"属性为"＝Avg([销售价格])"即可。

（3）在组页眉/页脚区内添加计算字段

在组页眉/组页脚节区内添加计算字段，以实现对某些字段的分组记录进行统计计算。这种形式的统计计算同样是对报表字段列的纵向记录数据进行统计，只不过与报表页眉/报表页脚的对整个报表的所有记录进行统计不同的是，它只对该组记录进行统计。统计计算同样需要使用 Access 提供的内置统计函数来完成相应的计算操作。

例如，在例 7.9 中的报表是按"供应商编号"实现的分组报表，针对在分组报表中显示每个供应商提供的商品购入价的总计，则应在组页眉或组页脚中添加计算控件，在新添计算控件中设置其"控件来源"属性为"＝Sum([购入价])"即可。

当然，分组统计计算也可以通过在报表的"分组、排序和汇总"窗格中添加的分组项中，设置其"汇总"功能，进行分组统计或报表总计计算。

7.4.3 创建子报表

子报表是插在其他报表中的报表。在合并报表时，两个报表中的一个必须作为主报表，主报表可以是绑定的，也可以是非绑定的。也就是说，报表可以基于数据表、查询或 SQL 语句，也可以不基于其他数据对象。非绑定的主报表可作为容纳要合并的无关联子报表的"容器"。

主报表可以包含子报表，也可以包含子窗体，而且能够包含多个子窗体和子报表。子报表和子窗体中，还可以包含子报表或子窗体，但是，一个主报表中只能包含两级子报表或子窗体。

带子报表的报表通常用来体现一对一或一对多关系上的数据，因此，主报表和子报表必须同步，即主报表某记录下显示的是与该记录相关的子报表的记录。要实现主报表与子报表同步，必须满足两个条件：其一，主报表和子报表的数据源必须先建立一对一或一对多的关系；其二，主报表的数据源是基于带有主关键字的表，而子报表的数据源则是基于带有与主关键字同名且具有相同数据类型的字段的表。

以下将介绍创建子报表的方法。

1. 在已有报表中创建子报表

在创建子报表之前，首先要确保主报表和子报表之间已经建立了正确的联系，这样才能保证子报表中的记录与主报表中的记录之间有正确的对应关系。

【例 7.11】 在"员工信息表"主报表中添加"员工订单情况查询"子报表，其操作步骤如下。

（1）在"设计视图"中打开已经建立的主报表"员工信息表"，并适当调整控件布局，如图 7.48 所示。

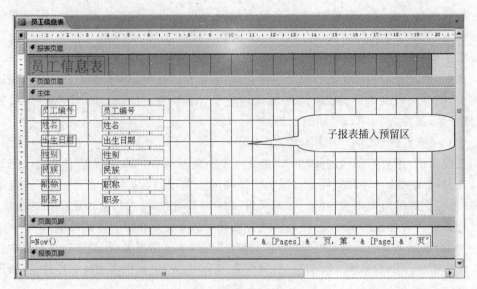

图 7.48　主报表设计视图

（2）单击控件工具箱中的"子窗体/子报表"按钮 ▦（确保"使用控件向导"按钮 ⚒ 也处于选中状态）。在主报表上划出放置子报表的区域，弹出"子报表向导"对话框，如图 7.49 所示。根据向导提示，选择子报表的数据源为"员工订单情况查询"，选择包含的字段为"员工编号""部门名称""订单编号"和"客户名称"，系统自动以"员工编号"作为链接字段，最后指定子报表的名称。

（3）子报表控件插入后，报表设计视图的样式如图 7.50 所示，用户可重新调整报表版面布局。

（4）单击工具栏中的"打印预览"按钮 🔍▾，预览报表显示，如图 7.51 所示。

2. 添加子报表

在 Access 数据库中，可以将某个已有报表作为子报表添加到其他报表中。其操作步骤如下。

（1）打开主报表对象，进入报表的设计视图。

（2）打开 Access 数据库对象导航窗格（可通过 F11 键来快速切换）。

（3）将作为子报表的报表从导航窗格中拖动到主报表中需要插入子报表的位置，这样系统会自动将子报表控件添加到主报表中。

（4）调整、保存并预览报表。

注意：子报表在链接到主报表之前，应当确保已经正确地建立了表间关系。

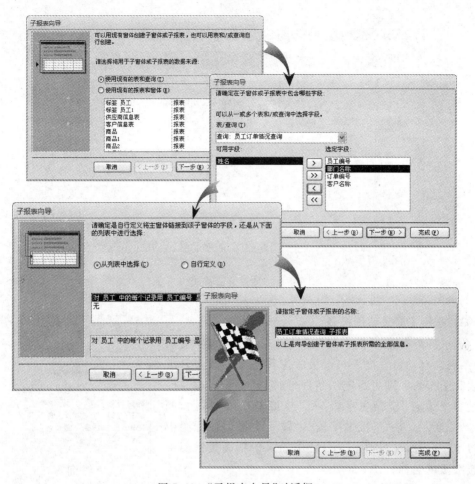

图 7.49 "子报表向导"对话框

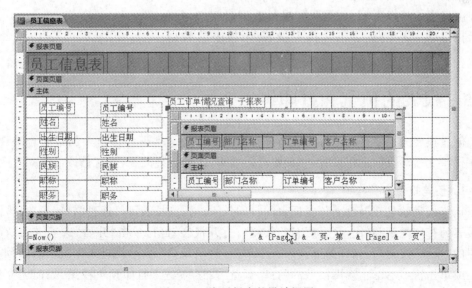

图 7.50 含子报表的设计视图

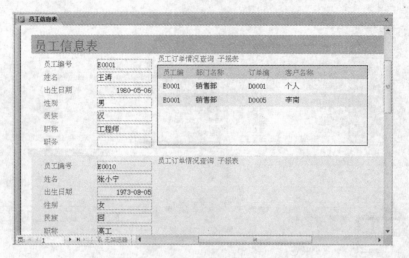

图 7.51   "员工信息表"报表预览

3. 链接主报表和子报表

通过向导创建子报表时,在某种条件下(如字段同名)系统会自动将主报表与子报表进行链接。但如果主报表和子报表不满足指定的条件,则需要对子报表控件属性表中设置"链接主字段"和"链接子字段"属性,如图 7.52 所示。在"链接主字段"中输入主报表数据源中链接字段名称,在"链接子字段"中输入子报表数据源中链接字段的名称。

设置主、子报表链接字段时,链接字段并不一定要显示在主报表或子报表上(数据源如果是查询时就必须要显示在报表上),但必须包含在主报表/子报表的数据源中。

图 7.52   子报表属性窗格

7.5   报表的预览和打印

创建报表的主要目的是将显示结果打印出来。为了保证打印出来的报表合乎要求,可在打印之前对页面进行设置,并预览打印效果,以便发现问题,进行修改。

1. 预览报表

预览报表就是在屏幕上预览报表的打印效果。预览报表可以通过"打印预览"视图查看报表的打印外观和每一页上所有的数据。打开报表对象,单击"开始"选项卡的"视图"组中的"视图"按钮,在打开的下拉列表中单击"打印预览"命令,则进入来报表打印预览视图。或单击窗口右下角视图区域的"打印预览"按钮 🔲 进入打印预览视图,如前述介绍报表视图小节中的图 7.2 所示。

在打印预览视图中会打开"打印预览"选项卡,该选项卡中包括了用于打印属性设置的"打印"组,用于设置页面尺寸的"页面大小"组,用于设置页面布局的"页面布局"组,用于调试显示比例的"显示比例"组,用于导出或输出报表数据的"数据"组,以及关闭预览视图的"关闭预览"组。

2. 页面设置

设置报表的页面,主要是设置页面的大小,打印的方向,页边距等。其操作步骤如下。

(1) 打开报表对象,进入报表"打印预览"视图,在"打印预览"选项卡的"页面布局"中,单击"页面设置"按钮命令,打开"页面设置"对话框。

用户也可以在报表的布局视图或设计视图下,在打开的"报表布局工具"或"报表设计工具"选项卡下的"页面设置"子选项卡中找到"页面设置"命令。

(2)"页面设置"对话框中,有"打印选项""页"和"列"3 个选项卡,可以修改报表的页面设置。其中,在"打印选项"选项卡中设置页边距并确认是否只打印数据;在"页"选项卡中设置打印方向、页面纸张、打印机;在"列"选项卡中设置报表的列数、尺寸和列的布局。

(3) 单击"确定"按钮,完成页面设置。

3. 打印报表

用户可以在打印预览视图中,通过单击"打印预览"选项卡"打印"组中的"打印"按钮,打开"打印"对话框,在该对话框中可以设置打印机、打印范围、打印份数等,单击"确定"按钮后即开始打印报表。也可以通过选择"文件"|"打印"子菜单中的操作命令来打印报表。

报表打印的操作步骤如下。

(1) 打开报表对象,进入报表的打印预览视图,单击"打印预览"选项卡中的"打印"按钮,打开"打印"对话框,如图 7.53 所示。

(2) 或者通过选择"文件"|"打印"命令,在打开的右侧窗口中,单击"打印"按钮,打开"打印"对话框,如图 7.53 所示。

图 7.53　"打印"对话框

　　(3) 在"打印"对话框中,设置打印机、打印范围、打印份数等参数后,单击"确定"按钮开始打印。

习题

一、单选题

1. 在关于报表数据源设置的叙述中,以下正确的是(　　)。
　　A. 只能是表对象　　　　　　　　　B. 只能是查询对象
　　C. 可以是表对象或查询对象　　　　D. 可以是任意对象

2. 要显示格式为"页码/总页数"的页码,应当设置文本框的控件来源属性是(　　)。
　　A. [Page]/[Pages]　　　　　　　　B. [Page]& "/"&[Pages]
　　C. [Page] &./& [Pages]　　　　　　D. [Page]& "/"&[Pages]

3. 要计算报表中所有学生"英语"课程的平均成绩,在报表页脚节内对应"英语"字段列的位置添加一个文本框计算控件,应该设置其控件来源属性为(　　)。
　　A. "＝Avg([英语])"　　　　　　　B. "＝Sum([英语])"
　　C. "Avg([英语])"　　　　　　　　D. "Sum([英语])"

4. 下面关于报表对数据处理的描述中叙述正确的是(　　)。
　　A. 报表只能输入数据　　　　　　　B. 报表只能输出数据
　　C. 报表不能输入和输出数据　　　　D. 报表可以输入和输出数据

5. 要实现报表按某字段分组统计输出,需要设置(　　)。
　　A. 报表页脚　　　　　　　　　　　B. 主体
　　C. 页面页脚　　　　　　　　　　　D. 该字段组页脚

6. 在报表设计中,以下可以做绑定控件显示字段数据的是(　　)。
　　A. 文本框　　　　B. 标签　　　　C. 命令按钮　　　　D. 图像

7. 如果设置报表上某个文本框的控件来源属性为"＝2＊4＋1",则打开报表视图时,该文本框显示信息是(　　)。
　　A. 未绑定　　　　B. 9　　　　C. 2＊4＋1　　　　D. 出错

8. 关于报表数据源设置,以下说法正确的是(　　)。
　　A. 可以是任意对象　　　　　　　　B. 只能是表对象
　　C. 只能是查询对象　　　　　　　　D. 只能是表对象或查询对象

9. 下列(　　)不属于报表的视图模式。
　　A. 数据表　　　　B. 设计视图　　　　C. 打印预览　　　　D. 布局视图

10. 下列(　　)不是报表上的节名称。
　　A. 表标题　　　　B. 组页眉　　　　C. 主体　　　　D. 页面页眉

二、填空题

1. 要设置在报表每一页的底部都输出的信息,需要设置_____。

2. 要进行分组统计并输出,统计计算控件应该设置在_____。

3. 要在报表页中主体节区显示一条或多条记录,而且以垂直方式显示,应选择

_____类型。

4. 在使用报表设计器设计报表时,如果要统计报表中某个字段的全部数据,应将计算控件放在_____。

5. Access 的报表对象的数据源可以设置为_____。

三、操作题

在前述章节中构建的教学管理数据库中,完成以下报表内容的创建和设计。

(1) 基于"学生"表创建一个表格式"学生"报表,要求使用自动创建报表的方式创建。

(2) 基于"教师"表使用"标签向导"创建一个标签报表"名片"。要求名片上以下面的格式显示数据,并且每行显示两个标签。

张三,男,副教授
单位:信息学院
教师编号:30010

(3) 基于"工资"表创建一个表格式"工资报表",要求使用"报表向导"方法创建,并能汇总出"基本工资"的平均值、最高值、总和,并以"明细和汇总"形式显示。

(4) 对于第(3)题生成的"工资报表"进行修改,在其上添加一个计算字段"岗位工资",它能计算:基本工资+任务工资。

(5) 修改第(1)题创建的"学生"报表,依据"性别"字段添加分组级别,并按照"性别"分组统计学生人数。

(6) 设计一个报表,命名为"学生成绩情况表",该报表以"学生"数据表中的部分字段作为数据来源,并且在报表中插入一个子报表,该子报表主要显示学生选课的课程名称和课程成绩。

第 8 章

学会应用宏

宏是 Access 数据库对象之一,是一种功能强大的工具。通过宏能够自动执行多种复杂的操作任务,例如打开另一个数据库对象、应用筛选器、启动导出操作以及许多其他任务。方便用户快捷地操纵 Access 数据库系统。

本章的知识体系:

- 宏操作的概念和功能
- 宏的创建、分组和条件宏
- 宏的使用

学习目标:

- 了解宏操作的相关知识
- 熟悉宏的创建和编辑
- 掌握宏分组和条件宏
- 熟悉宏的运行和调试
- 掌握宏的应用

8.1 Access 宏对象的概念

宏是指一个或多个操作的集合。其中,每个操作也称为宏操作,用来实现特定的功能,例如打开窗体、打印报表等。

将多个宏操作按照一定的顺序依次定义,形成操作序列宏,运行宏时系统会根据前后顺序依次执行各个宏操作。对单个宏操作而言,功能是有限的,只能实现特定的简单的功能。然而将多个宏操作按照一定的顺序连续执行,就可以完成功能相对复杂的各项任务。

在宏中可以加入 If 条件表达式形成带条件的宏,也称为"条件宏",按照条件表达式的值决定是否执行对应的宏操作。

为了提高宏的可读性,可以将相关宏操作分为一组,并为该组指定一个有意义的名称,分组不会影响操作的执行方式,组不能单独调用或运行。

在宏中可以嵌入一个或多个子宏,每个子宏有单独的名称并可独立运行,此时的宏通常只作为宏引用,宏中子宏的应用格式为:宏名.子宏名。

8.2　宏的创建与编辑

在 Access 中,宏的创建、修改以及调试都是在宏的设计窗口中实现的。在数据库窗口中,单击"创建"选项卡"宏与代码"组中的"宏"按钮,就可以打开如图 8.1 所示的宏设计窗口。

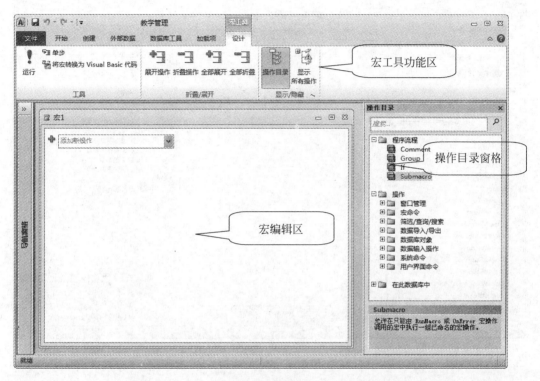

图 8.1　宏设计窗口

在宏设计窗口中会打开宏设计工具,在"宏工具"|"设计"选项卡中包括了"工具""折叠/展开"和"显示/隐藏"3 个组。"工具"组中的"运行"按钮用来执行当前宏;"单步"按钮用来单步运行宏操作,一次执行一条宏命令;"宏转换"按钮用于将当前宏转换为 Visual Basic 代码。"折叠/展开"组中提供了 4 个用于折叠或展开所选宏操作或全部宏操作的命令按钮。"显示/隐藏"组中的"操作目录"按钮可以显示或隐藏"操作目录"目录窗格,"显示所有操作"按钮可以显示或隐藏操作列中下拉列表中所有操作或者尚未受信任的数据库中允许的操作。

在宏设计窗口的右侧是"操作目录"任务窗格,在宏操作目录中将所有的程序流程命令、各种类型的宏操作命令,以及当前数据库中含有宏的对象,都在该窗格中罗列,以便编辑宏时选择添加。在操作目录的下方给出当前所选宏操作的提示和帮助信息。

宏的设计窗口的中心区域为宏编辑区,在该编辑区可以添加宏操作。添加宏操作时,可以从"添加新操作"列表中选择相应的操作,也可以从操作目录中双击或拖到相应的操作。

一旦在"添加新操作"列表框中输入或选择了宏操作,会自动打开该宏操作的操作参数编辑块,在该编辑块中可以为选定的宏操作设置相应的参数,如操作对象、操作方式等。操作参数编辑块中显示当前宏操作包含的参数名和对应参数值设定框,可以输入或选择参数值,如图8.2所示。

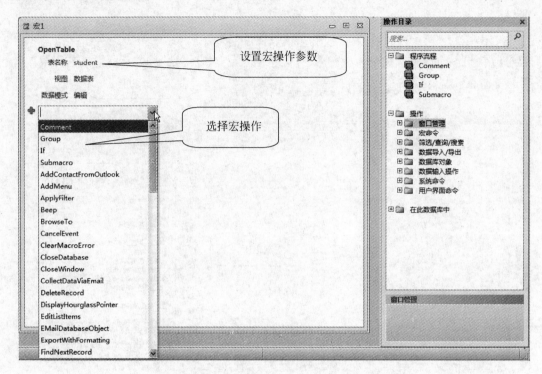

图8.2　宏设计示例

8.2.1　操作序列宏的创建

操作序列宏按照一定的顺序依次定义宏操作,其创建步骤如下。

(1) 进入数据库窗口,在"创建"选项卡中单击"宏"按钮,打开"宏"设计窗口,如图8.1所示。

(2) 在宏操作编辑区,单击"添加新操作"右侧的向下箭头打开操作列表,从中选择要使用的操作。或者将宏操作命令从操作目录拖动至宏编辑窗口,此时会出现一个插入栏,指示释放鼠标按钮时该操作将插入的位置。或者直接在宏操作目录中双击所选操作。

(3) 如有必要,可以在打开的当前宏操作参数编辑区中设置当前宏操作的操作参数。

(4) 还可以添加注释宏操作 Comment,则在当前位置添加"注释"项,该"注释"项中可以为操作输入一些解释性文字,或者为整个宏操作序列添加说明文字,此项为可选项。

(5) 如需增添更多的操作,可以把光标移到下一操作行,并重复步骤(1)～(3)完成新操作。

(6) 单击快速访问工具栏中的"保存"按钮 ![按钮]，命名并保存设计好的宏。

注意：如果保存的宏被命名为 AutoExec，则在打开该数据库时会自动运行该宏。要想取消自动运行，打开数据库时按住 Shift 键即可。

在宏的设计过程中，也可以通过将某些对象（窗体、报表及其上的控件对象等）拖动至宏窗口编辑区，快速创建一个在指定数据库对象上执行操作的宏。

通常，在已经设置好的宏操作名称的左侧有个折叠/展开按钮 ⊞ / ⊟，单击该按钮可以展开或折叠该宏操作更详细参数信息。

【例 8.1】　在宏设计窗口中建立一个宏，命名为"宏 7-1"，该宏按序依次完成下列操作：打开窗体"员工基本信息"；弹出消息框，提示"已经打开'员工基本信息'窗体"；关闭"员工基本信息"窗体。

根据前述创建操作序列宏的操作步骤，在"宏"窗口中设计宏操作，如图 8.3 所示。表 8.1 列出了在"宏"窗口中建立的 3 个宏操作及其操作参数，未列出的参数均使用系统提供的默认值。

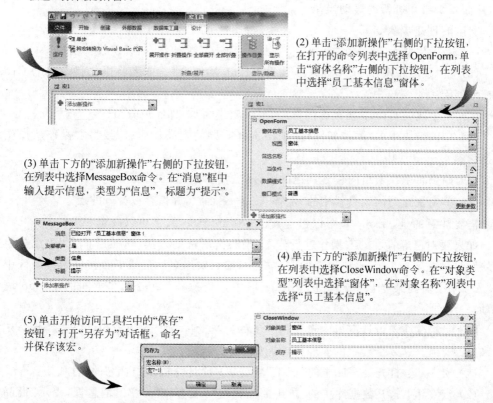

图 8.3　创建"宏 7-1"

表 8.1   "宏 7-1"的操作及参数设置

宏操作	操作参数		说　明
	参数名称	参　数　值	
OpenForm	窗体名称	员工基本信息	打开名称为"员工基本信息"的窗体,系统默认以窗体视图打开
MsgBox	消息	已经打开"员工基本信息"窗体	打开消息框,该消息框标题栏显示"信息提示",消息框提示内容为"已经打开'与员工基本信息'窗体",内容左侧的图标为消息类型
	类型	信息	
	标题	信息提示	
CloseWindow	对象类型	窗体	关闭指定的"员工基本信息"窗体。若省略操作参数则关闭当前活动窗口
	对象名称	员工基本信息	

8.2.2　宏操作分组

可以将功能相关或相近的多个宏操作设置成一个宏组。宏组实际上是一种特殊的宏,不会影响操作的执行方式,但也不能单独调用或运行宏组中的操作。宏组的目的是对宏操作分组,方便用户管理宏操作,尤其在编辑大型宏时,可将每个宏组块向下折叠为单行,从而减少必须进行的滚动操作。

宏组的创建步骤如下。

(1) 进入数据库窗口,在"创建"选项卡中,单击"宏"按钮,打开宏设计窗口。

(2) 在"添加新操作"项中输入或选择 Group 操作命令,或者将操作目录中的 Group 块拖动到宏编辑窗口中。

(3) 在生成的 Group 块顶部的框中,输入宏组名称,即完成分组。

(4) 在该组块中的"添加新操作"项中选择需要的宏操作命令,或将宏操作从操作目录拖动到 Group 块中。

(5) 如果希望在宏组内包含其他的宏,请重复步骤(3)和(4)。

(6) 单击快速访问工具栏中的"保存"按钮 ，命名并保存设计好的宏。

需要注意的是,Group 块可以包含其他 Group 子块,最多可以嵌套 9 级。

如果要对已经存在的宏操作进行分组,则右击所选的宏操作,然后单击"生成分组程序块"按钮,在生成 Group 块顶部的文本框中,输入宏组名称。或者直接在宏编辑区中拖动"宏操作"块到某个已经建好的 Group 块中,"宏操作"块可以在不同的 Group 块中拖动。

【例 8.2】 在宏设计窗口中建立一个名称为"宏组 1"的宏,该宏包括"宏 1"组、"宏 2"组和"宏 3"组。这 3 个宏组的宏操作功能如下。

(1) 宏 1 组:打开数据库中的"员工"数据表;使计算机发出"嘟"的响声。

(2) 宏 2 组:打开数据库中的"员工商品销售情况查询";弹出消息框,提示"商品销售查询已打开"。

(3) 宏 3 组:保存所有修改后,退出 Access。

根据前述创建宏的操作步骤,在宏设计窗口中设计宏组,如图 8.4 所示。表 8.2 列出了在"宏"窗口中建立的 3 个宏,以及每个宏的宏操作及操作参数,未列出的参数均使用系统提供的默认值。

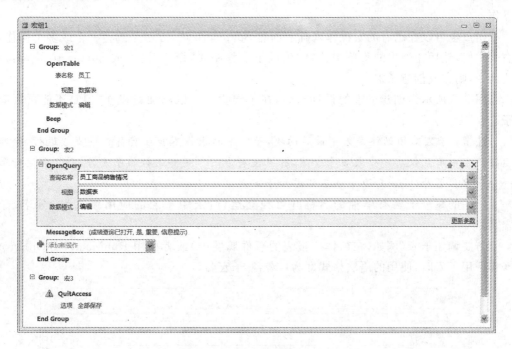

图 8.4 宏组设计窗口

表 8.2 "宏组 1"的设置内容

组名	宏操作	操作参数		说　明
		参数名称	参　数　值	
宏 1	OpenTable	表名称	员工	以系统默认的"数据表"视图方式,打开名称为"员工"的表
		视图	数据表	
	Beep			使计算机发出"嘟"声
宏 2	OpenQuery	查询名称	员工商品销售情况查询	以系统默认的"数据表"视图方式,打开名称为"员工商品销售情况查询"的查询
	MsgBox	消息	商品销售查询已打开	打开消息框,该消息框标题栏显示"信息提示",消息框提示内容为"商品销售查询已打开",内容左侧的图标为消息类型
		类型	重要	
		标题	信息提示	
宏 3	QuitAccess	选项	全部保存	保存所有修改后,关闭 Access

8.2.3 子宏的创建

每个宏可以包含多个子宏。根据用户设计需要,可以在 RunMacro 或 OnError 宏操作中通过名称来调用子宏。

用户可通过与添加宏操作相同的方式将 Submacro 块添加到宏。添加 Submacro 块之后,您可将宏操作拖动到该块中,或者从显示在该块中的"添加新操作"列表项中选择操作。

用户也可以在已有的宏操作基础上创建 Submacro 块,方法是选择一个或多个操作,右击它们,然后在弹出的菜单中选择"生成子宏程序块"命令,则生成 Submacro 块,给该块命令,则完成创建子宏。

图 8.5 所示为创建子宏的设计窗口,在子宏块中可以添加新操作,但是不能再嵌套子宏。

注意:子宏必须始终是宏中最后的块,子宏中的操作不能在宏窗口中直接运行,除非运行的宏中有且仅有一个或多个子宏,并且没有专门指定要运行的子宏时,则只会运行第一个子宏。另外,Group 块中也不能添加子宏。

宏中的每个子宏有单独的名称并可独立运行,宏中子宏的应用格式为:宏名.子宏名。

若要调用子宏(例如,在窗体或报表的事件属性中)或者使用 RunMacro 或 OnError 操作调用子宏时,使用的语法格式即为:宏名.子宏名。

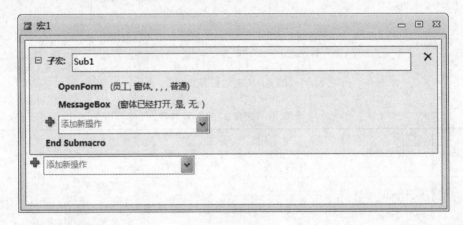

图 8.5   创建子宏

8.2.4   条件宏的创建

在执行宏操作的过程中,如果希望只有当满足指定条件时才执行宏的一个或多个操作,可以使用 If 块进行程序流程控制。条件宏中的操作都位于 If 块内部,If 块以 If 开头,以 End If 结束。还可以使用 Else If 和 Else 块来扩展 If 块,类似于 VBA 等编程语言中的条件语句。在宏中添加 If 块的操作如下。

(1)进入宏设计窗口,从"添加新操作"下拉列表中选择 If 选项,或从"操作目录"窗格中拖动 If 项到宏编辑窗口中,产生一个 If 块。

(2)在 If 块顶部的"条件表达式"框中,输入条件项,该条件项为逻辑表达式,其返回值(即条件表达式的结果)只有两个值:"真"和"假",宏将会根据条件是否为真来选择执行宏操作。

（3）根据实际需要，在 If 块中添加新操作。

（4）保存所创建的条件宏。

在宏的操作序列中，如果既存在带条件的操作（位于 If 块中），也存在无条件的操作，那么带条件的操作是否执行取决于条件表达式的结果，而没有指定条件的操作则会无条件地执行。

在输入条件表达式时，可能会应用窗体或报表上的控件值，格式如下。

Forms![窗体名]![控件名]或 Reports![报表名]![控件名]

例如，条件表达式"Forms![窗体 1]![Text0]＝"王海""表示：判断"窗体 1"窗体中 Text0 文本控件的值是否为"王海"。

【例 8.3】 在"条件宏练习窗体"（见图 8.6）中，使用宏命令实现以下功能：从"对象选择"组中选择一个对象，然后单击"打开"按钮，则打开相应的对象。即选择"打开窗体"选项，并单击"打开"按钮，则打开窗体"学生基本信息"；选择"打开查询"选项，并单击"打开"按钮，则打开查询"学生选课成绩查询"；选择"打开数据表"选项，并单击"打开"按钮，则打开表"教师信息表"。单击"关闭"按钮，则关闭当前窗体。

已知窗体中的选项组控件的名称为 frame0，每个选项的值依次为 1、2、3，命令按钮的名称分别为 open 和 close。

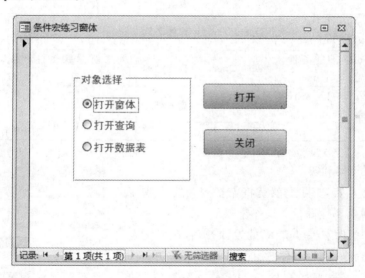

图 8.6　条件宏练习窗体

其操作步骤如下。

（1）建立窗体。根据题目要求和图 8.6 所示的窗体视图，在数据库中建立"条件宏练习"窗体。

（2）创建宏。在宏设计窗口中设计名称为"条件宏 1"的宏，如图 8.7 所示。表 8.3 列出了该宏中子宏的设置内容，未列出的设置项均使用系统提供的默认值。

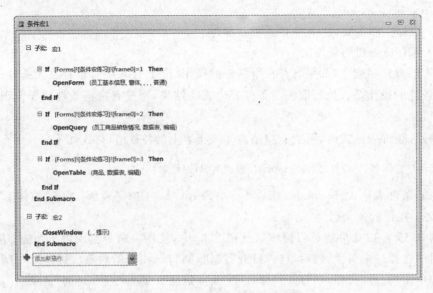

图 8.7　"条件宏 1"的设计视图

表 8.3　"条件宏 1"的设置内容

子宏名	条　件	宏操作	操作参数		说　明
			参数名称	参数值	
宏 1	[Forms]！[条件宏练习]！[frame0]=1	OpenForm	窗体名称	员 工 基 本信息	打开名称为"学生基本信息"的窗体
	[Forms]！[条件宏练习]！[frame0]=2	OpenQuery	查询名称	员工商品销售情况查询	打开名称为"员工商品销售情况查询"的查询
	[Forms]！[条件宏练习]！[frame0]=3	OpenTable	表名称	商品	打开教师信息数据表"商品"
宏 2		CloseWindow			关闭当前窗体

（3）关联窗体和宏

关联窗体和宏,实际上就是将宏指定为窗体或窗体中控件的事件属性设置。操作步骤如下。

① 打开"条件宏练习窗体"的设计视图,在属性表中选择 open 命令按钮"事件"选项卡中的"单击"属性,从下拉列表中选择"条件宏 1.宏 1"选项,如图 8.8 所示。

② 同理,设置 close 命令按钮的"单击"事件属性的值为"条件宏 1.宏 2"。

③ 保存窗体设计,然后运行该窗体对象。

8.2.5　宏的编辑

宏创建完后,可以打开进行编辑,其操作步骤如下。

图 8.8　在"单击"属性中关联宏

（1）在数据库窗口中,右击导航窗格中的"宏"对象。

（2）在弹出的快捷菜单中选择"设计视图"命令。

（3）打开宏设计窗口,对宏进行编辑修改。

（4）保存修改过的宏。

在编辑宏时,经常要进行下面的操作。

（1）选定宏操作块。在宏编辑窗口中,要选定一个宏操作,单击该宏操作块的区域即可;要选定多个宏操作块,则需要按住 Ctrl 键或 Shift 键来配合鼠标的选定。

（2）复制或移动宏操作。选择好要复制或移动的操作块,右击该选择块,在弹出的快捷菜单中选择"复制"或"剪切"命令,然后将光标置于目标块位置,右击,选择"粘贴"命令,宏操作连同操作参数同时被复制或移动到了目标位置,目标块后面行的内容顺序下移。当然也可以用鼠标拖动的方式来移动宏操作行,或者使用宏操作块右侧的上移 或下移 按钮来移动宏操作块。

（3）删除宏操作。首先选定要删除的宏操作块,然后按 Delete 键或单击宏操作右侧的"删除"按钮 ,则选定宏操作被删除,后面的宏操作顺序上移。

8.3　宏的运行和调试

Access 中提供了多种方式来运行设计好的宏,同时也提供了宏调试工具来发现宏运行过程中的错误。

8.3.1　宏的运行

宏有多种运行方式。可以直接运行某个宏,可以运行宏里的子宏,可以从另一个宏或 VBA 事件过程中运行宏,还可以为窗体、报表或其上控件的事件响应而运行宏。

1. 直接运行宏

若要直接运行宏,可执行下列操作之一。

（1）从宏设计窗口中运行宏,单击"工具"组中的"运行"按钮。

（2）从数据库窗口中运行宏,在导航窗格中单击"宏"对象栏,然后双击相应的宏名;或右击选择相应的宏,然后选择"运行"命令。

（3）若要从宏中运行另一个宏,则使用 RunMacro 或 OnError 宏操作调用其他宏。图 8.9 所示为在"宏 2"中运行"宏 7-1"。

2. 宏作为对象事件的响应

在 Access 中可以通过选择运行宏或事件过程来响应窗体、报表或控件上发生的事件。具体操作步骤如下。

（1）在设计视图中打开窗体或报表,设置窗体、报表或控件的有关事件属性为宏的名称。

（2）若要运行宏中的子宏,则将该指定为窗体或报表的事件属性设置,使用该宏的语法格式如下。

图 8.9　使用 RunMacro 操作运行宏

宏名.子宏名

（3）若要在 VBA 代码过程中运行宏，则在过程中使用 Docmd 对象的 RunMacro 方法，并指定要运行的宏名。例如：

DoCmd.RunMacro "宏 7-1"

【例 8.4】　创建一个如图 8.10 所示的窗体，应用宏完成查询员工的功能。

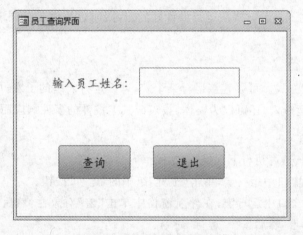

图 8.10　"员工查询界面"窗体

该窗体中含一个文本框和一个标签控件，以及两个按钮："查询"和"关闭"。"退出"按钮的功能是关闭当前窗体，"查询"按钮的功能是在单击"查询"按钮时，显示该员工的所有信息。

本例利用查询、宏和窗体共同完成。窗体中文本框的值作为查询的参数，在单击"查询"按钮时，调用宏操作，宏操作执行打开查询的操作。

具体操作步骤如下。

（1）在数据库中设计如图 8.10 所示的窗体，其中：该窗体的"标题"为"员工查询界面"，标签的标题为"输入员工姓名："，文本框的控件的名称为 Text0，"查询"按钮的名称为 Command1，"退出"按钮的名称为 Command2。

（2）根据功能要求设计如图 8.11 所示的查询,这里命名为"查询员工","姓名"字段下的条件表达式为"Like［Forms］！［员工查询界面］！［Text0］",Text0 为窗体中文本框的名称。该查询表示"查询姓名为文本框输入内容的员工信息"。

图 8.11 "查询员工"查询设计

（3）根据功能要求设计宏"查询员工宏",如图 8.12 所示。该宏包括"查询"和"退出"两个子宏。"查询"子宏中添加了一个 If 块,If 的逻辑表达式为"［Forms］！［员工查询界面］！［Text0］=""",表示如果文本框 Text0 未输入内容时,则弹出消息框(MessageBox),提示"姓名不能为空,请输入员工姓名!";否则打开查询对象"查询员工"。"退出"宏只包含了一个关闭当前窗体的宏操作 CloseWindow。宏中具体的代码如图 8.12 所示。

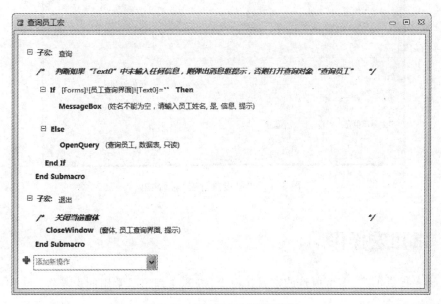

图 8.12 "查询员工宏"的代码

（4）将窗体中按钮控件的"单击"事件与"查询员工宏"的子宏关联。事件属性与宏的关联方式参照图 8.8 中的设置方式。"查询"按钮的"单击"事件关联"查询员工宏.查询"，"退出"按钮的"单击"事件关联"查询员工宏.退出"。最后保存该窗体，完成本例题的设计。

（5）重新在窗体视图中打开"员工查询界面"，通过该窗体来查询员工信息。

8.3.2 宏的调试

对于比较复杂的宏，往往需要先调试，再运行。在 Access 系统中提供了"单步"执行的宏调试工具。使用单步跟踪执行，可以观察宏的流程和每个操作的结果，从中发现并排除出现问题和错误的操作。

【例 8.5】 对例 8.1 所创建的宏"宏 7-1"进行调试。其操作步骤如下。

（1）在数据库导航窗格中，右击"宏 7-1"对象，在弹出的快捷菜单中选择"设计视图"命令，进入宏设计视图。

（2）单击宏"设计"选项卡"工具"组中的"单步"按钮，系统进入单步运行状态。

（3）单击"工具"组中的"运行"按钮，系统弹出"单步执行宏"对话框，如图 8.13 所示。

（4）在该对话框中，单击"单步执行"按钮，则以单步形式执行当前宏操作；单击"停止所有宏"按钮，则停止宏的执行并关闭对话框；单击"继续"按钮，则关闭"单步执行宏"对话框，并执行宏的下一个操作。如果宏的操作有误，则会弹出"操作失败"对话框，可停止该宏的执行。在宏的执行过程中按 Ctrl+Break 键，可以暂停宏的执行。

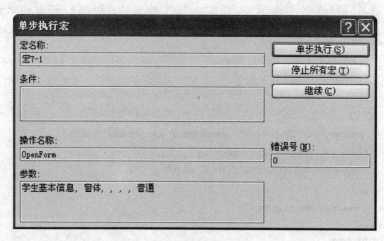

图 8.13 "单步执行宏"对话框

8.4 常用宏操作

Access 提供了 70 多个可选的宏操作命令，表 8.4 列出了常用的宏操作。

表 8.4 常用宏操作

操作类型	操作命令	含 义
窗口管理	CloseWindow	关闭指定窗口,或关闭当前激活窗口
	MaximizeWindow	当前窗口最大化
	MinimizeWindow	当前窗口最小化
	MoveAndSizeWindow	移动并调整当前激活窗口
	RestoreWindow	当前窗口恢复至原始大小
宏命令	CancelEvent	取消导致该宏运行的 Access 事件
	ClearMarcoError	清除 MacroError 对象中的上一错误
	OnError	定义错误处理行为
	RemoveAllTempVars	删除所有临时变量
	RemoveTempVars	删除一个临时变量
	RunCode	执行指定的 Access 函数
	RunDataMacro	执行数据宏
	RunMacro	执行指定的宏
	RunMenuCommand	执行指定 Access 菜单命令
	SetLocalVar	将本地变量设置为给定值
	SetTempVar	将临时变量设置为给定值
	SingleStep	暂停宏的执行并打开"单步执行宏"对话框
	StartNewWorkflow	为项目启动新工作流
	StopAllMacro	终止所有正在运行的宏
	StopMacro	终止当前正在运行的宏
	WorkflowTasks	显示"工作流任务"对话框
筛选/查询/搜索	ApplyFilter	筛选表、窗体或报表中的记录
	FindNextRecord	查找满足指定条件的下一条记录
	FindRecord	查找满足指定条件的第一条记录
	OpenQuery	打开指定的查询
	Refresh	刷新视图中的记录
	RefreshRecord	刷新当前记录
	RemoveFilterSort	删除当前筛选
	Requery	实施指定控件重新查询,即刷新控件数据
	SearchForRecord	基于某个条件在对象中搜索记录
	SetFilter	筛选表、窗体或报表中的记录
	SetOrderBy	对报、窗体或报表中的记录应用排序
	ShowAllRecords	关闭所以查询,显示出所有的记录
数据导入/导出	AddContactFromOutlook	添加来自 Outlook 中的联系人
	CollectDataViaEmail	在 Outlook 中使用 HTML 或 InfoPath 表单收集数据
	EmailDatabaseObject	将指定的数据库对象包含在 E-mail 消息中,对象在其中可以查看和转发
	ExportWithFormatting	将指定的 Access 对象中的数据输出到另外格式(如.xls、.txt、.rtf、.htm)的文件中
	SaveAsOutlookContact	当前记录另存为 Outlook 联系人
	WordMailMerge	执行"邮件合并"操作

操作类型	操作命令	含　义
数据库对象	GoToControl	将光标移动到指定的对象上
	GoToPage	将光标翻到窗体中指定页的第一个控件位置
	GoToRecord	用于指定当前记录
	OpenForm	打开指定的窗体
	OpenReport	打开指定的报表
	OpenTable	打开指定的数据表
	PrintObject	打印当前对象
	PrintPreview	当前对象的"打印预览"
	RepaintObject	刷新对象的屏幕显示
	SelectObject	选定指定的对象
	SetProperty	设置控件属性
数据输入操作	DeleteRecord	删除当前记录
	EditListItems	编辑查阅列表中的项
	SaveRecord	保存当前记录
系统命令	Beep	使计算机发出"嘟嘟"声
	CloseDatabase	关闭当前数据库
	DisplayHourglassPonter	设定在宏运行时鼠标指针是否显示成 Windows 中的等到操作光标(沙漏状光标)
	QuitAccess	退出 Access
用户界面命令	AddMenu	将一个菜单项添加到窗体或报表的自定义菜单栏中,每一个菜单项都需要一个独立的 AddMenu 操作
	BrowseTo	将子窗体的加载对象更改为子窗体控件
	LockNavigationPane	用于锁定或解除锁定导航窗格
	MessageBox	显示消息框
	NavigateTo	定位到指定的"导航窗格"组或类别
	Redo	重复最近的用户操作
	SetDisplayedCategories	
	SetMenuItem	设置自定义菜单中菜单命令的状态(启用或禁用,选中或不选中)
	UndoRecord	撤销最近的用户操作

习题

一、单选题

1. 使用宏组的目的是(　　)。

　　A. 设计出功能复杂的宏　　　　　　　B. 对多个宏操作进行组织和管理

　　C. 设计出包含大量操作的宏　　　　　D. 减少程序内存消耗

2. 下列关于宏操作的叙述错误的是(　　)。

　　A. 可以使用宏组来管理相关的一系列宏

　　B. 所有宏操作都可以转化为相应的模块代码

　　C. 使用宏可以启动其他应用程序

D. 宏的关系表达式中不能应用窗体或报表的控件值

3. 设宏名为 Macro，其中包括 3 个子宏分别为 Macro1、Macro2、Macro3，调用 Macro2 的格式正确的是（　　）。

 A. Macro-Macro2　　　　　　　　B. Macro！Macro2

 C. Macro. Macro2　　　　　　　　D. Macro2

4. 在宏的条件表达式中，要引用 rpt 报表上名为 txtName 控件的值，可以使用的引用表达式是（　　）。

 A. Reports！rpt！txtName　　　　B. rpt！txtName

 C. Report！txtName　　　　　　　D. txtName

5. 要限制宏操作的范围，可以在创建宏时定义（　　）。

 A. 宏操作对象　　　　　　　　　　B. 宏条件表达式

 C. 宏操作目标　　　　　　　　　　D. 控件属性

二、填空题

1. 在创建条件宏时，如果要引用窗体 Form2 上文本控件 Text01 的值，正确的表达式引用为_____。

2. 宏是一个或多个_____的集合。

3. 如果要建立一个宏，希望执行该宏后，首先打开一个窗体，那么在该宏中执行的宏操作命令为_____。

4. 创建数据库自动运行的宏，必须将宏命名为_____。

5. 打开一个表应该使用的宏操作是_____。

三、操作题

在教学管理数据库中完成如下宏操作。

（1）参照例 8.1 构建一个名称为"教学管理"的宏，在该宏中尝试练习使用常用的宏操作命令，如 OpenForm、MessageBox 等，并且尝试使用宏组来组织管理宏操作。

（2）参照例 8.3 构建一个名称为"操作界面"的窗体，该窗体中的按钮分别与宏"功能"中的各个子宏相关联。"条件宏"的设置内容如表 8.5 所示。

表 8.5　"条件宏"的设置内容

子宏名	条　件	宏操作	操作参数		说　明
			参数名称	参数值	
打开	[Forms]！[操作界面]！[frame0]＝1	OpenForm	窗体名称	学生基本信息	打开名称为"学生基本信息"的窗体
	[Forms]！[操作界面]！[frame0]＝2	OpenQuery	查询名称	未选课学生查询	打开名称为"未选课学生查询"的查询
	[Forms]！[操作界面]！[frame0]＝3	OpenTable	表名称	教师	打开教师信息数据表"教师"
	[Forms]！[操作界面]！[frame0]＝4	OpenReport	报表名称	工资报表	打开"工资报表"
关闭		CloseWindow			关闭当前窗体

第 9 章

数据库安全与管理

Access 数据库提供了加密/解密功能来加强数据库访问的安全性,还提供了多种管理工具和管理措施,来方便维护、管理数据库内容,可以对数据库进行压缩/修复、备份、拆分、导入/导出数据,以及移动、共享数据和文件管理等。

本章的知识体系:
- 数据库安全性
- 数据的导入和导出
- 数据库管理和维护

学习目标:
- 了解数据库安全和管理的相关知识
- 熟悉数据库的加密/解密功能
- 掌握数据到导入/导出
- 熟悉数据库的压缩和修复
- 掌握数据库格式转换

9.1 数据库的安全性

Access 提供了多种措施来保护数据库的安全,例如,对数据库进行加密与解密,对数据库中数据进行备份和还原来保护数据,数据库对象的隐藏,等等。本节主要介绍数据库的加密与解密以及数据备份和还原机制。

9.1.1 数据库加密与解密

数据库加密是常用的保障数据库安全性的一种方式,Access 中也提供了使用密码的方式来加密数据库。

1. 使用数据库密码加密

Access 中提供了使用密码的方式加密数据库,密码加密数据库的前提是要求待加密的数据必须处于独占模式,也就是必须以独占方式打开该数据库。

【例 9.1】 以独占模式打开之前构建的"如意公司营销信息管理系统"数据库,并对该数据加密,密码设置为"123456"。

其操作步骤如图 9.1 所示。

按照图 9.1 所示设置完成密码后,关闭数据库,当再次以正常模式或其他任意模式打开数据库时,将首先弹出"要求输入密码"对话框,如图 9.2 所示,只有输入正确密码后,才能打开数据库文件。

(1) 打开Access,选择"文件"|"打开"命令。

(2) 在弹出的"打开"对话框中,找到并选择要打开的数据库文件,然后单击"打开"按钮旁边的箭头,单击"以独占方式打开"按钮。

(3) 数据库文件以独占模式打开,单击"文件"选项卡中的"信息"按钮,再单击"用密码进行加密"按钮。

(4) 弹出"设置数据库密码"对话框,在"密码"文本框中输入密码,在"验证"文本框中再次输入该密码。单击"确定"按钮,完成密码设置。

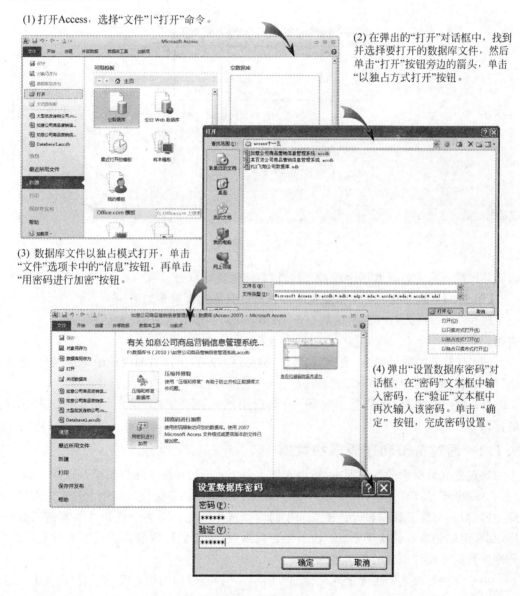

图 9.1　添加密码

注意:一定要记住所设置的密码,如果忘记了密码,将无法再打开数据库。

2. 解密数据库

对于已经使用密码加密的数据库,可以对该数据库进行解密,但一定是在使用了正确

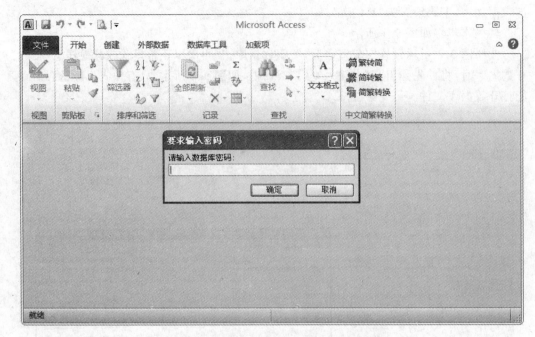

图 9.2　输入密码

密码并以独占模式打开数据库后,才能对该数据库进行解密。

【**例 9.2**】　解密例 9.1 中被加密的数据库。具体操作步骤如下。

(1) 以独占模式打开加密的数据库,在弹出的"要求输入密码"对话框中输入正确的密码。

(2) 在打开的数据库中,选择"文件"|"信息"命令,在窗口右侧区域中单击"解密数据库"按钮,弹出"撤销数据库密码"对话框。

(3) 在弹出的"撤销数据库密码"对话框中输入正确密码,单击"确定"按钮,完成解密。

9.1.2　通过备份和还原保护数据

通过建立数据库的备份副本,可以在发生系统故障的情况下还原整个数据库,或者在"撤销"命令不足以修复错误的情况下还原对象。数据库的备份副本表面上似乎浪费了存储空间,但其节约了数据和设计损失产生的时间成本。如果有多个用户在共同使用数据库,那么定期创建备份就很重要。没有备份副本,也将无法还原损坏或丢失的对象,无法还原对数据库设计所做的任何更改。

由于某些更改或错误无法逆转,用户在执行一些数据库操作之前,必须预先考虑清楚是否需要创建数据库备份副本,否则等到数据丢失后就无法补救了。例如,当使用动作查询(在导航窗格中,其名称旁边紧跟感叹号"!")删除记录或更改数据时,该查询更新的任何值都无法使用"撤销"操作来还原。因此在运行任何动作查询之前,都应考虑创建备份,尤其是在查询将更改或删除大量数据时。

数据库备份频率通常取决于数据库发生重大更改的频率。如果数据库是存档数据库,或者只用于引用而很少更改,只需在每次设计或数据发生更改时执行备份即可。如果数据库是活动数据库,且数据会经常更改,则应创建一个计划以便定期备份数据库。如果数据库有多位用户,则在每次发生设计更改时,都应该创建数据库的备份副本,但在执行备份之前,必须确保所有用户都关闭了其数据库,这样才能保存所有数据更改。

1. 备份数据库

备份文件是数据库文件的"已知正确副本"。备份数据库时,Access 首先会保存并关闭在"设计"视图中打开的对象,然后使用指定的名称和位置保存数据库文件的副本。

【例 9.3】 备份数据库"如意公司商品营销信息管理系统"。具体操作步骤如下。

(1) 打开要为其创建备份副本的数据库。

(2) 选择"文件"|"保存并发表"|"数据库另存为"|"高级"|"备份数据库"命令,如图 9.3 所示。

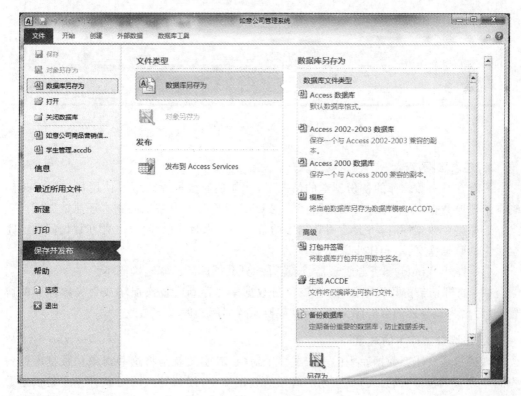

图 9.3 数据库备份

(3) 弹出"另存为"对话框,如图 9.4 所示。用户可以根据需要更改备份文件名称,因为默认名称既捕获了原始数据库文件的名称,也捕获了执行备份的日期,通常建议使用默认名称。

(4) 在"保存类型"下拉列表中选择希望将备份数据库保存为的文件类型,默认为 Access 数据库(＊.accdb),然后单击"保存"按钮。完成了数据库备份。

注意:在从备份还原数据或对象时,往往需要知道备份来自哪个数据库以及创建备份的时间。因此,一般建议备份文件使用默认的文件名。

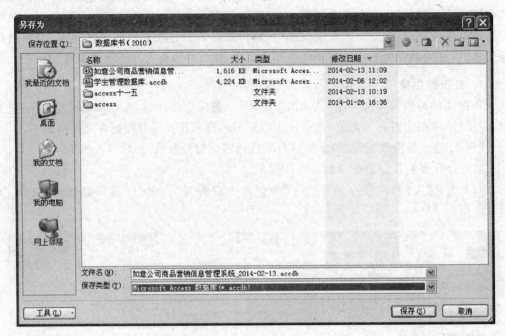

图 9.4 "另存为"对话框

2. 还原数据库

只有在具有数据库的备份副本的情况下,才能还原数据库。可以使用任何已知正确副本来还原数据库。例如,可以使用存储在 USB 外部备份设备上的副本还原数据库。

还原整个数据库时,将会使用数据库的备份副本来替换已经损坏、存在数据问题或完全丢失的数据库文件,操作步骤如下。

(1) 打开 Windows 资源管理器,浏览并找到数据库的已知正确副本。

(2) 打开该备份数据库文件,将该备份数据库另存到应替换损坏或丢失数据库的位置,并命名为拟替换的数据库文件名,以替换原数据库文件。

3. 还原数据库中的对象

如果只需要还原数据库中的一个或多个对象,其实质就是将这些对象从数据库的备份副本导入到包含(或丢失)要还原的对象的数据库中,用新导入的对象补充或替换原数据库中的对象。

还原数据对象的操作就是采用导入"外部数据"的方式,其操作步骤如下。

(1) 打开需要导入外部对象的数据库。

(2) 单击"外部数据"选项卡的"导入并链接"组中的 Access 按钮,弹出"获取外部数据- Access 数据库"对话框,如图 9.5 所示。在该对话框中,单击"浏览"按钮找到并选定备份数据库,选择"将表、查询、窗体、报表、宏和模块导入当前数据库",然后单击"确定"按钮。

(3) 在弹出的"导入对象"对话框中,单击与要还原的对象类型相对应的选项卡。例

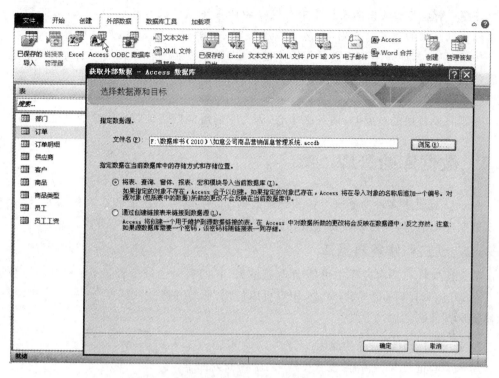

图 9.5 "获取外部数据-Access 数据库"对话框

如,如果要还原表,单击"表"选项卡,单击其中的表对象。如果要还原其他对象,请重复选择各选项卡中的各个对象。若要在导入对象之前检查导入选项,可以在"导入对象"对话框中单击"选项"按钮,如图 9.6 所示。

(4) 在选择对象并完成导入选项设置之后,单击"确定"按钮,还原所选对象。

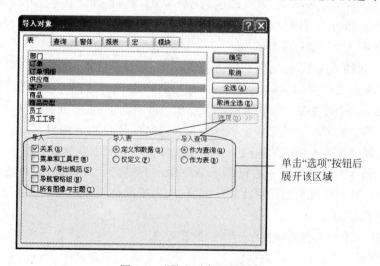

图 9.6 "导入对象"对话框

注意：如果其他数据库或程序中有链接指向要还原的数据库中的对象，则必须将数据库还原到正确的位置。否则，指向这些数据库对象的链接将失效，必须更新。

替换对象时，如果用户还需要保留当前对象，希望在还原后将其与还原前的版本进行比较，则应在还原之前重命名该对象。例如，如果要还原一个名为"帮助"的已损坏窗体，可以将已损坏的窗体重命名为"帮助_old"。

在删除要替换的对象时，请务必小心，因为它们可能链接到数据库中的其他对象。

9.2　数据库的管理

Access 提供了多种功能来维护和管理数据库，例如，可以压缩和修复数据库、导入或导出数据库中的内容、发布数据库内容，以及转换数据库文件格式，等等。

9.2.1　压缩和修复数据库

数据库文件在使用过程中可能会迅速增大，它们有时会影响性能，有时也可能被损坏。在 Microsoft Office Access 中，用户可以使用"压缩和修复数据库"命令来防止、校正或修复这些问题。

1. 压缩和修复数据库的原因

用户需要进行"压缩和修复数据库"的主要原因如下。

（1）数据库文件在使用过程中不断变大。

随着用户不断添加、更新数据以及更改数据库设计，数据库文件会变得越来越大。导致增大的因素不仅包括新数据，还包括其他一些方面，例如，Access 会创建临时的隐藏对象来完成各种任务，这些后续不再需要的临时对象有时仍将保留在数据库中；删除数据库对象时，系统不会自动回收该对象所占用的磁盘空间。随着数据库文件不断被遗留的临时对象和已删除对象所填充，其性能也会逐渐降低，例如，对象可能打开得更慢，查询可能比正常情况下运行的时间更长，各种典型操作通常似乎也需要使用更长时间。

（2）数据库文件可能已损坏。

在某些特定的情况下，数据库文件可能已损坏，通常情况下，这种损坏是由于问题导致的，并不存在丢失数据的风险。但是，这种损坏却会导致数据库设计受损，例如丢失 VBA 代码或无法使用窗体。如果数据库文件通过网络共享，且多个用户同时直接处理该文件，则该文件发生损坏的风险将较小。但是如果这些用户频繁编辑"备注"字段中的数据，将在一定程度上增大损坏的风险。数据库文件损坏有时也会导致数据丢失，但这种情况并不常见，通常丢失的数据一般仅限于某位用户的最后一次操作，即对数据的单次更改，例如当用户开始更改数据而更改被中断时（如由于网络服务中断），可能导致最后一次操作的部分数据丢失。

（3）Access 提示是否要修复已损坏的数据库文件。

当用户尝试打开已损坏的数据库文件时，系统将提示是否允许 Access 自动修复该文件。如果 Access 完全修复了已损坏的文件，它将显示一条消息，说明已成功完成修复。如果 Access 仅成功修复了部分内容，它将跟踪未能修复的数据库对象，以便用户决定是否需要从备份进行恢复。

注意：压缩数据库并不是压缩数据，而是通过清除未使用的空间来缩小数据库文件。另外，在修复过程中，Access 可能会截断已损坏表中的某些数据。此时可以通过还原之前备份的机制来修复数据。

2. 自动执行压缩和修复数据库

用户可以设置关闭数据库时自动执行"压缩和修复数据库"，具体步骤如下。

（1）打开数据库文件。

（2）选择"文件"|"选项"命令，弹出"Access 选项"对话框。

（3）在该对话框中单击左侧区域中"当前数据库"项，在右侧区域中的"应用程序选项"下，选中"关闭时压缩"复选框，如图 9.7 所示。

（4）单击"确定"按钮，完成设置。

图 9.7　"Access 选项"对话框

注意：用户可以设置每次关闭指定数据库时，自动运行"压缩和修复数据库"命令。但在多用户使用的数据库中，压缩和修复操作需要以独占方式访问数据库文件，因此该操作会中断其他用户。

3. 手动执行压缩和修复数据库

除了使用"关闭时压缩"数据库选项外,用户还可以手动运行"压缩和修复数据库"命令。无论数据库是否已经打开,均可以对数据库运行该命令。

其具体步骤如下。

(1) 进入 Access,打开数据库文件。

(2) 单击"数据库工具"选项卡"工具"组中的"压缩和修复数据库"按钮 ,此时会执行数据库的压缩和修复任务。

(3) 如果在 Access 中未打开数据库,则单击"压缩和修复数据库"按钮后,会弹出"压缩数据来源"对话框,在该对话框中选择拟压缩的数据库文件,单击"压缩"按钮,执行"压缩和修复数据库"任务。

9.2.2　数据导入与导出

Access 具有存取多种格式数据的功能,能够链接许多其他程序中的数据,实现 Access 数据库与外部应用程序交换、共享数据。Access 数据库中的"另存为"功能只能另存为其他 Access 对象,不能将 Access 数据库另存为诸如 Excel 电子表格类的文件。Access 数据库中的数据与外部数据之间的传输,也就是数据的移入和移出,需要通过 Access"外部数据"选项卡中的导入和导出工具,来实现 Access 数据库与其他文件格式之间的导入或导出数据。

从"外部数据"选项卡中的"导入并链接"组和"导出"组中提供的工具按钮,可以看出 Access 支持导入或导出的数据类型,如图 9.8 所示。单击组中的"其他"按钮,会看到导入或导出功能支持的更多文件格式。

图 9.8　"导入并链接"组和"导出"组

表 9.1 中列出了支持导入、链接或导出的文件类型。

表 9.1　Access 支持的导入、链接或导出的文件类型

程序或文件格式	是否允许导入	是否允许链接	是否允许导出
Microsoft Office Excel	是	是	是
Microsoft Office Access	是	是	是
ODBC 数据库(如 SQL Server)	是	是	是

续表

程序或文件格式	是否允许导入	是否允许链接	是否允许导出
文本文件（带分隔符或固定宽度）	是	是	是
XML 文件	是	否	是
PDF 或 XPS 文件	否	否	是
电子邮件（文件附件）	否	否	是
Microsoft Office Word	否（但可将 Word 文件另存为文本文件后再导入）	否（但可将 Word 文件另存为文本文件后再链接）	是（将表或查询指定为 Word 邮件合并向导的数据源）
SharePoint 列表	是	是	是
数据服务（须安装 Microsoft. NET 3.5 以上版本）	否	是	否
HTML 文档	是	是	是
Outlook 文件夹	是	是	否（但可以导出为文本文件后再导入 Outlook）
dBase 文件	是	是	是

1. 导入或链接其他格式的数据

导入数据就是将各种格式的外部数据转换为 Access 数据库的表（产生导入表）。链接数据就是在 Access 数据库和外部数据之间建立引用关系（产生链接表）。导入表和原数据不再有任何关系。而链接表将仅仅反映数据库对象和外部数据之间的引用关系，并未将外部数据转换为 Access 数据表，外部数据的任何改变都随时反映到 Access 数据库中。

导入或链接数据的操作是在 Access 数据库中，选择"外部数据"选项卡，在"导入并链接"组中单击要导入或链接的数据类型。例如，如果源数据位于 Microsoft Excel 工作簿中，则单击 Excel 按钮。

通常，在导入或链接外部数据时，Access 都会启动"获取外部数据"向导。该向导可能会要求用户提供以下列出的部分或所有信息。

（1）指定外部数据源（它在磁盘上的位置）。

（2）选择是导入还是链接数据。

（3）如果要导入数据，请选择是将数据追加到现有表中，还是创建一个新表。

（4）明确指定要导入或链接的文档数据。

（5）指示第一行是否包含列标题或是否应将其视为数据。

（6）指定每一列的数据类型。

（7）选择是仅导入结构，还是同时导入结构和数据。

（8）如果要导入数据，须指定是为新表添加新主键，还是使用现有键。

（9）为新表指定一个名称。

通常在向导的最后一页上，Access 会询问是否要保存导入或链接操作的详细信息。

如果用户觉得需要定期执行相同操作,则选中"保存导入步骤"复选框,填写相应信息,并单击"保存导入"按钮。此后,用户就可以单击"外部数据"选项卡中的"已保存的导入"按钮以重新运行此操作。

完成向导之后,Access 会通知导入过程中发生的任何问题。在某些情况下,Access 可能会新建一个称为"导入错误"的表,该表包含 Access 无法成功导入的所有数据。用户可以检查该表中的数据,以尝试找出未正确导入数据的原因。

【例 9.4】 将"员工体检情况表.xlsx"文件里的数据导入"如意公司商品营销信息管理系统"数据库中,导入后的表名为"员工体检导入表"。具体操作步骤如下。

(1) 打开要导入外部数据的数据库。

(2) 单击"外部数据"选项卡"导入并链接"组中的 Excel 按钮,启动"获取外部数据-Excel 电子表格"向导对话框,如图 9.9 所示。在该对话框中选定外部数据源和目标数据的存储方式和位置(本例中选择"将数据源导入当前数据库的新表中")。指定目标数据存储有 3 个选项。

① 将数据源导入当前数据库的新表中:如果指定的表不存在,Access 会予以创建。如果指定的表已存在,Access 可能会用导入的数据覆盖其内容。对源数据所做的更改不会反映在该数据库中。

② 向表中追加一份记录的副本:如果指定的已存在,Access 会向表中添加记录。如果指定的表不存在,Access 会予以创建。对源数据所做的更改不会反映在该数据库中。

③ 通过创建链接表来链接到数据源:Access 将创建一个表,它将维护一个到 Excel 中的源数据的链接。对 Excel 中的源数据所做的更改将反映在链接表中,但是无法从Access 内更改源数据。

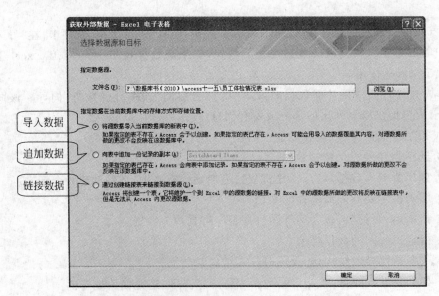

图 9.9　"获取外部数据-Excel 电子表格"向导对话框

（3）单击"确定"按钮，弹出"导入数据向导"对话框，按照如图 9.10 所示的对话框向导步骤完成数据的导入工作。

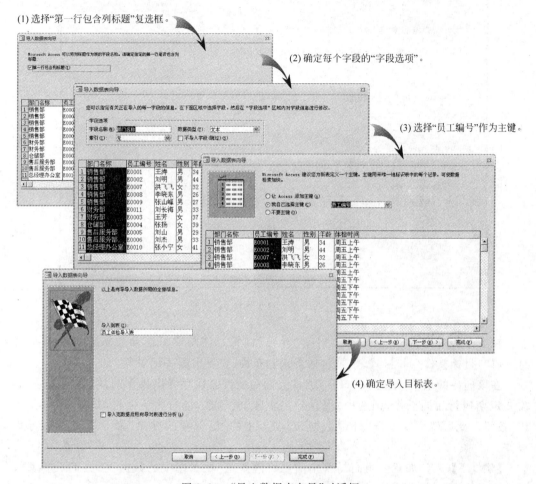

图 9.10　"导入数据表向导"对话框

（4）在"获取外部数据-Excel 电子表格"向导的最后一步，会询问是否要保存导入步骤。如果用户需要定期执行相同操作，则选中"保存导入步骤"复选框，并填写相应信息，单击"保存导入"按钮，如图 9.11 所示。此后，用户就可以单击"外部数据"选项卡上的"已保存的导入"选项以重新运行此操作。

2. 将数据导出为其他格式

导出数据就是将 Access 数据库中的表、查询、窗体或报表对象转为其他数据库或 Access 数据的导出操作是在打开的拟导出数据的数据库中，从导航窗格中选择要导出数据的对象。用户可以从表、查询、窗体或报表对象中导出数据，但并非所有导出选项都适用于所有对象类型。然后选择"外部数据"选项卡，在"导出"组中单击要导出到的目标数据类型。例如，若要将数据导出为可用 Microsoft Excel 打开的格式，则单击"导出"组中 Excel 选项。

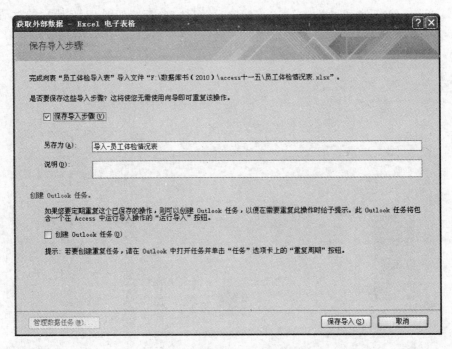

图 9.11   "保存导入步骤"对话框

在大多数情况下,Access 都会启动"导出"向导。该向导可能会要求您提供一些信息,例如,目标文件名和格式、是否包括格式和布局、要导出哪些记录等。

在该向导的最后一页上,Access 通常会询问是否要保存导出操作的详细信息。如果需要定期执行相同操作,则选中"保存导出步骤"复选框,填写相应信息,并单击"保存导出"按钮。此后就可以单击"外部数据"选项卡中的"已保存的导出"命令以重新运行此操作。

【例 9.5】   将"如意公司商品营销信息管理系统"数据库中的数据表"员工工资表",导出到名为"员工工资信息表.xlsx"文件。其操作步骤如下。

(1)打开要导出外部数据的数据库。

(2)单击"外部数据"选项卡"导出"组中的 Excel 按钮,弹出"导出-Excel 电子表格"对话框,如图 9.12 所示。在该对话框中指导目标文件名称和格式,设置导出选项。最后单击"确定"按钮。

(3)与导入操作的最后一步类似,导出操作在最后一步会询问是否要保存导出步骤。如果用户需要定期执行相同操作,则选中"保存保存步骤"复选框,并填写相应信息,单击"保存导出"按钮。此后,用户就可以单击"外部数据"选项卡中的"已保存的导出"选项以重新运行此操作。

9.2.3   数据库文件格式转换

Access 2010 默认的数据库文件后缀名为 . accdb,但是 Access 提供了数据库文件格式转换的功能,来生成低版本的数据库文件格式或可执行的文件格式。

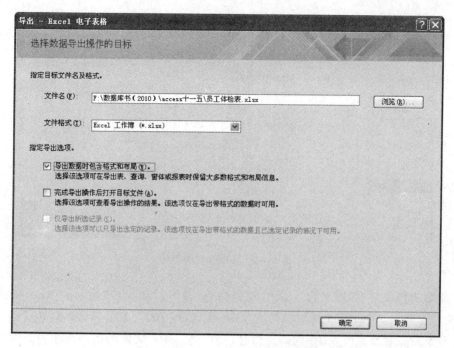

图 9.12 "导出-Excel 电子表格"对话框

1. 数据库另存为其他类型

默认情况下，Access 2010 和 Access 2007 以 .accdb 文件格式创建数据库，该文件格式通常称为 Access 2007 文件格式。可以将使用 Microsoft Office Access 2003、Access 2002、Access 2000 或 Access 97 创建的数据库转换为 .accdb 文件格式。但是使用 Access 2007 之前版本的 Access，无法打开或链接到 .accdb 文件格式的数据库。

在当前打开的数据库中，单击"文件"|"保存并发布"|"数据库另存为"选项，在"数据库另存为"区域中的"数据库文件类型"中包括了 4 种数据库文件类型，如图 9.13 所示。这 4 种数据库文件类型具体介绍如下。

(1) Access 数据库(* . accdb)：默认数据库格式。

(2) Access 2002-2003 数据库(* . mdb)：与 Access 2002-2003 兼容的数据库格式。

(3) Access 2002 数据库(* . mdb)：与 Access 2002 兼容的数据库格式。

(4) 模板(* . accdt)：数据库模板文件格式。

在图 9.13 所示的界面中双击某一种文件类型选项，会打开"另存为"对话框，另存数据库为指定格式的数据库文件或数据库模板文件。如果在单击"另存为"按钮时，任何数据库对象处于打开状态，Access 会提示用户在创建副本之前关闭它们。

若要将 Access 2000 或 Access 2002/2003 数据库(.mdb)文件转换为 .accdb 文件格式，必须先使用 Access 2007 或 Access 2010 打开该数据库，然后将其保存为 .accdb 文件格式。

2. 生成 ACCDE

Access 2010 能生成 ACCDE 可执行文件(扩展名为 .accde)，该文件是将原始

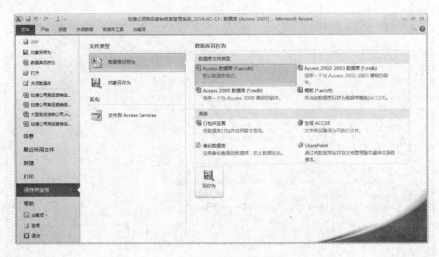

图 9.13   数据库文件类型

ACCDB 数据库文件(扩展名为.accdb)编译为"锁定"或"仅执行"版本的 Access 2010 数据库文件。如果 ACCDB 文件包含任何 VBA 代码,则 ACCDE 文件中将仅包含编译的代码,用户不能查看或修改 VBA 代码。而且,使用 ACCDE 文件的用户无法更改窗体或报表的设计,也不能将窗体、报表和模块导出到其他 Access 数据库中。将数据库生成 ACCDE 文件时保护数据库的一种好方法是,执行以下操作从 ACCDB 文件创建 ACCDE 文件。

(1) 进入 Access,打开数据库文件。

(2) 选择"文件"|"保存并发布"|"数据库另存为"|"高级"|"生成 ACCDE"命令,参见图 9.13。

(3) 打开"另存为"对话框,如图 9.14 所示。浏览找到拟保存该文件的位置,并给文件命名,然后单击"保存"按钮,即可生成 ACCDE 文件。

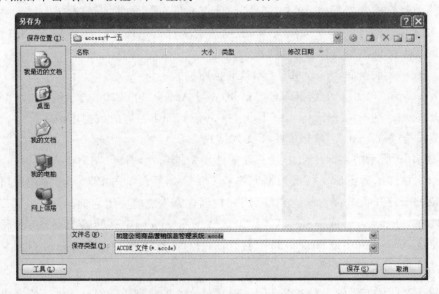

图 9.14   另存为 ACCDE 文件的对话框

习题

一、单选题

1. 为了防止或校正数据库出现问题,可以采用的方法是(　　)。

　　A. 备份和还原数据库　　　　　　　　B. 链接和导入数据

　　C. 导出数据　　　　　　　　　　　　D. 压缩和修复数据库

2. Access 中导出 Excel 格式的数据,采取正确的操作是(　　)。

　　A. 使用"另存为"命令导出 Excel 文件类型

　　B. 使用"外部数据"选项卡中的导出 Excel 命令

　　C. 不能直接导出 Excel,必须先导出文本文件,再转换成 Excel 文件

　　D. 在 Excel 应用程序中,使用"接收"命令

3. 以下描述正确的是(　　)。

　　A. ACCDE 数据库文件可以在 Access 2003 中打开

　　B. MDB 数据库文件可以在 Access 2010 中打开

　　C. Access 2010 不能兼容 Access 2003 的数据库文件(.mdb 文件)

　　D. Access 2010 和 Access 2007 的数据库文件类型不一样

4. 关于将数据库文件保存为模板文件的描述,以下正确的是(　　)。

　　A. 使用"文件"|"数据库另存为"命令另存为模板文件

　　B. 使用"外部数据"|"导出"组中的工具导出为模板文件

　　C. 使用"文件"|"保存并发布"|"数据库另存为"|"模板"命令

　　D. 在 Windows 资源管理器中直接更改数据库文件的后缀名为.accdt

5. 加密数据库时,要求数据库必须以(　　)模式打开。

　　A. 独占模式　　　　　　　　　　　　B. 正常模式打开

　　C. 只读模式打开　　　　　　　　　　D. 开发模式打开

二、填空题

1. 备份数据库时,Access 首先会保存并关闭在"设计视图"中打开的_____。

2. 备份数据库时,系统默认的备份文件名称既捕获了原始数据库文件的名称,也捕获了执行备份时的_____。

3. 压缩数据库并不是压缩数据,而是通过清除未使用的空间来缩小_____。

4. Access 2010 中可以数据库文件编译成可执行文件,该可执行文件的类型为_____。

5. 为了防止数据的丢失,通常采取的办法就是对数据库做_____。

三、操作题

基于前述章节中构建的教学管理数据库中,完成以下操作内容。

(1) 由"教学管理"数据库生成 ACCDE 文件。

(2) 将 Access 2010 格式的"教学管理"数据库文件转换成 Access 2002 格式。

（3）使用"压缩和修复数据库"命令对"教学管理.accdb"数据库进行压缩和修复。

（4）尝试对"教学管理.accdb"数据库进行加密和解密操作，注意加密时一定要牢记密码。

（5）将"教学管理"数据库中的"学生"表导出到名为"学生情况表格式.xlsx"的文件。

（6）将"教学管理"数据库中的"课程"表和"选课"表导出到"教学"数据库中（该数据库时需要预先建立好的空数据库）。

（7）将第(5)中的"学生情况表格式.xlsx"文件中的数据导入"教工"数据库中，命名导入后表名为"学时导入表"。

第 10 章

小型数据库应用系统开发综合实训

Access 是一个功能强大的数据库管理系统，为了更好地掌握和应用本书所学知识内容，本章通过开发一个简单的"学生成绩管理数据库"应用系统，帮助学生系统地掌握如何开发一个实际的数据库应用系统。本章将整个开发过程按阶段划分，并将开发任务分解成一个个实验，方便学生进行有序开发。学生在完成实验的过程中界面风格上可以参照样图，最重要的是保证每个实验要求的功能实现。

本章的知识体系：
- 数据库应用系统的开发过程
- 数据库应用系统开发工具和方法

学习目标：
- 熟悉数据库系统的设计方法
- 掌握数据库对象的设计方法
- 熟悉掌握窗体自动启动方法

10.1 数据库设计概述

数据库设计步骤通常包括 4 个步骤，即实际问题的需求分析、概念模型设计（建立 E-R 模型）、逻辑数据模型设计（建立关系模型）和数据库实施。实现一个较为完善的数据库应用系统，通常都要完成以下几个方面的工作。

（1）设计需要的表对象，包括建立表结构、表的数据内容，以及表之间的关系。表结构中主要需确定字段的名称、数据类型、大小，确定主关键字等。

（2）设计需要的查询、窗体和报表，以便完成实际问题提出的管理需要，有事需要借助宏来加强窗体和报表的功能。

（3）创建切换面板或导航窗体来统一关系数据库系统。

10.2 系统需求分析与功能模块设计

此阶段为数据库设计的开始阶段，主要完成系统需求分析和功能模块分析。

实验 10.1 "学生成绩管理数据库"系统需求分析和功能模块设计。

为了方便管理和使用学生信息、课程信息和成绩信息,需要建立"学生成绩管理数据库"应用系统,该数据系统包含的功能模块主要有以下4个。

(1)"信息维护"模块:该模块主要完成对学生信息、课程信息和学生成绩信息的管理和维护。

(2)"信息浏览"模块:该模块主要完成对学生信息、课程信息、成绩查询等信息的浏览。

(3)"输出报表"模块:该模块主要完成以报表方式输出学生信息、课程信息和学生成绩信息。

(4)"帮助"模块:该模块主要是展示系统的版本和版权信息。

系统总体功能模块框图如图10.1所示。

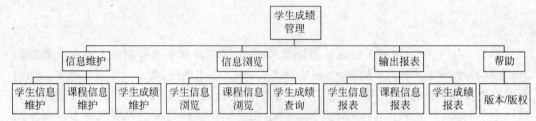

图10.1　系统总体功能模块结构

10.3　数据库概念模型和关系模型设计

获取了数据需求分析之后,开始进入概念模型设计和逻辑模型设计阶段。

实验10.2　设计数据库概念模型。

数据库概念模型如图10.2所示。

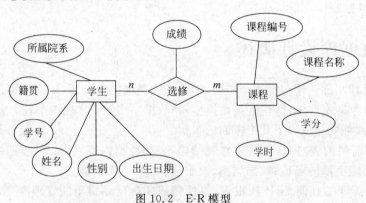

图10.2　E-R模型

实验10.3　设计数据库关系模型。

根据前述实验的概念模型,按照E-R概念模型向关系模型转换的规则,可有如下的关系模式(其中带下划线的为主键,斜体字为外键)。

课程(课程编号,课程名称,学分,学时)。

学生(学号,姓名,性别,出生日期,籍贯,所属院系)。

成绩(学号,*课程编号*,成绩)。

10.4　表和查询对象的设计

本阶段的任务是在前述实验的基础，根据功能模块设计的需求，完成数据表和查询对象的设计。

10.4.1　表对象的设计

此处将完成所有表对象结构的设计与数据内容的输入。

实验 10.4　设计数据库表结构。

根据前述实验设计的关系模型结果，设计关系数据库的数据表的逻辑结构，如表 10.1 所示。

表 10.1　表结构

表	字段名称	数据类型	主键/索引	查阅列	其他属性
学生	学号	文本	主键		
	姓名	文本			
	出生日期	日期			
	性别	文本			有效性规则为："男"or"女"
	籍贯	文本			默认值为“汉”
	所属院系	日期			
课程	课程编号	文本	主键		
	课程名称	文本			
	学分	文本			
	学时	文本			
成绩	学号	文本	主键	组合框	行来源于“学生”表
	课程编号	文本		组合框	行来源于“课程”表
	成绩	文本			

实验 10.5　在数据库中建立表，并输入数据内容。

根据表 10.1 的要求，在数据库表设计视图中设计表的结构，在数据表视图中输入数据。“学生”表的数据如图 10.3 所示，“课程”表的数据如图 10.4 所示，“成绩”表的数据如图 10.5 所示。

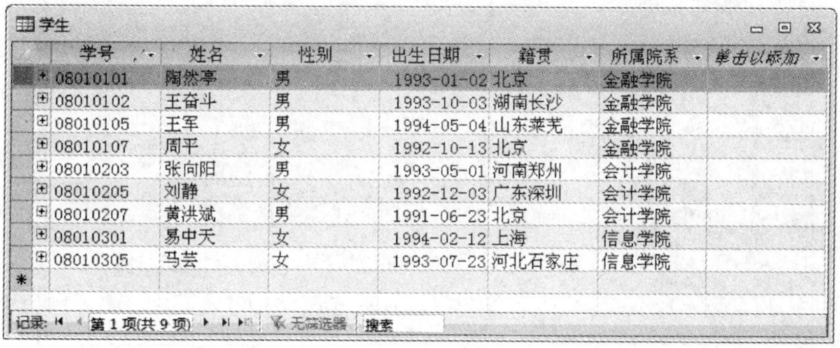
学生

学号	姓名	性别	出生日期	籍贯	所属院系	单击以添加
08010101	陶然亭	男	1993-01-02	北京	金融学院	
08010102	王奋斗	男	1993-10-03	湖南长沙	金融学院	
08010105	王军	男	1994-05-04	山东莱芜	金融学院	
08010107	周平	女	1992-10-13	北京	金融学院	
08010203	张向阳	男	1993-05-01	河南郑州	会计学院	
08010205	刘静	女	1992-12-03	广东深圳	会计学院	
08010207	黄洪斌	男	1991-06-23	北京	会计学院	
08010301	易中天	女	1994-02-12	上海	信息学院	
08010305	马芸	女	1993-07-23	河北石家庄	信息学院	

记录: 第 1 项(共 9 项)　无筛选器　搜索

图 10.3　“学生”表

课程

课程编号	课程名	学时	学分	单击以添加
JR001	金融学	54	3	
JR002	货币银行学	32	2	
JR010	国际贸易	54	3	
XX001	计算机应用基	36	2	
XX002	数据库原理	54	3	
XX003	C语言程序设i	54	3	

记录: 第 1 项(共 6 项)　无筛选器　搜索

图 10.4　“课程”表

成绩

学号	课程编号	成绩	单击以添加
08010101	JR001	86	
08010101	JR002	65	
08010101	JR010	44	
08010101	XX001	87	
08010101	XX002	76	
08010102	JR001	66	
08010102	JR002	56	
08010102	XX001	55	
08010102	XX002	70	
08010102	XX003	75	
08010203	JR001	83	
08010203	JR002	87	
08010203	XX002	91	
08010203	XX003	78	
08010205	JR010	83	
08010301	XX002	47	

记录: 第 1 项(共 16 项　无筛选器　搜索

图 10.5　“成绩”表

实验 10.6　在数据表之间的关系。

根据前述实验建立的关系模型，在数据库中建立如图 10.6 所示的表间关系。

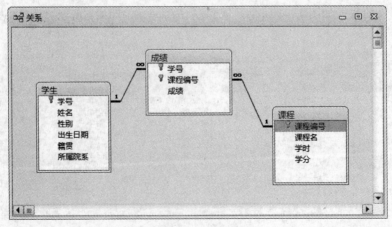

图 10.6　表间关系

10.4.2　查询对象的设计

此处将完成系统功能所需的所有查询对象的设计。

实验 10.7　建立“学生成绩查询”。

“学生成绩查询”将作为其他窗体的数据来源，这里先建立该查询，其设计视图如图 10.7 所示，数据表视图如图 10.8 所示。

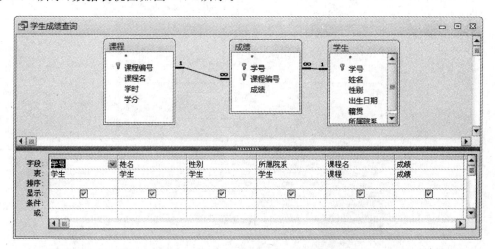

图 10.7　“学生成绩查询”设计视图

学生成绩查询

学号	姓名	性别	所属院系	课程名	成绩
08010101	陶然亭	男	金融学院	金融学	86
08010101	陶然亭	男	金融学院	货币银行学	65
08010101	陶然亭	男	金融学院	国际贸易	44
08010101	陶然亭	男	金融学院	计算机应用基础	87
08010101	陶然亭	男	金融学院	数据库原理	76
08010102	王奋斗	男	金融学院	金融学	66
08010102	王奋斗	男	金融学院	货币银行学	56
08010102	王奋斗	男	金融学院	计算机应用基础	55
08010102	王奋斗	男	金融学院	数据库原理	70
08010102	王奋斗	男	金融学院	C语言程序设计	75
08010203	张向阳	男	会计学院	金融学	83
08010203	张向阳	男	会计学院	货币银行学	87
08010203	张向阳	男	会计学院	数据库原理	91
08010203	张向阳	男	会计学院	C语言程序设计	78
08010205	刘静	女	会计学院	国际贸易	83
08010301	易中天	女	信息学院	数据库原理	47
*					

记录: 第 1 项(共 16 项　无筛选器　搜索

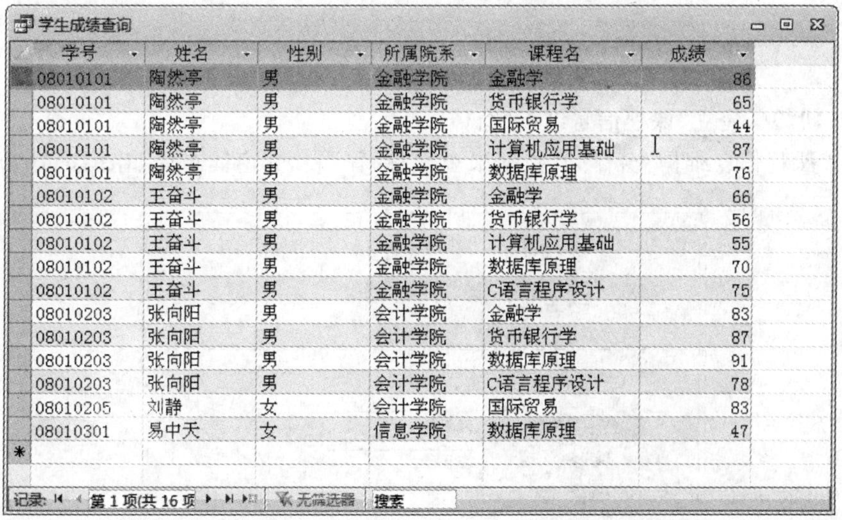

图 10.8　“学生成绩查询”数据表视图

10.5　窗体的设计

本阶段的任务是在前述实验的基础上，根据功能模块设计的需求，完成窗体对象的设计。窗体作为用户与数据库交互的界面，功能模块中的大多数内容都是通过窗体对象实现的。

10.5.1 "信息维护"功能模块中的窗体设计

"信息维护"功能模块中包括"学生信息维护"窗体、"课程信息维护"窗体和"学生成绩维护"窗体,在这些窗体中,可以删除、修改或添加新的记录。

实验 10.8 建立"学生信息维护"窗体。

建立"学生信息维护"窗体,其数据来源于"学生"表,其窗体布局如图 10.9 所示。

图 10.9 "学生信息维护"窗体

实验 10.9 建立"课程信息维护"窗体。

建立"课程信息维护"窗体,其数据来源于"课程"表,其窗体布局如图 10.10 所示。

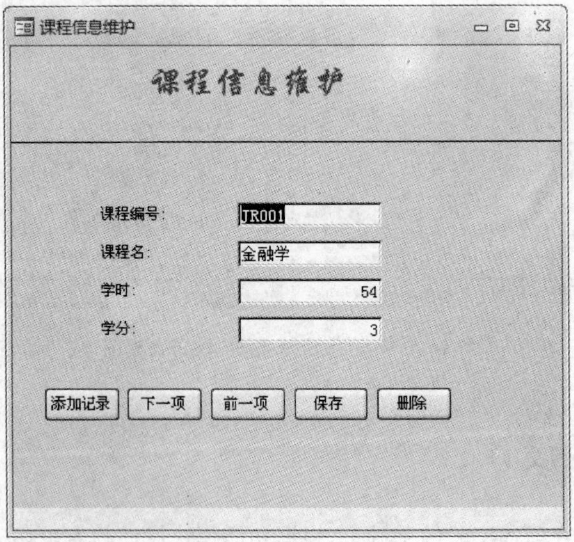

图 10.10 "课程信息维护"窗体

实验 10.10 建立"学生成绩维护"窗体。

建立"学生成绩维护"窗体,其主窗体数据来源于"学生"表,子窗体的数据来源于"成绩"表,其窗体布局如图 10.11 所示。

图 10.11 "学生成绩维护"窗体

10.5.2 "信息浏览"功能模块中的窗体设计

"信息浏览"模块中包含"学生信息浏览"窗体、"课程信息浏览"窗体和"学生成绩查询"窗体,这些窗体中只能浏览信息,不能修改信息。

实验 10.11 建立"学生信息浏览"窗体。

建立"学生信息浏览"窗体,其数据来源于"学生"表,其窗体布局如图 10.12 所示。

图 10.12 "学生信息浏览"窗体

实验 10.12　建立"课程信息浏览"窗体。

建立"课程信息浏览"窗体,其数据来源于"课程"表,其窗体布局如图 10.13 所示。

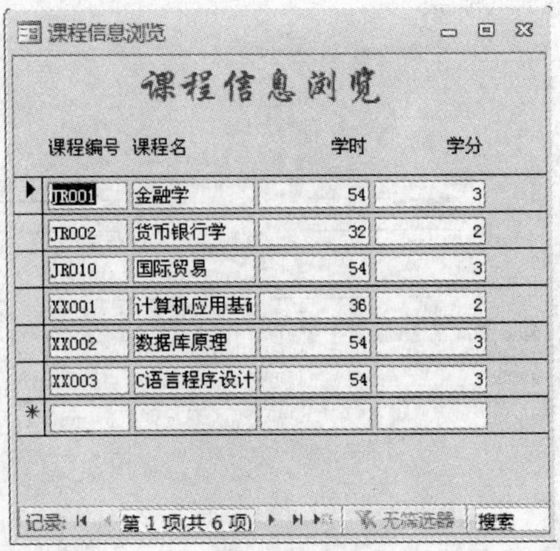

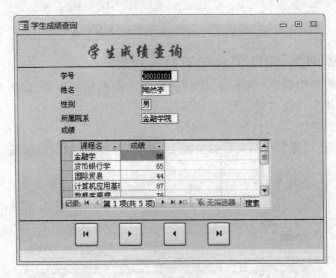

图 10.13　"课程信息浏览"窗体

实验 10.13　建立"学生成绩查询"窗体。

建立"学生成绩查询"窗体,其数据来源于查询"学生成绩查询",其窗体布局如图 10.14 所示。

图 10.14　"学生成绩查询"窗体

10.5.3　"帮助"功能模块中的窗体设计

在"帮助"功能模块中目前只包含了一个"版本和版权"窗体,用来介绍系统的版本和版权信息。

实验 10.14　建立"版本和版权"窗体。

建立一个简单介绍本系统的"关于"窗体,其窗体布局如图 10.15 所示。在该窗体中还可以嵌入音乐,即从"控件工具箱"的"ActiveX 控件"中选择控件 Windows Media Player,

链接其 URL 属性到某个音频文件,同时要把该控件的"可见性"属性设置为"否"。

图 10.15　"关于"窗体

10.6　报表的设计

"输出报表"功能模块中包含"学生基本信息"报表、"课程基本信息"报表和"学生成绩表"报表,这些报表的目的是为了打印输出。

实验 10.15　建立"学生基本信息"报表。

建立"学生基本信息"报表,其数据来源于"学生"表,其窗体布局如图 10.16 所示。

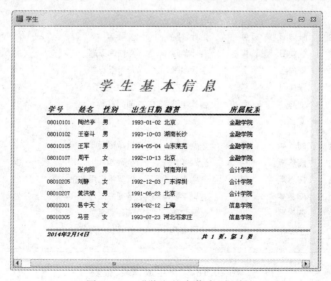

图 10.16　"学生基本信息"报表

实验 10.16   建立"课程基本信息"报表。

建立"课程基本信息"报表,其数据来源于"课程"表,其窗体布局如图 10.17 所示。

图 10.17   "课程基本信息"报表

实验 10.17   建立"学生成绩表"报表。

建立"学生成绩表"报表,其数据来源于查询"学生成绩查询",按"所属院系"字段进行分组排序,并按"学号"进行排序,其窗体布局如图 10.18 所示。

学号	姓名	性别	所属院系	课程名	成绩
会计学院					
08010203	张向阳	男	会计学院	金融学	83
08010203	张向阳	男	会计学院	数据库原理	91
08010203	张向阳	男	会计学院	货币银行学	87
08010203	张向阳	男	会计学院	C语言程序设计	78
08010205	刘静	女	会计学院	国际贸易	83
金融学院					
08010101	陶然亭	男	金融学院	货币银行学	65
08010101	陶然亭	男	金融学院	金融学	86
08010101	陶然亭	男	金融学院	计算机应用基础	87
08010101	陶然亭	男	金融学院	数据库原理	76
08010101	陶然亭	男	金融学院	国际贸易	44
08010102	王奋斗	男	金融学院	计算机应用基础	55

图 10.18   "学生成绩表"报表

10.7　导航窗体和登录界面窗体的设计

为了将前述功能模块中建立的数据库对象集成在一起,为用户提供一个可以进行数据库应用系统功能选择的操作控制界面,需要建立一个导航窗体将系统功能集成并提供统一风格的控制界面。在本综合实验中,为了限制用户非法访问,还设计了一个登录界面窗体,用户只有使用正确的账号登录后才能进入导航窗体。

实验 10.18　导航窗体的设计。

为了将前述功能模块集成,设计了导航窗体,其风格如图 10.19 所示。该导航窗体采用了 2 级水平标签,1 级标签和 2 级标签的划分参照了图 10.1 中的模块结构,集成了前述实验中构建的各个模块和模块中的数据库对象(包括了窗体和报表)。

图 10.19　导航窗体

实验 10.19　登录界面设计。

通过登录窗体能够限制非法用户访问本系统,只有输入正确的"用户名"和"密码"的用户才能进入系统(本实验中预设的用户名和密码分别为:admin 和 123)。用户正常登录系统后,即可打开导航窗格,操作步骤如下。

(1) 设计登录窗体的界面布局,如图 10.20 所示。

(2) 设置登录窗体中的"登录"按钮的"单击"事件属性为"验证"宏中的子宏"验证密

图 10.20　登录窗体

码",即设置为:"验证.验证密码";"取消"按钮的"单击"事件属性设置为"验证.取消"。图 10.21 中是"验证"宏中的代码。

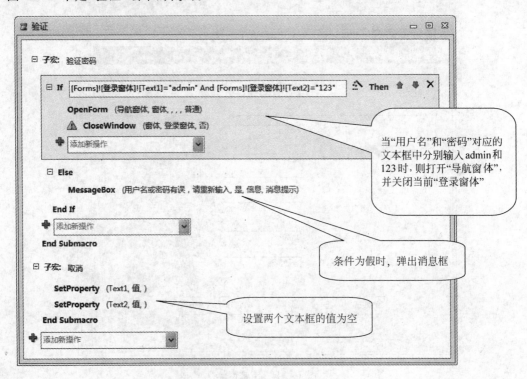

图 10.21　"验证"宏

实验 10.20　设置自动启动窗体。

其操作步骤如下。

(1) 打开数据库文件。

(2) 在数据库窗口中,选择"文件"|"选项"命令,打开"Access 选项"对话框,如图 10.22 所示。

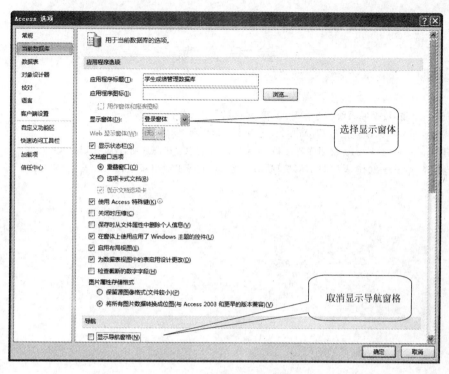

图 10.22 设置"启动窗体"

（3）在对话框中单击左侧的"当前数据库"按钮，在右侧区域中的"应用程序标题"文本框中输入"学生成绩管理数据库"，在"显示窗体"的下拉列表框中选择"登录窗体"，清除"显示导航窗格"复选框，单击"确定"按钮，完成自动启动窗体的设置。

参 考 文 献

[1] 萨师煊,王珊.数据库系统概论[M].3 版.北京:高等教育出版社,2000.

[2] 赵平.Access 数据库实用教程[M].北京:清华大学出版社,2006.

[3] 熊建强,等.Access 2010 数据库程序设计教程[M].北京:机械工业出版社,2013.

[4] 张强,等.Access 2010 入门与实例教程[M].北京:电子工业出版社,2011.